高等院校精品教材

数论初步

朱伟义 ◎ 主　编

严葵华　苏卫军　王　瑾 ◎ 副主编

電子工業出版社·

Publishing House of Electronics Industry

北京·BEIJING

内 容 简 介

数论是研究整数性质的一个重要数学分支。本书向读者介绍了整数的整除理论、同余理论、不定方程和原根、指标与数论函数等的基础知识和常用方法。本书主要分为 5 章，为方便中学生学习数论，每章均配备了初等而有趣的应用问题，即中学数学竞赛中的数论题目。

本书既可作为高等院校数学专业的教学用书，也可作为对初等数论感兴趣人员的参考用书。

图书在版编目（CIP）数据

数论初步 / 朱伟义主编. —北京：电子工业出版社，2023.1

ISBN 978-7-121-44895-9

Ⅰ．①数… Ⅱ．①朱… Ⅲ．①数论－高等学校－教材 Ⅳ．①O156

中国国家版本馆 CIP 数据核字（2023）第 006418 号

责任编辑：孟　宇　　　　　　特约编辑：田学清
印　　刷：北京七彩京通数码快印有限公司
装　　订：北京七彩京通数码快印有限公司
出版发行：电子工业出版社
　　　　　北京市海淀区万寿路 173 信箱　　　邮编：100036
开　　本：787×1092　1/16　印张：10　　　字数：218.4 千字
版　　次：2023 年 1 月第 1 版
印　　次：2024 年 3 月第 3 次印刷
定　　价：49.80 元

前言

数论是纯粹数学的分支之一，主要研究整数的性质。数论早期称为算术，到 20 世纪初，才开始使用数论这个名称，而狭义的算术为"基本运算"。从方法论的角度来看，数论大致可分为初等数论和高等数论。初等数论是数论的一个最古老的分支，用初等的、朴素的算术方法去研究整数，其主要内容包括整数的整除理论、同余理论、不定方程和连分数理论等。高等数论则包括了更为深刻的数学研究工具和方法，它大致包括代数数论、解析数论、超越数论、计算数论、几何数论、组合数论等。

数论已经有 2400 多年的历史。古希腊的毕达哥拉斯（Pythagoras，约公元前 580—公元前 500）是研究初等数论的先驱，毕达哥拉斯学派追崇"万物皆数"的哲学宇宙观，致力于一些特殊整数（如亲和数、完全数等）及特殊不定方程的研究。

亲和数（也称相亲数）是指两个正整数，彼此的全部真因数之和等于另一方。比如 220 与 284，等等。毕达哥拉斯曾说："朋友是你灵魂的倩影，要像 220 与 284 一样亲密。"完全数（也称完美数）是指一个数恰好等于它的全部真因数之和，如 6、28 等。毕达哥拉斯曾说："6 象征着完满的婚姻，以及健康和美丽，因为它的部分是完整的，并且其和等于自身。"

公元前 300 年，欧几里得（Euclid，约公元前 330—公元前 275）发现了素数是数论的基石，并证明了素数有无穷多个，在其巨作《几何原本》中初步建立了整数的整除理论。初等数论主要的问题之一就是寻找一个可以表示一切素数的通项公式。为此，数学家耗费了巨大的心血。

公元 3 世纪，丢番图（Diophantus，约 246—330，代数学的鼻祖，著有《算术》一书）研究了若干不定方程，并分别设计巧妙解法。后人称不定方程为丢番图方程。

公元 7 世纪，印度数学家婆罗摩笈多（Brahmagupta，约 598—660）提出了负数的概念。婆罗摩笈多对数学最突出的贡献为解不定方程 $Nx^2+1=y^2$。在欧洲，这类方程由费马（Fermat，1601—1665，法国）提出，但后来被欧拉（Euler，1707—1783，瑞士）误记为佩尔（Pell）提出，并写入他的著作中，后人多称这类方程为佩尔方程，延续至今。

自 17 世纪以来，费马、梅森（Mersenne，1588—1648，法国）、欧拉、拉格朗日（Lagrange，1736—1813，法国）、高斯（Gauss，1777—1855，德国）、勒让德（Legendre，1752—1833，

法国）、黎曼（Riemann，1826—1866，德国）、希尔伯特（Hilbert，1862—1943，德国，20世纪最伟大的数学家之一，被后人称为"数学世界的亚历山大"）等人的工作大大丰富和发展了初等数论的内容。数论研究的核心内容还是围绕着以寻找素数通项公式为主线的思想，在研究方法上因微积分的诞生开始由初等数论向解析数论和代数数论转变，并提出了越来越多一时无法解决的猜想，如费马猜想（1994 年由英国数学家安德鲁·怀尔斯证明）、孪生素数猜想、梅森素数猜想、哥德巴赫猜想、黎曼猜想等。

到了 18 世纪末，德国数学家高斯集前人的大成，在 1801 年发表了著作《算术研究》，开启了现代数论的新纪元。高斯在这一著作中提出了同余理论，还发现了著名的二次互反律，并将其誉为"数论之酵母"。高斯提出了著名的素数定理，研究了指标和估计问题——表示论的雏形。

黎曼在研究 ζ 函数时，发现了复变函数的解析性质和素数分布之间的深刻联系，由此将数论领入分析的领域。这方面主要的代表人物还有著名数学家哈代（Hardy，1877—1947，英国）、李特尔伍德（Littlewood，1885—1977，英国）、拉马努金（Ramanujan，1887—1920，印度）等。在国内，则有华罗庚（1910—1985）、陈景润（1933—1996）、王元（1930—2021）等。

因为此前人们一直关注费马猜想的证明，所以又发展出代数数论的研究课题。比如库默尔（Kummer，1810—1893，德国）提出了理想数的概念；高斯研究了复整数环的理论；代数数论发展的一个里程碑，则是希尔伯特发表的著作《数论报告》。随着数学工具的不断深化，数论开始和代数几何深刻联系起来，最终发展成为当今最深刻的数学理论，如算术、代数、几何，它们将此前的许多研究方法和研究观点统一起来，让数学家从一个全新的视角和高度，开始了数论研究的新征途。

1967 年，朗兰兹（Langlands，1936—，加拿大）提出了朗兰兹纲领，该理论将数论与群论、代数、几何等建立了联系。朗兰兹纲领以数论研究为中心，对一系列的猜想进行了更加深入的研究，其中就包括著名的黎曼猜想。朗兰兹纲领已成为未来数学发展的重要方向之一。2002 年的菲尔兹奖得主拉佛阁（Lafforgue，1966—，法国）在朗兰兹纲领的研究上取得了巨大的进展，他证明了与函数域情形相对应的整体朗兰兹纲领。朗兰兹纲领的根源为二次互反律，它提出的崭新的数学思想，使现代数论的研究迎来了新的春天。

数论不仅是纯粹数学的基础学科，也是许多学科的重要工具。由于近代计算机科学和应用数学的发展，数论得到了广泛的应用。比如在计算方法、代数编码、组合论、密码学、信息论等方面都广泛使用了初等数论的许多研究成果，公开密钥密码体制的提出是数论在密码学中的重要应用。

中国古代对数论的研究也有着光辉的成就，在以下古代文献中都有记载：《周髀算经》（约公元前 1 世纪）、《九章算术》（约 1 世纪）、《孙子算经》（南北朝）、《张邱建算经》（约

5 世纪)、《数书九章》[南宋，秦九韶（1208—1268）] 等，其中，著名的孙子定理的提出时间比欧洲早 500 年，西方常称此定理为中国剩余定理，秦九韶的"大衍求一术"也闻名世界。

从 20 世纪 30 年代开始，我国在解析数论、丢番图方程、一致分布等方面都有过重要的贡献，出现了华罗庚、闵嗣鹤、柯召、陈景润、潘承洞等一流的数论专家，其中，华罗庚在三角和估值、堆砌素数论方面的研究享有盛名。1949 年以后，数论的研究取得了更大的进展。陈景润、王元等在筛法和哥德巴赫猜想方面的研究，取得了世界领先地位；周海中在著名数论难题——梅森素数分布的研究中也取得了世界领先的卓著成绩。

数论被高斯誉为"数学中的皇冠"，而数论中那些悬而未决的猜想，便是"皇冠上的明珠"，激励着数学家勇敢地上前摘取。近年来数论研究取得了多项突破性进展，这让数学界人士感到万分惊喜。美国佛罗里达州奥卡拉的帕特里克·拉罗什通过参加一个名为"互联网梅森素数大搜索（GIMPS）"的国际合作项目，在 2018 年 12 月 7 日发现了目前已知的最大素数——$2^{82589933}-1$，该素数是第 51 个梅森素数，有 24862048 位。但梅森素数是否有无穷多个？这仍是一个尚未破解的著名数学谜题。

五彩斑斓的数论世界，在历史各个时期，特别是自微积分诞生之后，吸引了无数的数学家投身其中，取得了丰富多彩的成果，要将如此丰硕的成果呈现于一本数学本科专业的教材中不太现实，要编写出一本出色的初等数论教材也绝非易事。本书作为初等数论课程的本科生教材，只是介绍初等数论的最基础的知识，目前相关的教材也已不胜枚举，本书立足师范专业的特色，为培养中学数学师资提供良好的参考资料。本书在借鉴同类优秀教材的基础上，结合教学团队多年的教学经验及教学讲义进行编写，力求在以下几个方面做出有益的尝试。

1. 渗透数学思想方法，着力提升学生的逻辑推理、数学抽象等数学思维能力，把数论思想的独特性、灵活性、高阶性与具体的实例相结合，通过精选有思维梯度的贴切而有趣的典型例子，使"思想独特、不好理解，技巧灵活、不易掌握"的内容变得有滋有味，变得可学、能学且容易学。

2. 体现师范专业特色，突出面向中学的数论思维训练，为培养中学数学竞赛特长生提供平台资源，也为初等数论这门选修课培养数论后备师资，同时为学有余力，有志于数论研究的学生打下坚实的学术基础。

3. 注重培养学生的创新意识和解决问题能力，尤其能运用数论知识解决一些实际问题的能力。

本书内容安排为 5 章：第 1 章为整除理论；第 2 章为同余；第 3 章为不定方程；第 4 章为同余式；第 5 章为原根、指标与数论函数。根据我们的经验，作为选修课，在每周 3 学时（每学时 40 分钟）的课时安排下，基本上可以讲授前 4 章中的核心内容。本书每章专门设置一节探究和拓展，精选了中学数学特别是竞赛数学中的一些真题及有趣问题，并且以二维码的方式链接了若干数论学家的阅读材料。本书也配有合适数量的习题，其中有基础的，也有需要一定技巧的，能较好地满足教与学的需求。

本书获浙江师范大学教材建设基金立项资助。本书由浙江师范大学的朱伟义主编，其从事数论教学二十余年。参与编写的还有（按姓氏笔画序）浙江师范大学的王瑾、严葵华，浙江省义乌中学的一线名师苏卫军。在编写过程中，征求了许多兄弟院校从事初等数论教学和研究的一线教师的意见和建议，吸收了他们的有关成果和经验，在此谨表示最衷心的感谢。同时编者深感学识有限，疏忽错误在所难免，恳望同仁批评指正。

编　者

2022 年 9 月

目录

第 1 章 整除理论

整除理论是初等数论的基础。本章将主要介绍整除的定义和性质、带余除法、辗转相除法、最大公因数、最小公倍数、素数及其性质、算术基本定理、[x]和{x}的性质、n!的标准分解及它们的一些应用。

1.1 整除与带余除法

本节将主要介绍整除的定义与性质，带余除法及其简单应用。

数论的研究对象是整数集合，整数集合我们用 $\mathbf{Z}$ 表示，在 $\mathbf{Z}$ 中，已知两数的和、差与积都是整数，但两数之商却不一定是整数。比如 $18 \div 6 = 3$ 是整数，而 $18 \div 4$ 就不是整数，因此，我们需要研究什么时候两数之商是整数，为此引入下面的定义。

📖 **定义** 设 a,b 是整数，$b \neq 0$，若存在整数 q，使得

$$a = bq \tag{1.1}$$

成立，则称 a 能被 b 整除，a 是 b 的倍数，b 是 a 的因数，记为 $b \mid a$；如果整数 q 不存在，则称 a 不能被 b 整除，记为 $b \nmid a$。由定义可知，显然有 $1 \mid a$，$b \neq 0$ 时有 $b \mid 0$。

⊙ **定理 1** 关于整除，有下面的性质：

（1）$a \mid b \Leftrightarrow \pm a \mid \pm b \Leftrightarrow |a| \mid |b|$。

（2）$a \mid b$ 且 $b \mid c \Rightarrow a \mid c$。

（3）设 $m \neq 0$，则 $a \mid b \Leftrightarrow ma \mid mb$。

（4）$a \mid b$，$a \mid c \Rightarrow$ 对任意的 $x, y \in \mathbf{Z}$，有 $a \mid (bx + cy)$。

（5）$a \mid b \Rightarrow a \mid bc$。

（6）$a \mid b$，$b \neq 0 \Rightarrow |a| \leq |b|$；$a \mid b$ 且 $|b| < |a| \Rightarrow b = 0$。

下面只证明性质（4），其余性质自己证明。

证 由已知，则存在整数 q, w，有 $b = aq$，$c = aw$，所以有 $bx + cy = a(qx + wy)$，因为 $qx + wy$ 为整数，所以有 $a \mid (bx + cy)$。

例 1 若 x, y 为整数，且 $5 \mid (x + 9y)$，则 $5 \mid (8x + 7y)$。

证 因为 $8x + 7y = 8(x + 9y) - 65y$。

又因为 $5 \mid (x + 9y)$，$5 \mid 65y$，所以有 $5 \mid (8x + 7y)$。

例 2 证明若 $3 \mid n$，$7 \mid n$，则 $21 \mid n$。

证 因为 $3 \mid n$，所以 $n = 3n_1$。又因为 $7 \mid n$，所以 $7 \mid 3n_1$。

显然有 $7 \mid 7n_1$，则有 $7 \mid (7n_1 - 2 \times 3n_1)$，即 $7 \mid n_1$，即有 $n_1 = 7n_2$。

代入有 $n = 21n_2$。由定义即有 $21 \mid n$。

例 3 证明若 $A = 3237^n - 632^n - 855^n + 235^n$，则有

（1）$5 \mid A$。

（2）$397 \mid A$。

证 （1）$\because A = (3237^n - 632^n) - (855^n - 235^n)$

$$= (3237 - 632)u - (855 - 235)v$$

$$= 5(521u - 124v) \quad (u, v \in \mathbf{Z})$$

$$\therefore 5 \mid A$$

（2）$\because A = (3237^n - 855^n) - (632^n - 235^n)$

$$= (3237 - 855)s - (632 - 235)t$$

$$= 397(6s - t) \quad (s, t \in \mathbf{Z})$$

$$\therefore 397 \mid A$$

例 4 证明 $2003 \mid (2002^{2002} + 2004^{2004} - 2005)$。

证 $\because 2002^{2002} = (2003 - 1)^{2002} = 2003M_1 + 1$；$2004^{2004} = (2003 + 1)^{2004} = 2003M_2 + 1$

$\therefore 2002^{2002} + 2004^{2004} - 2005 = 2003(M_1 + M_2 - 1)$，由定义有 $2003 \mid (2002^{2002} + 2004^{2004} - 2005)$。

例 5 试证明任意一个整数与它的各位数字之和的差必能被 9 整除。

证 设整数 $a = a_n 10^n + a_{n-1} 10^{n-1} + \cdots + a_1 10 + a_0 10^0$，则

$$a - \sum_{i=0}^{n} a_i = a_n (10^n - 1) + a_{n-1}(10^{n-1} - 1) + \cdots + a_1(10 - 1)$$

$$= 9a_n M_1 + 9a_{n-1} M_2 + \cdots + 9a_1$$

$$= 9(a_n M_1 + a_{n-1} M_2 + \cdots + a_1) = 9M$$

所以任意一个整数与其各位数字之和的差必能被 9 整除。

注 1 整数的十进制表示有

$$a = a_n 10^n + a_{n-1} 10^{n-1} + \cdots + a_1 10 + a_0 10^0$$

注 2 设 n 为正整数，关于整除常常会用到下列公式或性质：

（1）$a^n - b^n = (a - b)(a^{n-1} + a^{n-2}b + \cdots + b^{n-1})$。

（2）$2 \nmid n$，$a^n + b^n = (a+b)(a^{n-1} - a^{n-2}b + \cdots + b^{n-1})$。

（3）$(a+b)^n = a^n + C_n^1 a^{n-1}b + \cdots + C_n^r a^{n-r}b^r + \cdots + b^n$。

（4）$(a-b)^n = a^n - C_n^1 a^{n-1}b + \cdots + (-1)^r C_n^r a^{n-r}b^r + \cdots + (-1)^n b^n$。

（5）由高中数学组合数的定义可知，任意 n 个连续的整数之积一定能被 $n!$ 整除。

两个数之间有整除关系是特殊的情况，一般的两个数之间是没有整除关系的，即有余数，下面介绍有余数的带余除法及其简单应用。

⊙ **定理 2（带余除法）**　设 a 与 b 是两个整数，且 $b \neq 0$，则存在唯一的整数 q 和 r，使得

$$a = bq + r, \quad 0 \leq r < |b| \tag{1.2}$$

证　（1）当 $b > 0$ 时，证明如下。

① 存在性。作序列

$$\cdots, -3b, -2b, -b, 0, b, 2b, 3b, \cdots$$

因为 a 是整数，所以 a 必存在于序列的某两项之间，即存在 q 有

$$qb \leq a < (q+1)b$$

则有 $0 \leq a - qb < b$，令 $a - qb = r$，得 $a = bq + r$（$0 \leq r < b$）。

② 唯一性。假设还有一组不同的整数 q', r' 也使式（1.2）成立，即有

$$a = qb + r = q'b + r', \quad 0 \leq r', r < b$$

则有

$$(q - q')b = r' - r, \quad |r' - r| < b \tag{1.3}$$

从而得到矛盾，因此有 $r' - r = 0$，$r' = r$，再由式（1.3）得出 $q' = q$，唯一性得证。

（2）当 $b < 0$ 时，有 $-b > 0$，由（1）即证。

一般称式（1.2）中的 q 是 a 被 b 除的不完全商，r 是 a 被 b 除所得的余数。

根据定理 2，对于给定的正整数 b，可以按照被 b 除所得的余数将整数进行分类，这样对确定的 b 来说，整数可分成 b 类。于是许多关于全体整数的问题可以转化为对有限个整数类的研究，这是一种重要的数学思想——分类讨论。例如，在上小学时我们常把整数分成奇数和偶数，实际上是取 $b = 2$，若 $b = 3$，则把整数分成 $3k, 3k+1, 3k+2$ 三类，对不同的问题可根据实际情况对 b 灵活取值。

例 6　证明连续 3 个整数中必有一个数被 3 整除。

证　设这 3 个连续整数为 $a, a+1, a+2$。又由带余除法可设 $a = 3k, 3k+1, 3k+2$ 三种情况。

（1）当 $a = 3k$ 时，由定义可知 $3 \mid a$；

（2）当 $a = 3k+1$ 时，此时 $a+2 = 3(k+1)$，故 $3 \mid (a+2)$；

（3）当 $a = 3k + 2$ 时，此时 $a + 1 = 3(k+1)$，故 $3 \mid (a+1)$。

所以，无论出现何种情况都有连续 3 个整数中必有一个数是 3 的倍数。

注 3 连续 n 个整数中必有一个数是 n 的倍数。

例 7 证明若 a 不是 5 的倍数，则 $a^2 - 1$ 与 $a^2 + 1$ 有且仅有一个数被 5 整除。

证 由注 3，因为 $a^2 - 1 = (a-1)(a+1)$，$a^2 + 1 = a^2 - 4 + 5 = (a-2)(a+2) + 5$。

所以 $a - 2$，$a - 1$，$a + 1$，$a + 2$ 这 4 个数中有一个是 5 的倍数。

若 $5 \mid (a-1)$ 或 $5 \mid (a+1)$，则有 $5 \mid (a^2 - 1)$；若 $5 \mid (a-2)$ 或 $5 \mid (a+2)$，则有 $5 \mid (a^2 + 1)$。

又因为 $(a^2 + 1) - (a^2 - 1) = 2$，所以 $5 \nmid [(a^2 + 1) - (a^2 - 1)]$，即 $a^2 - 1$ 与 $a^2 + 1$ 有且仅有一个数被 5 整除。

例 8 任意给出 5 个整数，其中必有 3 个整数的和被 3 整除。

证 设 5 个整数为 a_i $(i = 1, 2, 3, 4, 5)$。

又设 $a_i = 3q_i + r_i$ $(0 \leqslant r_i < 3)$，其中，r_i 为整数 a_i 被 3 整除所得的余数。下面分两种情况讨论：

（1）设 5 个余数中 $0, 1, 2$ 都出现，不妨设有 $r_1 = 0$，$r_2 = 1$，$r_3 = 2$，则 $a_1 + a_2 + a_3 = 3(q_1 + q_2 + q_3) + 3$，即 $a_1 + a_2 + a_3$ 被 3 整除。

（2）设 5 个余数中 $0, 1, 2$ 至少有一个不出现，由抽屉原理可知，至少有 3 个数的余数相同，不妨设 $r_1 = r_2 = r_3 = r$，从而得到 $a_1 + a_2 + a_3 = 3(q_1 + q_2 + q_3) + 3r$，即 $3 \mid (a_1 + a_2 + a_3)$。

例 9 任意给出的 n 个整数，必有若干整数的和被 n 整除。

证 设这 n 个整数为 a_i $(i = 1, 2, \cdots, n)$，令

$$s_1 = a_1$$
$$s_2 = a_1 + a_2$$
$$\vdots$$
$$s_n = a_1 + a_2 + \cdots + a_n \quad (0 \leqslant r_i < n)$$

由带余除法有 $s_i = nq_i + r_i$ $(i = 1, 2, \cdots, n)$。

若有余数为 0，不妨设 $r_i = 0$，则有 $n \mid s_i$，从而证明了结论；否则由抽屉原理可知，至少有 2 个余数相等，不妨设 $r_i = r_j$ $(i < j)$，则有 $n \mid (s_j - s_i)$，即其和 $a_{i+1} + a_{i+2} + \cdots + a_j$ 能被 n 整除。

注 4 抽屉原理在一些证明中非常有用。

例 10 对任意的整数 x，有 $3 \mid x(x+1)(2x+1)$。

证 1 由带余除法可知，x 必为以下三种形式之一：

（1）当 $x = 3k$ 时，有 $3 \mid x$。

（2）当 $x = 3k+1$ 时，有 $2x+1 = 6k+3$，所以 $3 \mid (2x+1)$。

（3）当 $x = 3k+2$ 时，有 $x+1 = 3k+3$，所以 $3 \mid (x+1)$。

综上所述，对任意的整数 x，有 $3 \mid x(x+1)(2x+1)$。

证 2　$x(x+1)(2x+1) = x(x+1)(x-1+x+2) = x(x+1)(x-1) + x(x+1)(x+2)$

利用连续 3 个整数的积是 3! 的倍数的结论，即证。

证 3　也可直接用中学学过的前 n 项平方和公式证明。

注 5　利用余数进行分类讨论的方法，当除数较小时是非常有用的。

习题

1. 证明：若 $(m-p) \mid (mn+pq)$，则 $(m-p) \mid (mq+np)$。

2. 设 r 是正奇数，证明对任意的正整数 n，有

$$(n+2) \nmid (1^r + 2^r + \cdots + n^r)$$

3. 证明：设 $a_1, a_2, \cdots, a_n$ 是整数，且 $a_1 + a_2 + \cdots + a_n = 0$，$a_1 a_2 \cdots a_n = n$，则 $4 \mid n$。

4. 证明：若 n 是奇数，则 $8 \mid (n^2 - 1)$。

5. 证明：若 $ax_0 + by_0$ 是形如 $ax + by$（x,y 是任意整数，a,b 是两不全为零的整数）的数中的最小整数，则 $(ax_0 + by_0) \mid (ax + by)$。

6. 若 a,b 是任意 2 个整数，且 $b \neq 0$，证明存在 2 个整数 s,t，使得 $a = bs+t$，$|t| \leqslant \dfrac{|b|}{2}$ 成立，并且当 b 是奇数时，s,t 是唯一存在的。当 b 是偶数时结果如何？

7. 证明 $12 \mid (n^4 + 2n^3 + 11n^2 + 10n)$，$n \in \mathbf{Z}$。

8. 设 $3 \mid (a^2 + b^2)$，证明 $3 \mid a$ 且 $3 \mid b$。

9. 证明对于任意给定的连续 39 个自然数，其中至少存在一个自然数，使得这个自然数的各个数字之和能被 11 整除。

1.2　最大公因数与最小公倍数

上一节我们讨论了一个数的倍数与因数问题，接下来我们讨论几个数公共的因数与倍数问题。比如 $3 \mid 48$，$3 \mid 36$，我们就说 3 是 48 和 36 公共的因数；又如 $3 \mid 48$，$4 \mid 48$，我们就说 48 是 3 和 4 公共的倍数，这就是这一节要研究的内容。

1.2.1 最大公因数

📖 **定义** $a_1, a_2, \cdots, a_k$ 是不全为零的整数，若有整数 d 满足 $d \mid a_i$ $(1 \leq i \leq k)$，则称 d 为 $a_1, a_2, \cdots, a_k$ 的公因数。

$a_1, a_2, \cdots, a_k$ 的公因数中最大的一个叫作 $a_1, a_2, \cdots, a_k$ 的最大公因数，记为 $(a_1, a_2, \cdots, a_k)$。

显然最大公因数是存在的，且有 $1 \leq (a_1, a_2, \cdots, a_k)$，如果 $(a_1, a_2, \cdots, a_k) = 1$，则称 $a_1, a_2, \cdots, a_k$ 是互素的；如果 $(a_i, a_j) = 1$（任意的 $i \neq j$, $1 \leq i, j \leq k$），则称 $a_1, a_2, \cdots, a_k$ 是两两互素的。

显然，$a_1, a_2, \cdots, a_k$ 两两互素可以推出 $(a_1, a_2, \cdots, a_k) = 1$，反之则不然，如 $(1, 6, 3) = 1$，但 $(3, 6) = 3$。

⊙ **定理 1** 关于最大公因数有下面的性质：

（1）$(a_1, a_2, \cdots, a_k) = (|a_1|, |a_2|, \cdots, |a_k|)$。

（2）$(a, b) = (b, a)$。

（3）$(0, b) = |b|$，$b \neq 0$。

（4）若 $a = bq + r$，则 $(a, b) = (b, r)$。

性质（4）的证明如下。

证 如果 d 是 a 与 b 的任意一个公因数，有 $d \mid a$, $d \mid b$，则有 $d \mid r = a - bq$，即 d 是 b 与 r 的公因数；反之，若 d_1 是 b 与 r 的任意一个公因数，则 $d_1 \mid b$，$d_1 \mid r$，有 $d_1 \mid a = bq + r$，说明 d_1 是 b 与 a 的公因数，即 a 与 b 的全体公因数的集合就是 b 与 r 的全体公因数的集合，所以两个集合中的最大的元素也相等，即 $(a, b) = (b, r)$。

性质（4）为求 a 与 b 的最大公因数提供了方法，即下面的一组带余数的除法，称为辗转相除法（欧几里得算法）。在中国古代有更相减损术，在《九章算术》里记载了这种求最大公因数的算法，虽然它原本是为约分而设计的，但其适用于任何需要求最大公因数的场合。

辗转相除法是用来求两个正整数的最大公因数的算法。这个方法记载在古希腊数学家欧几里得的著作《几何原本》中。

辗转相除法 设 a 和 b 是整数，$b \neq 0$，依次进行带余数除法运算，有

$$a = bq_1 + r_1, \quad 0 < r_1 < |b|$$

$$b = r_1 q_2 + r_2, \quad 0 < r_2 < r_1$$

$$\vdots$$

$$r_{k-1} = r_k q_{k+1} + r_{k+1}, \quad 0 < r_{k+1} < r_k \tag{1.4}$$

$$\vdots$$

$$r_{n-2} = r_{n-1} q_n + r_n, \quad 0 < r_n < r_{n-1}$$

$$r_{n-1} = r_n q_{n+1} + r_{n+1}, \quad r_{n+1} = 0$$

由于 $|b| > r_1 > r_2 > \cdots$，所以（1.4）中只含有限个式子。r_n 称为最后一个不等于零的余数。关于 a 与 b 的最大公因数我们容易得到以下定理和推论。

⊙ **定理 2**　a, b 为整数，则有 $(a, b) = r_n$，r_n 是 a 和 b 两数做辗转相除时最后一个不为零的余数。

⊃ **推论 1**　a, b 的公因数与 (a, b) 的因数相同。

⊃ **推论 2**　$(ma, mb) = |m|(a, b)$。

⊃ **推论 3**　记 c 为 a, b 的正公因数，则 $\left(\dfrac{a}{c}, \dfrac{b}{c} \right) = \dfrac{(a, b)}{c}$，特别地，有 $\left(\dfrac{a}{(a,b)}, \dfrac{b}{(a,b)} \right) = 1$。

由定理 2 和辗转相除法中 r_n 的表示往前推，$r_n = r_{n-2} - r_{n-1} q_n$，$r_{n-1} = r_{n-3} - r_{n-2} q_{n-1}$，得 $r_n = r_{n-2}(1 + q_n q_{n-1}) - r_{n-3} q_n$，再将 $r_{n-2} = r_{n-4} - r_{n-3} q_{n-2}$ 代入上式，如此继续下去，最后得到 $r_n = xa + yb$，其中，x 和 y 是整数，即有以下结论。

⊙ **定理 3（裴蜀定理）**　若 a, b 是整数，且 $(a, b) = d$，则对于任意整数 x, y，$ax + by$ 一定是 d 的倍数，特别地，一定存在整数 x, y，使 $ax + by = d$ 成立。

⊃ **推论 4**　$(a, b) = 1$ 的充要条件是存在整数 x, y，使得

$$ax + by = 1 \tag{1.5}$$

证　（1）必要性。由定理 3 可以得到。

（2）充分性。假设式（1.5）成立，如果 $(a, b) = d > 1$，那么由 $d \mid a$，$d \mid b$ 推出 $d \mid ax + by = 1$，这是不可能的。所以有 $(a, b) = 1$。

⊙ **定理 4**　对于任意的整数 a, b, c，有以下结论：

（1）$b \mid ac$ 且 $(a, b) = 1 \Rightarrow b \mid c$。

（2）$b \mid c$，$a \mid c$ 且 $(a, b) = 1 \Rightarrow ab \mid c$。

（3）若 $(a, b) = 1$，则 $(ac, b) = (c, b)$。

证　（1）若 $(a, b) = 1$，由定理 3 推论 4 可知，存在整数 x 与 y，使得

$$ax + by = 1$$

因此

$$acx + bcy = c \tag{1.6}$$

由式（1.6）及 $b \mid ac$ 得到 $b \mid c$。

（2）若 $(a, b) = 1$，则存在整数 x, y，使得式（1.5）成立，从而式（1.6）成立。

由 $b \mid c$ 与 $a \mid c$ 得到 $ab \mid ac$，$ab \mid bc$，再由式（1.6）得到 $ab \mid c$。

（3）因为 $(ac, b) \mid ac$，$(ac, b) \mid bc$，所以 $(ac, b) \mid (ac, bc)$，从而有 $(ac, b) \mid (a, b)c$，即 $(ac, b) \mid c$。又因为 $(ac, b) \mid b$，所以有 $(ac, b) \mid (b, c)$。反之，因为 $(c, b) \mid ac$，$(c, b) \mid b$，所以有 $(c, b) \mid (ac, b)$。

或者设 d 是 ac 与 b 的任一个公因数，则 $d|ac$，$d|b$，由式（1.6）可得到 $d|c$，即 d 是 b 与 c 的公因数；若 d 是 b 与 c 的任一个公因数，那么 d 也是 b 与 ac 的公因数。因此，b 与 c 的公因数的集合，就是 b 与 ac 的公因数的集合，所以 $(ac,b)=(c,b)$。

‸ **推论 5** （1）若 $(a,b_i)=1$，$1 \leqslant i \leqslant n$，则 $(a,b_1 b_2 \cdots b_n)=1$。

（2）$(a_i,b_j)=1$，$1 \leqslant i \leqslant n$，$1 \leqslant j \leqslant m$，则 $(a_1 a_2 \cdots a_n,b_1 b_2 \cdots b_m)=1$。

⊙ **定理 5** 对于任意的 n 个整数 $a_1,a_2,\cdots,a_n$，记 $(a_1,a_2)=d_2$，$(d_2,a_3)=d_3$，$\cdots$，$(d_{n-2},a_{n-1})=d_{n-1}$，$(d_{n-1},a_n)=d_n$，则 $d_n=(a_1,a_2,\cdots,a_n)$。

证 由定义，一方面有

$$d_i=(d_{i-1},a_i) \Rightarrow d_i|a_i,d_i|d_{i-1} \quad (3 \leqslant i \leqslant n)$$

$$又 \ d_2|a_1,d_2|a_2$$

$$\therefore d_n|a_i,1 \leqslant i \leqslant n$$

即 d_n 是 $a_1,a_2,\cdots,a_n$ 的一个公因数。

另一方面，设 d 是 $a_1,a_2,\cdots,a_n$ 的任意一个公因数，由定理 2 的推论及 $d_2,\cdots,d_n$ 的定义，依次得出

$$d|a_1,\ d|a_2 \Rightarrow d|d_2$$

$$d|d_2,\ d|a_3 \Rightarrow d|d_3$$

$$\vdots$$

$$d|d_{n-1},\ d|a_n \Rightarrow d|d_n$$

因此 d_n 是 $a_1,a_2,\cdots,a_n$ 的公因数中的最大者，即 $d_n=(a_1,a_2,\cdots,a_n)$。

例 1 证明若 n 是正整数，则 $\dfrac{21n+4}{14n+3}$ 是既约分数。

证 由定理 1 得到

$$(21n+4,14n+3)=(14n+3,7n+1)=(7n+1,1)=1$$

例 2 求 $(12345,678)$。

解 $(12345,678)=(12345,339)=(12006,339)=(6003,339)$

$$=(5664,339)=(177,339)=(177,162)=(177,81)$$

$$=(96,81)=(15,81)=(15,6)=(3,6)=3$$

例 3 设 $x,y \in \mathbf{Z}$，$17|(2x+3y)$，证明 $17|(9x+5y)$。

证 因为 $2(9x+5y)=9(2x+3y)-17y$，且由已知条件，有 $17|2(9x+5y)$，又因为 $(17,2)=1$，由性质有 $17|(9x+5y)$。

例 4 设 k 是正奇数，证明 $(1+2+\cdots+9)|(1^k+2^k+\cdots+9^k)$。

证 设 $s=1^k+2^k+\cdots+9^k$，$1+2+3+\cdots+9=45$，因为 $(5,9)=1$，所以只需证 $5|s$，$9|s$。

$$(1^k + 9^k) + (2^k + 8^k) + \cdots + 5^k = 5M_1$$

所以 $5 \mid s$。

同理

$$(1^k + 8^k) + (2^k + 7^k) + \cdots + 9^k = 9M_2$$

$9 \mid s$ 得证。

例 5 设 n, a 是正整数，试证明若 $\sqrt[n]{a}$ 不是整数，则其一定是无理数。

证 若 $\sqrt[n]{a}$ 是非整数的有理数，则可设 $\sqrt[n]{a} = \dfrac{p}{q}$，$q > 1$，$(p, q) = 1$，于是 $a = \dfrac{p^n}{q^n}$，因为 $(p, q) = 1$，有 $(p^n, q^n) = 1$，但 $q > 1$，有 q^n 不整除 p^n，所以假设错误，若 $\sqrt[n]{a}$ 不是整数，则 $\sqrt[n]{a}$ 一定是无理数。

例 6 称 $F_n = 2^{2^n} + 1$ 为费马数，证明：对任意的非负整数 $m \neq n$，$(F_n, F_m) = 1$。

证 不妨设 $n > m$，$F_n - 2 = (2^{2^{n-1}} - 1)(2^{2^{n-1}} + 1) = (F_{n-1} - 2)F_{n-1} = \cdots = F_{n-1}F_{n-2} \cdots F_m \cdots F_1 F_0$。

设 $(F_n, F_m) = d$，$d \mid F_n$，$d \mid F_m$，则有 $d \mid 2$，因为费马数为奇数，所以 $d = 1$。

例 7 已知广义梅森数 $M_n = 2^n - 1$（$n = 0, 1, 2, \cdots$），证明：$(M_a, M_b) = 2^{(a,b)} - 1$。

证 设 $a = bq + r$，则 $2^{bq+r} - 1 = 2^{bq} 2^r - 2^r + 2^r - 1 = 2^r N(2^b - 1) + 2^r - 1 = Q(2^b - 1) + 2^r - 1$，即 $M_a = M_b Q + M_r$，即 a, b 做辗转相除和 M_a, M_b 做辗转相除是同步的，即有 $(M_a, M_b) = (M_b, M_r) = \cdots = (M_{r_n}, M_{r_{n+1}}) = 2^{(a,b)} - 1$。

1.2.2 最小公倍数

📖 **定义** 整数 $a_1, a_2, \cdots, a_k$ 的公共倍数称为 $a_1, a_2, \cdots, a_k$ 的公倍数。

$a_1, a_2, \cdots, a_k$ 的正公倍数中的最小的数称为 $a_1, a_2, \cdots, a_k$ 的最小公倍数，记为 $[a_1, a_2, \cdots, a_k]$。

⊙ **定理 1** 对最小公倍数，下面的性质成立：

（1）$[a, 1] = |a|$，$[a, a] = |a|$。

（2）$[a, b] = [b, a]$。

（3）$[a_1, a_2, \cdots, a_k] = [|a_1|, |a_2|, \cdots, |a_k|]$。

（4）若 $a \mid b$，则 $[a, b] = |b|$。

在讨论 $a_1, a_2, \cdots, a_k$ 的最小公倍数时，不妨假定它们都是正整数。在最小公倍数和最大公因数之间有一个很重要的关系，即下面的定理。

⊙ **定理 2** 对任意的正整数 a, b，有 $[a, b] = \dfrac{ab}{(a, b)}$。

证 设 m 是 a 和 b 的一个公倍数，则存在整数 k_1, k_2，使得 $m = a k_1 = b k_2$，因此有

$$ak_1 = bk_2 \tag{1.7}$$

于是有 $\dfrac{a}{(a,b)}k_1 = \dfrac{b}{(a,b)}k_2$，由于 $\left(\dfrac{a}{(a,b)}, \dfrac{b}{(a,b)}\right) = 1$，所以 $\dfrac{b}{(a,b)}\Big| k_1$，即 $k_1 = \dfrac{b}{(a,b)}t$，其中，t 是整数。将上式代入式（1.7）得到

$$m = \frac{ab}{(a,b)}t = \frac{a}{(a,b)}bt = \frac{b}{(a,b)}at \tag{1.8}$$

可见，对任意的整数 t，由式（1.8）确定的 m 显然是 a 和 b 的公倍数，因此 a 和 b 的公倍数必可写成式（1.8）的形式，其中，t 是整数。

当 $t = 1$ 时，此时 m 最小，从而得到 a 和 b 的最小公倍数为 $[a,b] = \dfrac{ab}{(a,b)}$。

⊃ **推论 1**　两个整数的任意公倍数可以被它们的最小公倍数整除。

证　由式（1.8）得证。

⊃ **推论 2**　设 m，a，b 是正整数，则 $[ma,mb] = m[a,b]$。

证

$$[ma,mb] = \frac{m^2 ab}{(ma,mb)} = \frac{m^2 ab}{m(a,b)} = \frac{mab}{(a,b)} = m[a,b]$$

⊙ **定理 3**　对于任意的 n 个整数 $a_1, a_2, \cdots, a_n$，记

$$[a_1, a_2] = m_2, [m_2, a_3] = m_3, \cdots, [m_{n-2}, a_{n-1}] = m_{n-1}, [m_{n-1}, a_n] = m_n$$

则有

$$[a_1, a_2, \cdots, a_n] = m_n$$

证　由定义可知，$m_i = [m_{i-1}, a_i] \Longrightarrow m_i \mid m_{i+1}$，$a_i \mid m_i \Longrightarrow a_i \mid m_n$，即 m_n 是 $a_1, a_2, \cdots, a_n$ 的一个公倍数。

对于 $a_1, a_2, \cdots, a_n$ 的任意公倍数 m，由定理 2 的推论及 $m_2, \cdots, m_n$ 的定义，得到 $a_1 \mid m$，$a_2 \mid m$，所以 $m_2 \mid m$，又因为 $a_3 \mid m$，所以 $m_3 \mid m$，以此类推，得到 $m_n \mid m$，即 m_n 是 $a_1, a_2, \cdots, a_n$ 最小的正的公倍数。

⊃ **推论 3**　整数 $a_1, a_2, \cdots, a_n$ 两两互素，即

$$(a_i, a_j) = 1, \quad 1 \leqslant i, \ j \leqslant n, \ i \neq j$$

则

$$[a_1, a_2, \cdots, a_n] = a_1 a_2 \cdots a_n \tag{1.9}$$

⊙ **例 1**　计算 $[24871, 3468]$。

解　因为 $(24871, 3468) = 17$，所以 $[24871, 3468] = \dfrac{24871 \times 3468}{17} = 5073684$，即 24871 与

3468 的最小公倍数是 5073684。

例 2 设 a,b,c 是正整数，证明：$[a,b,c](ab,bc,ca)=abc$。

证 由定理 3 和定理 2 有

$$[a,b,c]=[[a,b],c]=\frac{[a,b]c}{([a,b],c)} \tag{1.10}$$

又有

$$(ab,bc,ca)=(ab,(bc,ca))=(ab,c(a,b))=\left(ab,\frac{abc}{[a,b]}\right)=\frac{(ab[a,b],abc)}{[a,b]}=\frac{ab([a,b],c)}{[a,b]} \tag{1.11}$$

联合式（1.10）与式（1.11）得到所需的结论。

1．计算：$(27090, 21672, 11352)$。

2．若 4 个整数 $2836,4582,5164,6522$ 被同一个大于 1 的整数除后所得的余数相同，且不等于零，求除数和余数各是多少。

3．证明：若 a,b 是整数，$9\mid(a^2+ab+b^2)$，则 $3\mid(a,b)$。

4．已知正整数 a,b，$\dfrac{a+1}{b}+\dfrac{b+1}{a}$ 是整数，证明：a 与 b 的最大公因数不超过 $\sqrt{a+b}$。

5．设 a,b 是正整数，证明：$(a+b)[a,b]=a[b,a+b]$。

6．证明：若 p 是素数，且 $p>3$，则 $24\mid(p^2-1)$。

7．求正整数 a,b，满足 $a+b=120$，$(a,b)=24$，$[a,b]=144$。

8．证明：设 $a_nx^n+a_{n-1}x^{n-1}+\cdots+a_1x+a_0$ 是一个整数系数多项式且 a_0,a_n 都不是零，则 $a_nx^n+a_{n-1}x^{n-1}+\cdots+a_1x+a_0=0$ 的根只能是以 a_0 的因数为分子，以 a_n 为分母的既约分数，并由此推出 $\sqrt{2}$ 不是有理数。

9．设 F_n 是费马数，证明 $(F_{n+1},F_n)=1$。

1.3 素数与算术基本定理

通过前面的学习，我们发现对正整数而言，有些正整数有许多正因数，有些正整数只有两个正因数，而 1 只有一个正因数。我们可以根据正因数的个数把正整数进行分类，这就是本节要学的内容。

1.3.1 素数

📖 **定义** 对于一个大于 1 的整数 a，若它的正因数只有 1 和 a，则称 a 是素数，否则称 a 是合数。如 2,5,7,11 等都是素数，4,6,8,9 等是合数。

⊙ **定理 1** 对于任意大于 1 的整数 a，其除 1 之外的最小正因数 q 一定是素数，且当 a 是合数时，有 $q \leqslant \sqrt{a}$。

证 假设 q 不是素数，由定义可知 q 除 1 和本身外还有一个正因数 q_1，因为 $1 < q_1 < q$ 且 $q_1 | q$，$q | a$，所以 $q_1 | a$，这与 q 的最小性矛盾，即 q 为素数。

若 a 是合数，则有 $a = a_1 q$，且 $q \leqslant a_1$，有 $q^2 \leqslant a_1 q = a$，即有 $q \leqslant \sqrt{a}$。

定理 1 给出了当 a 不是很大的整数时，判断其是否为素数的方法——埃拉托色尼筛法。如果不大于 $\sqrt{a}$ 的素数都不是 a 的因数，则 a 一定为素数，因为若 a 是合数，则 a 一定有一个不大于 $\sqrt{a}$ 的素因数。

例 1 写出不大于 30 的素数。

方法 先写出整数 1～30，逐一划去 1 和合数即可。

1,2,3,4,5,6,7,8,9,10,11,12,13,14,15,16,17,18,19,20,21,22,23,24,25,26,27,28,29,30。

解 （1）删去 1，剩下的第一个数 2 为素数，删去 2 后面 2 的倍数，剩下的第一个数为 3，3 为素数，此时剩下的数为 2,3,5,7,9,11,13,15,17,19,21,23,25,27,29。

（2）删去 3 后面 3 的倍数，剩下的第一个数为 5，5 是素数，剩下的数为 2,3,5,7,11,13,17,19,23,25,29。

（3）删去 5 后面 5 的倍数，剩下的数为 2,3,5,7,11,13,17,19,23,29，因为小于 $\sqrt{30}$ 的最大素数是 5，所以最终剩下的 10 个数为 30 内的素数。

⊙ **定理 2** 素数有无穷多个。

证 假设素数只有有限个，设为 k 个，分别为 $p_1, p_2, p_3, \cdots, p_k$，作 $N = p_1 p_2 p_3 \cdots p_k + 1$，显然 $N > 1$，N 必有正素因数 q，即 $q | N$，有 q 不等于 p_i（$i = 1,2,3,4,5,\cdots,k$），若存在某个 i，使得 $q = p_i$，则有 $q | p_1 p_2 p_3 \cdots p_k$，有 $q | 1$，这是不可能的，即找到了第 $k+1$ 个素数，所以假设是错误的，即素数有无穷多个。

注 1 2018 年 1 月 13 日由日本虹色社出版发行了一本厚约 32mm 共 719 页的名为《2017 年最大的素数》的书，整本书只印了一个数，即 $2^{77232917} - 1$。这是截至发行之日人类发现的最大素数，共计 23249425 位。这个数是 2017 年 12 月 26 日由美国的 GIMPS 志愿者 Jonathan Pace 通过计算机找到的，被命名为 $M_{77232917}$，它是第 50 个梅森素数，而前两次更新"最大素数"分别是在 2013 年和 2016 年。2018 年 12 月 7 日来自美国佛罗里达州的一位 IT 专业人士发现了目前已知的最大梅森素数，该素数被称为 $M_{82589933}$，它是第 51 个梅森素数，即 $2^{82589933}-1$，有 24862048 位。比第 50 个梅森素数多了 100 多万位。梅森素数以法国数学家马林·梅森（Marin Mersenne）的名字命名。

注 2　若 p 是素数，则称 $M_p=2^p-1$ 为梅森数，此时若 M_p 为素数，则称 M_p 为梅森素数。

注 3　素数可分为 $4k+1$ 型和 $4k+3$ 型，或 $6k+1$ 型和 $6k+5$ 型等（2 除外）。

前面提到，30 以内的素数有 10 个，同样也可算得 100 以内的素数有 25 个，对于正实数 x，不超过 x 的素数个数有一个确定的值，在数学中用 $\pi(x)$ 表示这个值。例如，$\pi(15)=6$，$\pi(10.4)=4$，$\pi(50)=15$，已知素数有无穷多个，但 $\pi(x)$ 与 x 相比要小得多，可以证明下面的素数定理

$$\lim_{x\to+\infty}\frac{\pi(x)}{x}=0 \tag{1.12}$$

下面介绍素数的稠密性问题。

尽管素数有无穷多个，但它比起正整数来说要少得多，且越到后面其分布就越稀疏，因为若记 $M=(n+1)!$，则可证明 $M+2,M+3,\cdots,M+(n+1)$ 这连续 n 个数都是合数。实际上连续 1 亿个正整数都是合数是可能的。另外还有孪生素数问题，人们一直在寻找很大的相邻的两个奇数都是素数的数，这样的一对数称为孪生素数。是否存在无穷多对孪生素数？这个问题至今还没有解决。

2013 年，数学家张益唐证明了孪生素数猜想的一个弱化形式，即差小于 7000 万的素数对有无穷多对，在孪生素数猜想的问题上做出了创造性贡献。

是否存在对任意整数恒取素数的多项式？人们曾试图找到一个能表示素数的多项式，但都失败了。事实上可用反证法证明不存在对任意整数恒取素数的多项式。例如，给出 x^2+x+41，当 $x=0,1,2,\cdots,39$ 时其都是素数，但当 $x=40$ 时其就是合数；对于 $x^2-x+72491$，当 $x=0,1,2,\cdots,11000$ 时其都是素数，但当 $x=11001$ 时其就是合数。

由素数的定义，一个素数 p 和整数 a 之间显然有下面的性质。

⊃ **推论 1**　$(p,a)=1$ 或 $p\mid a$，两者有且只有一个成立。

素数还有下面的性质。

⊙ **定理 3**　设 p 为素数，$p\mid ab$，则在 $p\mid a$，$p\mid b$ 中至少有一个成立。

证　若 p 不整除 a，则由素数的定义有 $(p,a)=1$，存在整数 x,y，使得 $px+ay=1$，两边同乘 b，有 $pxb+aby=b$，因为 $p\mid aby$，$p\mid pb$，所以有 $p\mid b$。

⊃ **推论 2**　若 $p\mid a_1a_2\cdots a_n$，则存在 k（$1\leqslant k\leqslant n$）使 $p\mid a_k$。

证　因为假设对任意 k，都有 p 不整除 a_k，则有 $(p,a_k)=1$，可得 $(p,a_1a_2\cdots a_n)=1$，与已知条件矛盾。

所以假设错误，即存在 k 使 $p|a_k$。

⊃ **推论 3** 若 $p|p_1p_2\cdots p_n$，则存在 k，使 $p=p_k$。

注 4 形如 $F_n=2^{2^n}+1$（$n=0,1,2,\cdots$）的数称为费马数。因为 F_0,F_1,F_2,F_3,F_4 都是素数，所以费马猜测所有费马数都是素数，但这是错误的，事实上，$F_5=641\times 6700417$，是合数。利用任意两个费马数的互素性可证素数有无穷多个。因为对不同的 m,n，有 $(F_n,F_m)=1$，即不同的费马数有不同的素因数，而费马数有无穷多个，所以素数有无穷多个。

例 2 若 $M_n=2^n-1$ 为素数，则 n 为素数。

证 若 n 为合数，则 $n=ab$，$1<a,b<n$，则有 $M_n=2^{ab}-1=(2^a-1)Q$ 为合数，与 M_n 为素数矛盾。所以 n 为素数。

例 3 设 P 是不小于 5 的素数，且 $2P+1$ 也是素数，证明 $4P+1$ 是合数。

证 因为 P 是素数，所以 $P=3k+1$ 或 $P=3k+2$。

因为当 $P=3k+1$ 时，$2P+1=3(2k+1)$ 为合数，与题设矛盾，即 P 只能为 $3k+2$，所以有 $4P+1=4(3k+2)+1=3(4k+1)$，$4P+1$ 为合数。

例 4 证明当 $n>2$ 时，在 n 和 $n!$ 之间至少有一个素数。

证 设 p 是 $n!-1$ 的大于 1 的最小正因数，则 p 为素数，且有 $p>n$，否则有 $p|n!$，这与 p 是 $n!-1$ 的因数矛盾。所以假设错误，即在 n 和 $n!$ 之间至少有一个素数。

1.3.2 算术基本定理

前面研究了素数的性质，实际上大于 1 的所有整数都可以写成素数之积，如 $18=2\times 3\times 3$，$15=3\times 5$，即有整数的分解定理——算术基本定理。

⊙ **定理（算术基本定理）** 任意一个大于 1 的整数均能分解为一些素数的乘积，且在忽略因数的次序的情况下，这种分解是唯一的。即对于任意整数 $a>1$，存在素数 $p_1,p_2,\cdots,p_n$，使得 $a=p_1p_2\cdots p_n$，若存在 $q_1,q_2,\cdots,q_m$，使得 $a=q_1q_2\cdots q_m$，则有 $m=n$，在适当调整次序后有 $p_i=q_i$（$i=1,2,\cdots,n$）。

证 （1）存在性。若 a 是素数，则存在性得证。若 a 是合数，则至少存在一个素因数 p_1，有 $a=p_1a_1$（$a_1>1$）。若 a_1 是素数，则存在性得证。若 a_1 是合数，则至少存在一个素因数 p_2，设 $a_1=p_2a_2$（$a_2>1$），再对 a_2 进行讨论……一直进行下去有 $a=p_1p_2\cdots p_n$。

（2）唯一性。设 $a=q_1q_2\cdots q_m=p_1p_2\cdots p_n$（$n\leqslant m$），则 $p_1|q_1q_2\cdots q_m$，存在 s，使得 $p_1|q_s$，不妨设 $p_1|q_1$，则有 $q_2\cdots q_m=p_2\cdots p_n$。

重复上述讨论，调整次序有 $p_2=q_2,\cdots,p_n=q_n$，则有 $1=q_{n+1}\cdots q_m$，但这是不可能的，所以 $m=n$，即证明了唯一性。

根据算术基本定理，将素数的次序进行排列，即有下面的标准分解式。

📖 **定义**　称

$$a = p_1^{\alpha_1} p_2^{\alpha_2} \cdots p_k^{\alpha_k} \tag{1.13}$$

是 a 的标准分解式，其中，p_i（$1 \leq i \leq k$）是素数，$p_1 < p_2 < \cdots < p_k$，α_i（$1 \leq i \leq k$）是正整数。

⊃ **推论 1**　利用式（1.13）可得：

（1）a 的正因数 d 必有形式

$$d = p_1^{\gamma_1} p_2^{\gamma_2} \cdots p_k^{\gamma_k}, \quad \gamma_i \in \mathbf{Z}, \ 0 \leq \gamma_i \leq \alpha_i, \ 1 \leq i \leq k$$

（2）a 的正倍数 m 必有形式

$$m = p_1^{\beta_1} p_2^{\beta_2} \cdots p_k^{\beta_k} M, \quad M \in \mathbf{N}, \ \beta_i \in \mathbf{N}, \ \beta_i \geq \alpha_i, \ 1 \leq i \leq k$$

⊃ **推论 2**　设正整数 a 与 b 的分解式为

$$a = p_1^{\alpha_1} p_2^{\alpha_2} \cdots p_k^{\alpha_k}, \quad b = p_1^{\beta_1} p_2^{\beta_2} \cdots p_k^{\beta_k}$$

其中，$p_1, p_2, \cdots, p_k$ 是互不相同的素数，α_i, β_i（$1 \leq i \leq k$）都是非负整数，则

$$(a, b) = p_1^{\lambda_1} p_2^{\lambda_2} \cdots p_k^{\lambda_k}, \quad \lambda_i = \min\{\alpha_i, \beta_i\}, \ 1 \leq i \leq k$$

$$[a, b] = p_1^{\mu_1} p_2^{\mu_2} \cdots p_k^{\mu_k}, \quad \mu_i = \max\{\alpha_i, \beta_i\}, \ 1 \leq i \leq k$$

例 1　设 a, b, c 是整数，证明 $(a, [b, c]) = [(a, b), (a, c)]$。

证　设

$$a = \prod_{i=1}^{k} p_i^{\alpha_i}, \quad b = \prod_{i=1}^{k} p_i^{\beta_i}, \quad c = \prod_{i=1}^{k} p_i^{\gamma_i}$$

其中，$p_1, p_2, \cdots, p_k$ 是互不相同的素数，$\alpha_i, \beta_i, \gamma_i$（$1 \leq i \leq k$）都是非负整数。由定理和推论 2，有

$$(a, [b, c]) = \prod_{i=1}^{k} p_i^{\lambda_i}, \quad [(a, b), (a, c)] = \prod_{i=1}^{k} p_i^{\mu_i}$$

其中，对于 $1 \leq i \leq k$，有

$$\lambda_i = \min\{\alpha_i, \max\{\beta_i, \gamma_i\}\}$$

$$\mu_i = \max\{\min\{\alpha_i, \beta_i\}, \min\{\alpha_i, \gamma_i\}\}$$

不妨设 $\beta_i \leq \gamma_i$，则

$$\min\{\alpha_i, \beta_i\} \leq \min\{\alpha_i, \gamma_i\}$$

所以

$$\mu_i = \min\{\alpha_i, \gamma_i\} = \lambda_i$$

即 $(a, [b, c]) = [(a, b), (a, c)]$。

例 2　证明 $\sqrt{2}$ 是无理数。

证　假设 $\sqrt{2}$ 是有理数，则可设 $\sqrt{2} = \dfrac{n}{m}$ 且 $(m, n) = 1$，则有 $2m^2 = n^2$。因为该式左边有

奇数个素因数，右边只有偶数个素因数，与算术基本定理矛盾，所以假设错误，即 $\sqrt{2}$ 是无理数。

例 3 证明 lg2 是无理数。

证 假设 lg2 是有理数，则存在两个正整数 p，q，使得 $\lg 2 = \dfrac{p}{q}$，由对数定义可得 $10^p = 2^q$，则有 $2^p 5^p = 2^q$，由于同一个数左侧形式含因数 5，右侧形式不含因数 5，与算术基本定理矛盾，故 lg2 为无理数。

例 4 若 $a > 1$，$a^n - 1$ 是素数，则 $a = 2$，并且 n 是素数。

证 若 $a > 2$，则由 $a^n - 1 = (a-1)(a^{n-1} + a^{n-2} + \cdots + 1)$ 可知 $a^n - 1$ 是合数，所以 $a = 2$。

若 n 是合数，则 $n = xy$，$x > 1$，$y > 1$，于是由

$$2^{xy} - 1 = (2^x - 1)(2^{x(y-1)} + 2^{x(y-2)} + \cdots + 1)$$

以及 $2^x - 1 > 1$ 可知，$2^n - 1$ 是合数，所以当 $2^n - 1$ 是素数时，n 必是素数。

例 5 形如 $4n + 3$ 的素数有无限多个。

证 若结论不成立，假设只有 k 个形如 $4n + 3$ 的素数 $p_1, p_2, \cdots, p_k$。记

$$N = 4p_1 p_2 \cdots p_k - 1$$

显然 $N > 1$，由算术基本定理可知，正整数 N 可以写成若干素数之积。这些素因数中至少有一个可以写成 $4n + 3$ 的形式。否则，若它们都是 $4n + 1$ 的形式，则 N 也是 $4n + 1$ 的形式，这与 N 的定义矛盾。用 p 表示这个素因数，则 $p \neq p_i$，$1 \leq i \leq k$。若有某个 i，$1 \leq i \leq k$，使得 $p = p_i$，则由 $p \mid N$ 推出 $p \mid 1$，这是不可能的。因此在 $p_1, p_2, \cdots, p_k$ 之外存在另一个形如 $4n + 3$ 的素数 p，这与原假设矛盾，所以形如 $4n + 3$ 的素数有无限多个。

由推论 1 知，若 $n = p_1^{\alpha_1} p_2^{\alpha_2} \cdots p_k^{\alpha_k}$，则 n 的正因数 d 必有形式 $d = p_1^{\gamma_1} p_2^{\gamma_2} \cdots p_k^{\gamma_k}$，$\gamma_i \in \mathbf{Z}$，$0 \leq \gamma_i \leq \alpha_i$，$1 \leq i \leq k$。

那么正因数 d 的个数是多少？实际上若 $0 \leq \gamma_i \leq \alpha_i$，则 γ_i 的取法有 $\alpha_i + 1$ 种，再逐个考虑 $p_1, p_2, \cdots, p_k$，从而可得到 N 的正因数 d 的个数和所有正因数的和。具体内容将在 5.3 节数论函数中进行讨论。

习题

1. 写出 22345680 的标准分解式。

2. 证明在 $1, 2, \cdots, 2n$ 中任取 $n + 1$ 个数，其中至少有一个数能被另一个整除。

3. 证明若 $2^n + 1$ 是素数，则 n 是 2 的乘幂。

4. 证明若 $2^n - 1$ 是素数，则 n 是素数。

5. 证明 $1+\dfrac{1}{2}+\cdots+\dfrac{1}{n}\,(n\geqslant 2)$ 不是整数。

6. 设 a,b 是正整数，证明存在 a_1,a_2,b_1,b_2，使得 $a=a_1a_2$，$b=b_1b_2$，$(a_2,b_2)=1$，并且 $[a,b]=a_2b_2$。

7. 证明形如 $6n+5$ 的素数有无限多个。

1.4　函数 [x] 与 {x}

接下来引进数学中应用很广泛的两个函数 $[x]$ 与 $\{x\}$。

📖 **定义**　设 x 是实数，$[x]$ 表示不超过 x 的最大整数，称它为 x 的整数部分，称 $\{x\}=x-[x]$ 为 x 的小数部分。

⊙ **定理 1**　设 x 与 y 是实数，则有下面的性质：

（1）$x=[x]+\{x\}$。

（2）$[x]\leqslant x<[x]+1$。

（3）$x\leqslant y\Rightarrow[x]\leqslant[y]$。

（4）$[x]+[y]\leqslant[x+y]$，$\{x\}+\{y\}\geqslant\{x+y\}$。

（5）若 m 是整数，则 $[m+x]=m+[x]$。

（6）$[-x]=\begin{cases}-[x],&x\in\mathbf{Z}\\-[x]-1,&x\notin\mathbf{Z}\end{cases}$。

（7）若 $x\geqslant 0$，$y\geqslant 0$，则 $[xy]\geqslant[x][y]$。

（8）若 $n\in\mathbf{N}^+$，则 $\left[\dfrac{[x]}{n}\right]=\left[\dfrac{x}{n}\right]$。

⊙ **定理 2**　若 a 与 b 是正整数，则在 $1,2,\cdots,a$ 中能被 b 整除的整数有 $\left[\dfrac{a}{b}\right]$ 个。

证　能被 b 整除的正整数是 $b,2b,3b,\cdots$，设在 $1,2,\cdots,a$ 中能被 b 整除的整数有 k 个，则有

$$kb\leqslant a<(k+1)b\Rightarrow k\leqslant\frac{a}{b}<k+1\Rightarrow k=\left[\frac{a}{b}\right]$$

由定理 2 可得，若 b 是正整数，则对于任意的整数 a，有 $a=b\left[\dfrac{a}{b}\right]+b\left\{\dfrac{a}{b}\right\}$，即在带余除法 $a=bq+r,\,0\leqslant r<b$ 中有 $q=\left[\dfrac{a}{b}\right]$，$r=b\left\{\dfrac{a}{b}\right\}$。

例 1　设 x 与 y 是实数，则 $[2x]+[2y]\geqslant[x]+[x+y]+[y]$。

解　设 $x=[x]+\alpha,\,0\leqslant\alpha<1$，$y=[y]+\beta,\,0\leqslant\beta<1$，则

$$[x] + [x+y] + [y] = 2[x] + 2[y] + [\alpha + \beta] \qquad (1.14)$$

$$[2x] + [2y] = 2[x] + 2[y] + [2\alpha] + [2\beta] \qquad (1.15)$$

如果 $[\alpha + \beta] = 0$，那么显然有

$$[\alpha + \beta] \leqslant [2\alpha] + [2\beta]$$

如果 $[\alpha + \beta] = 1$，那么在 α 与 β 中至少有一个不小于 $\dfrac{1}{2}$，于是

$$[2\alpha] + [2\beta] \geqslant 1 = [\alpha + \beta]$$

即无论 $[\alpha + \beta] = 0$ 还是 $[\alpha + \beta] = 1$，都有 $[\alpha + \beta] \leqslant [2\alpha] + [2\beta]$，由此式及式（1.14）和式（1.15）即可证明原不等式。

例 2 解方程 $\left[\dfrac{5+6x}{8}\right] = \dfrac{15x-7}{5}$。

解 由定义设 $\dfrac{15x-7}{5} = k$，则 $x = \dfrac{5k+7}{15}$，又因为 $\left[\dfrac{5+6x}{8} - \dfrac{15x-7}{5}\right] = 0$，即 $\left[\dfrac{81-90x}{40}\right] = 0$，所以 $0 \leqslant 81 - 90x < 40$，得 $k = 0,1$，从而得到 $x = \dfrac{7}{15}, \dfrac{12}{15}$。

⊙ **定理 3** $n > 1$ 且是正整数，设 $n!$ 的标准分解式为 $n! = p_1^{\alpha_1} p_2^{\alpha_2} \cdots p_k^{\alpha_k}$，则

$$\alpha_i = \sum_{r=1}^{\infty} \left[\frac{n}{p_i^r}\right] \qquad (1.16)$$

证 对于任意固定的素数 p，用 $p(k)$ 表示在 k 的标准分解式中的 p 的指数，则

$$p(n!) = p(1) + p(2) + \cdots + p(n)$$

用 n_j 表示 $p(1), p(2), \cdots, p(n)$ 中等于 j 的个数，那么

$$p(n!) = 1n_1 + 2n_2 + 3n_3 + \cdots \qquad (1.17)$$

即 n_j 就是在 $1, 2, \cdots, n$ 中满足 $p^j \mid a$ 且 $p^{j+1} \nmid a$ 的整数 a 的个数，所以，由定理 2 有

$$n_j = \left[\frac{n}{p^j}\right] - \left[\frac{n}{p^{j+1}}\right]$$

将上式代入式（1.17），得到

$$p(n!) = 1\left(\left[\frac{n}{p}\right] - \left[\frac{n}{p^2}\right]\right) + 2\left(\left[\frac{n}{p^2}\right] - \left[\frac{n}{p^3}\right]\right) + 3\left(\left[\frac{n}{p^3}\right] - \left[\frac{n}{p^4}\right]\right) + \cdots$$

$$= \sum_{r=1}^{\infty} \left[\frac{n}{p^r}\right]$$

即式（1.16）成立。

⊃ **推论 1**　设 n 是正整数，则

$$n! = \prod_{p \le n} p^{\sum\limits_{r=1}^{\infty}\left[\frac{n}{p^r}\right]}$$

其中，$\prod\limits_{p \le n}$ 表示对不超过 n 的所有素数 p 求积。

⊙ **定理 4**　设 n 是正整数，$1 \le k \le n-1$，则

$$C_n^k = \frac{n!}{k!(n-k)!} \in \mathbf{N} \tag{1.18}$$

证　由定理 3 知，对于任意的素数 p，整数 $n!$，$k!$ 与 $(n-k)!$ 的标准分解式中所含的 p 的指数分别是 $\sum\limits_{r=1}^{\infty}\left[\frac{n}{p^r}\right]$，$\sum\limits_{r=1}^{\infty}\left[\frac{k}{p^r}\right]$ 与 $\sum\limits_{r=1}^{\infty}\left[\frac{n-k}{p^r}\right]$。由定理 1 可知

$$\sum_{r=1}^{\infty}\left[\frac{n}{p^r}\right] \ge \sum_{r=1}^{\infty}\left[\frac{k}{p^r}\right] + \sum_{r=1}^{\infty}\left[\frac{n-k}{p^r}\right]$$

因此 C_n^k 是整数。

⊃ **推论 2**　若 p 是素数，则 $p \mid C_p^k$，$1 \le k \le p-1$。

证　若 p 是素数，则对于 $1 \le k \le p-1$，有

$$(p, k!) = 1$$

$$(p, (p-k)!) = 1 \Rightarrow (p, k!(p-k)!) = 1$$

由此式和定理 4 有

$$C_p^k = \frac{p(p-1)!}{k!(p-k)!} \in \mathbf{N}, \quad C_p^k k!(p-k)! = p(p-1)!$$

推出 $p \mid C_p^k k!(p-k)!$，从而有 $p \mid C_p^k$。

例 3　求 2022! 末尾零的个数。

解　因为 10 由 1 个 2 和 1 个 5 组成，根据素因数 2 和 5 的分布情况可知，2 多 5 少，因此只需要求 2022! 标准分解式中 5 的个数即可。

$$5(2022!) = \left[\frac{2022}{5}\right] + \left[\frac{2022}{25}\right] + \left[\frac{2022}{125}\right] + \left[\frac{2022}{625}\right] = 503$$

所以 2022! 末尾的零有 503 个。

🔘 **习题**

1. 设 n 是任意一个正整数，α 是实数，证明 $\left[\dfrac{[n\alpha]}{n}\right] = [\alpha]$。

2. 求 30! 的标准分解式。

3. 求使 12347! 被 35^k 整除的最大的 k 值。

4. 设 n 是任意一个正整数，且 $n = a_0 + a_1 p + a_2 p^2 + \cdots$，$p$ 是素数，$0 \leqslant a_i < p$，证明：在 $n!$ 的标准分解式中，素因数 p 的指数是 $h = \dfrac{n - S_n}{p - 1}$，其中，$S_n = a_0 + a_1 + a_2 + \cdots$。

1.5　探究与拓展

本章前 4 节介绍了数论的基础即整除理论，其内涵重要而深刻，核心内容包括带余除法、最大公因数和最小公倍数理论及算术基本定理。在面向中学生的各类竞赛中，整除理论占有重要的分量。本节精选了一些历届全国、地区联赛甚至 IMO 中出现的有关整除理论的真题，以飨读者。

真题荟萃

例 1（2014 东南赛）设 p 为奇素数，a、b、c、d 为小于 p 的正整数，且 $a^2 + b^2$、$c^2 + d^2$ 均为 p 的倍数，证明：在 $ac + bd$、$ad + bc$ 中恰有一个为 p 的倍数。

证　一方面，由 $a^2 + b^2$、$c^2 + d^2$ 均为 p 的倍数可知，$(ac + bd)(ad + bc) = (a^2 + b^2)cd + (c^2 + d^2)ab$ 也为 p 的倍数，又因为 p 为素数，故在 $ac + bd$、$ad + bc$ 中至少有一个为 p 的倍数。

另一方面，假设 $ac + bd$、$ad + bc$ 均为 p 的倍数，则 $(ac + bd) - (ad + bc) = (a - b)(c - d)$ 也为 p 的倍数，故 $p \mid (a - b)$ 或 $p \mid (c - d)$。不妨设 $p \mid (a - b)$，由 $0 < a, b < p$ 可知 $|a - b| < p$，故 $a = b$，即 $a^2 + b^2 = 2a^2$ 为 p 的倍数，但由于 p 为奇素数，$0 < a < p$，故 $p \nmid 2a^2$，与前者矛盾。因此，在 $ac + bd$、$ad + bc$ 中必有一个不为 p 的倍数。

综上，在 $ac + bd$、$ad + bc$ 中恰有一个为 p 的倍数。

例 2（第 42 届 IMO）设 a、b、c、d 为正整数，$a > b > c > d$，且 $ac + bd = (a + b - c + d)(-a + b + c + d)$，求证：$ab + cd$ 是合数。

证　因为 $(ab + cd) - (ac + bd) = (a - d)(b - c) > 0$，所以 $ab + cd > ac + bd$；又因为 $(ac + bd) - (ad + bc) = (a - b)(c - d) > 0$，所以 $ab + cd > ac + bd > ad + bc$。

由于 $ac + bd = (a + b - c + d)(-a + b + c + d)$，所以 $a^2 - ac + c^2 = b^2 + bd + d^2$，因此 $(ac + bd)(b^2 + bd + d^2) = ac(b^2 + bd + d^2) + bd(a^2 - ac + c^2) = acb^2 + acd^2 + a^2bd + bc^2d = (ab + cd)(ad + bc)$，所以 $ac + bd$ 可以被 $(ab + cd)(ad + bc)$ 整除。

假设 $ab + cd$ 是一个素数，由于 $ab + cd > ac + bd > 1$，所以 $ab + cd$ 与 $ac + bd$ 互素，因此

$ac+bd$ 可以被 $ad+bc$ 整除，与 $ac+bd>ad+bc$ 矛盾，所以 $ab+cd$ 是一个合数。

例 3（2010 东南赛）设 a、b、$c\in\{0,1,\cdots,9\}$，若二次方程 $ax^2+bx+c=0$ 存在有理根，证明：三位数 $\overline{abc}$ 不是素数。

证　使用反证法。

假设 $\overline{abc}=p$ 是素数，则由二次方程 $f(x)=ax^2+bx+c=0$ 的有理根为 $x_{1,2}=\dfrac{-b\pm\sqrt{b^2-4ac}}{2a}$ 易知，b^2-4ac 为完全平方数，x_1、x_2 均为负数，且 $f(x)=a(x-x_1)(x-x_2)$。故 $p=f(10)=a(10-x_1)(10-x_2)$，$4ap=(20a-2ax_1)(20a-2ax_2)$。

易知，$20a-2ax_1$ 与 $20a-2ax_2$ 均为正整数，从而 $p\,|\,(20a-2ax_1)$ 或 $p\,|\,(20a-2ax_2)$。

不妨设 $p\,|\,(20a-2ax_1)$，则 $p\leqslant 20a-2ax_1$。于是，$4a\geqslant 20a-2ax_2$，与 x_2 为负数矛盾。所以三位数 $\overline{abc}$ 不是素数。

例 4（第 43 届 IMO）设 n 为大于 1 的整数，它的全部正因数为 $d_1,d_2,\cdots,d_k$，其中，$1=d_1<d_2<\cdots<d_k=n$，记 $D=d_1d_2+d_2d_3+\cdots+d_{k-1}d_k$。（1）求证：$D<n^2$。（2）确定所有的 n，使得 D 能整除 n^2。

证　（1）因为 $d_1<d_2<\cdots<d_k$，所以 $\dfrac{n}{d_1}>\dfrac{n}{d_2}>\cdots>\dfrac{n}{d_k}$，所以 $\dfrac{n}{d_k}\geqslant 1,\dfrac{n}{d_{k-1}}\geqslant 2,\cdots,\dfrac{n}{d_1}\geqslant k$，所以 $D=n^2\left(\dfrac{d_{k-1}d_k}{n^2}+\cdots+\dfrac{d_2d_3}{n^2}+\dfrac{d_1d_2}{n^2}\right)<n^2$。

（2）如果 n 是素数，那么它的全部因数为 $1<n$，所以 $d=n$，D 当然是 n^2 的因数；如果 n 是合数，则 $k\geqslant 3$。若 p 是 n 的最小素因数，则它也是 n^2 的最小素因数，如果 D 整除 n^2，那么必有 $D\leqslant\dfrac{n^2}{p}$；但是因为 $d_k=n$，$d_{k-1}=\dfrac{n}{p}$，所以 $D=d_1d_2+d_2d_3+\cdots+d_{k-1}d_k\geqslant d_1d_2+d_{k-1}d_k>\dfrac{n^2}{p}$，与前者矛盾。综上所述，当且仅当 n 是素数时，D 能整除 n^2。

例 5（2019 东南赛）对任意实数 a，用 $[a]$ 表示不超过 a 的最大整数，记 $\{a\}=a-[a]$。是否存在正整数 m,n 及 $n+1$ 个实数 $x_0,x_1,\cdots,x_n$，使得 $x_0=428$，$x_n=1928$，$\dfrac{x_{k+1}}{10}=\left[\dfrac{x_k}{10}\right]+m+\left\{\dfrac{x_k}{5}\right\}$（$k=0,1,\cdots,n-1$）成立？证明你的结论。

证　显然 $\left[\dfrac{x_{k+1}}{10}\right]=\left[\dfrac{x_k}{10}\right]+m$，$\left\{\dfrac{x_{k+1}}{10}\right\}=\left\{\dfrac{x_k}{5}\right\}$。下面考查 $\left\{\dfrac{x_{k+1}}{10}\right\}$ 的小数部分，即考查 x_{k+1} 的个位上的数。

无论 m 的取值是多少，都有：

$$10 \times \left\{ \frac{x_0}{10} \right\} = 8$$

$$10 \times \left\{ \frac{x_1}{10} \right\} = 10 \times \left\{ \frac{8}{5} \right\} = 6$$

$$10 \times \left\{ \frac{x_2}{10} \right\} = 10 \times \left\{ \frac{6}{5} \right\} = 2$$

$$10 \times \left\{ \frac{x_3}{10} \right\} = 10 \times \left\{ \frac{2}{5} \right\} = 4$$

$$10 \times \left\{ \frac{x_4}{10} \right\} = 10 \times \left\{ \frac{4}{5} \right\} = 8$$

很显然，当且仅当 $4 \mid k$ 时，x_k 的个位上的数为8。也就是说，$4 \mid n$。

所以对于 $\left[\frac{x_k}{10} \right]$，有 $\left[\frac{x_k}{10} \right] = \left[\frac{x_0}{10} \right] + km$ 及 $192 = 42 + mn$，但是因为 $192 - 42 = 150$，而 $4 \nmid 150$，所以不存在满足题目要求的 m 和 n。

例 6（2015 匈牙利）设奇素数 p 和 q（$p < q$）在 $n!$ 的标准分解式中的指数相同，证明：$n < \dfrac{p(p+1)}{2}$。

证 假设 $n \geq \dfrac{p(p+1)}{2}$，且 $\displaystyle\sum_{k=1}^{\infty} \left[\frac{n}{p^k} \right] = \sum_{k=1}^{\infty} \left[\frac{n}{q^k} \right]$。

对于任意的 $k \in \mathbf{Z}^+$，均有 $\dfrac{n}{p^k} > \dfrac{n}{q^k} \Rightarrow \left[\dfrac{n}{p^k} \right] \geq \left[\dfrac{n}{q^k} \right]$，而 $\left[\dfrac{n}{p} \right] \geq \left[\dfrac{p+1}{2} \right] = \dfrac{p+1}{2} \Rightarrow \left[\dfrac{n}{q} \right] \geq$

$\dfrac{p+1}{2} \Rightarrow \dfrac{p+1}{2} \leq \dfrac{n}{q} \leq \dfrac{n}{p+2} \Rightarrow n \geq \dfrac{(p+1)(p+2)}{2} \Rightarrow \dfrac{n}{p} - \dfrac{n}{q} \geq \dfrac{n}{p} - \dfrac{n}{p+2} = \dfrac{2n}{p(p+2)} \geq$

$\dfrac{2 \times \dfrac{(p+1)(p+2)}{2}}{p(p+2)} = \dfrac{p+1}{p} > 1 \Rightarrow \left[\dfrac{n}{p} \right] > \left[\dfrac{n}{q} \right]$，与题目矛盾。

例 7（2016 全国联赛）设 p 和 $p+2$ 均为素数，$p > 3$，定义数列 $\{a_n\}$：$a_1 = 2, a_n = a_{n-1} + \left[\dfrac{p a_{n-1}}{n} \right]$（$n = 2, 3, \cdots$），其中，$[x]$ 表示不小于实数 x 的最小整数。证明：对于 $n = 3, 4, \cdots, p-1$，均有 $n \mid (p a_{n-1} + 1)$。

证 运用数学归纳法。

对于整数数列 $\{a_n\}$：$a_1 = 2, a_n = a_{n-1} + \left[\dfrac{p a_{n-1}}{n} \right]$（$n = 2, 3, \cdots$），当 $n = 3$ 时，$\because a_2 = a_1 +$

$\left[\dfrac{2p}{2} \right] = 2 + p$，$p$ 和 $p+2$ 均为素数，$p a_2 + 1 = p(2 + p) + 1 = (p+1)^2$，$\therefore 3 \mid (p+1)^2$；当 $3 < n \leq p-1$ 时，均有 $k \mid (p a_{k-1} + 1)$（$k = 3, 4, \cdots$）成立，此时

$$\left[\frac{pa_{k-1}}{k}\right]=\left[\frac{pa_{k-1}+1}{k}\right]=\frac{pa_{k-1}+1}{k}$$

$$pa_{k-1}+1=p\left(a_{k-2}+\left[\frac{pa_{k-2}}{k-1}\right]\right)+1=p\left(a_{k-2}+\frac{pa_{k-2}+1}{k-1}\right)+1$$

$$=\frac{pa_{k-2}(k-1)+p^2a_{k-2}+p+k-1}{k-1}=\frac{(pa_{k-2}+1)(p+k-1)}{k-1}$$

从而对于 $3<n\leqslant p-1$，有

$$pa_{n-1}+1=\frac{p+n-1}{n-1}(pa_{n-2}+1)=\frac{p+n-1}{n-1}\frac{p+n-2}{n-2}(pa_{n-3}+1)=\cdots$$

$$=\frac{p+n-1}{n-1}\frac{p+n-2}{n-2}\cdots\frac{p+3}{3}(pa_2+1)=\frac{2n(p+1)}{(p+n)(p+2)}C_{p+n}^n$$

$\because C_{p+n}^n\in \mathbf{Z}$，$\therefore n\mid (p+n)(p+2)(pa_{n-1}+1)$，$\because n<p$（$p$ 为素数），$\therefore (n,n+p)=(n,p)=1$，$\because p+2$ 为大于 1 的素数，$(n,p+2)=1$，$\therefore (n,n+p,p+2)=1$，最终得到 $n\mid (pa_{n-1}+1)$。

例 8（2017 西部赛）设正整数 $n=2^\alpha q$，其中，α 为非负整数，q 为奇数，证明：对任意正整数 m，方程 $x_1^2+x_2^2+\cdots+x_n^2=m$ 的正整数解 $(x_1,x_2,\cdots,x_n)$ 的组数能被 $2^{\alpha+1}$ 整除。

证　设方程的解的组数为 $N(m)$，$(x_1,x_2,\cdots,x_n)$ 为方程的一组非负整数解，不妨设其中有 k 个非零项。$(x_1,x_2,\cdots,x_n)$ 的每个分量有正、负两种情形，恰好对应原方程的 2^k 组整数解。设 S_k 为方程恰有 k（$k=1,2,\cdots,n$）个非零项的非负整数解的组数，则 $N(m)=\sum\limits_{k=1}^n 2^k S_k$。

因为方程恰有 k 个非零项的非负整数解有 C_n^k 种情况可选，所以 $C_n^k\mid S_k$。于是，要证明 $2^{n+1}\mid N(m)$，只需证明 $2^{a-k+1}\mid C_n^k$。由 $C_n^k=\dfrac{n(n-1)\cdots(n-k+1)}{k!}$ 可知，分子中 2 的因数个数至少为 a；而分母中 2 的因数个数为 $\sum\limits_{i=1}^{[\log_2 k]}\left[\dfrac{k}{2^i}\right]<\sum\limits_{i=1}^{+\infty}\dfrac{k}{2^i}=k$，故分母中 2 的因数最多有 $k-1$ 个。因此，$2^{a-k+1}\mid C_n^k$，即 $2^{\alpha+1}\mid N(m)$。

例 9（2013 东南赛）设 n 为大于 1 的整数，将前 n 个素数从小到大依次记为 $p_1,p_2,\cdots,p_n$（$p_1=2,p_2=3,\cdots$），令 $A=p_1^{p_1}p_2^{p_2}\cdots p_n^{p_n}$。求所有的正整数 x，使得 $\dfrac{A}{x}$ 为偶数，且 $\dfrac{A}{x}$ 恰有 x 个不同的正因数。

证　由已知条件可得 $2x\mid A$，$A=4p_2^{p_2}p_3^{p_3}\cdots p_n^{p_n}$。故可设 $x=2^{\alpha_1}p_2^{\alpha_2}p_3^{\alpha_3}\cdots p_n^{\alpha_n}$，其中，$0\leqslant \alpha_1\leqslant 1$，$0\leqslant \alpha_i\leqslant p_i$（$i=2,3,\cdots,n$）。则 $\dfrac{A}{x}=2^{2-\alpha_1}p_2^{p_2-\alpha_2}p_3^{p_3-\alpha_3}\cdots p_n^{p_n-\alpha_n}$，故 $\dfrac{A}{x}$ 不同的正因数个数为 $(3-\alpha_1)(p_2-\alpha_2+1)\cdots(p_n-\alpha_n+1)$。由已知条件得

$$(3-\alpha_1)(p_2-\alpha_2+1)\cdots(p_n-\alpha_n+1)=x=2^{\alpha_1}p_2^{\alpha_2}p_3^{\alpha_3}\cdots p_n^{\alpha_n} \qquad (1.19)$$

接下来用数学归纳法证明满足式（1.19）的数组 $(\alpha_1,\alpha_2,\cdots,\alpha_n)$ 必为 $(1,1,\cdots,1)$（$n\geqslant 2$）。

（1）当 $n=2$ 时，式（1.19）变为 $(3-\alpha_1)(4-\alpha_2)=2^{\alpha_1}\times 3^{\alpha_2}$（$\alpha_1\in\{0,1\}$）。

若 $\alpha_1=0$，则 $3(4-\alpha_2)=3^{\alpha_2}$，没有非负整数 α_2 满足该式；若 $\alpha_1=1$，则 $2(4-\alpha_2)=2\times 3^{\alpha_2}$，得 $\alpha_2=1$，从而 $(\alpha_1,\alpha_2)=(1,1)$，即当 $n=2$ 时结论成立。

（2）假设当 $n=k-1$（$k\geqslant 3$）时结论成立。

当 $n=k$ 时，式（1.19）变为

$$(3-\alpha_1)(p_2-\alpha_2+1)\cdots(p_{k-1}-\alpha_{k-1}+1)(p_k-\alpha_k+1)=2^{\alpha_1}p_2^{\alpha_2}p_3^{\alpha_3}\cdots p_k^{\alpha_k} \qquad (1.20)$$

若 $\alpha_k\geqslant 2$，则考虑到 $0<p_k-\alpha_k+1<p_k$，$0<p_i-\alpha_i+1\leqslant p_i+1<p_k$（$1\leqslant i\leqslant k-1$）。

故式（1.20）等号的左边不能被 p_k 整除，但此时式（1.20）等号的右边是 p_k 的倍数，矛盾。

若 $\alpha_k=0$，则式（1.20）变为

$$(3-\alpha_1)(p_2-\alpha_2+1)\cdots(p_{k-1}-\alpha_{k-1}+1)(p_k+1)=2^{\alpha_1}p_2^{\alpha_2}p_3^{\alpha_3}\cdots p_{k-1}^{\alpha_{k-1}} \qquad (1.21)$$

可注意到，$p_2,p_3,\cdots,p_k$ 为奇素数。

因为 p_k+1 为偶数，所以式（1.21）等号的左边为偶数；式（1.21）等号的右边 $p_2^{\alpha_2}p_3^{\alpha_3}\cdots p_{k-1}^{\alpha_{k-1}}$ 为奇数，从而必有 $\alpha_1=1$。但此时由于 $3-\alpha_1=2$，故式（1.21）等号的左边是 4 的倍数，但式（1.21）等号的右边不是 4 的倍数，仍然矛盾。

由上述讨论可知只能令 $\alpha_k=1$。此时，式（1.20）中有 $p_k-\alpha_k+1=p_k^{\alpha_k}=p_k$。

故 $(3-\alpha_1)(p_2-\alpha_2+1)\cdots(p_{k-1}-\alpha_{k-1}+1)=2^{\alpha_1}p_2^{\alpha_2}p_3^{\alpha_3}\cdots p_{k-1}^{\alpha_{k-1}}$。

由归纳假设知 $\alpha_1=\alpha_2=\cdots=\alpha_{k-1}=1$，从而 $\alpha_1=\alpha_2=\cdots=\alpha_{k-1}=\alpha_k=1$，即当 $n=k$ 时结论成立。由式（1.19）、式（1.20）知 $(\alpha_1,\alpha_2,\cdots,\alpha_n)=(1,1,\cdots,1)$，故所求的正整数为 $x=2p_2p_3\cdots p_n=p_1p_2\cdots p_n$。

例 10（2013 全国联赛）设 n 和 k 为大于 1 的整数，$n<2^k$。证明：存在 $2k$ 个不被 n 整除的整数，若将它们任意分成两组，则总有一组中有若干个数的和能被 n 整除。

证 先考虑 n 为 2 的幂的情形。

设 $n=2^r$，$r\geqslant 1$，则 $r<k$，若取 3 个 2^{r-1} 及 $2k-3$ 个 1，则显然这些数均不被 n 整除；若将这 $2k$ 个数任意分成两组，则总有一组中含有 2 个 2^{r-1}，它们的和为 2^r，能被 n 整除。

现在设 n 不是 2 的幂，取 $2k$ 个数为 $-1,-1,-2,-2^2,\cdots,-2^{k-2},1,2,2^2,\cdots,2^{k-1}$，因为 n 不是 2 的幂，所以上述 $2k$ 个数均不被 n 整除。若将这些数分成两组，使得每一组中任意若干个数的和均不能被 n 整除，则不妨设 1 在第一组，由于 $(-1)+1=0$，能被 n 整除，故两个 -1 必须在第二组；因为 $(-1)+(-1)+2=0$，可以被 n 整除，所以 2 在第一组，进而推出 -2 在第二组。

现归纳假设 $1,2,\cdots,2^l$ 均在第一组，而 $-1,-1,-2,\cdots,-2^l$ 均在第二组，其中，$1\leqslant l\leqslant k-2$，由于 $(-1)+(-1)+(-2)+\cdots+(-2^l)+2^{l+1}=0$，可以被 n 整除，故 2^{l+1} 在第一组，从而 -2^{l+1} 在第二组。由数学归纳法可知，$1,2,2^2,\cdots,2^{k-2}$ 在第一组，$-1,-1,-2,-2^2,\cdots,-2^{k-2}$ 在第二组。

最后，由于 $(-1)+(-1)+(-2)+\cdots+(-2^{k-2})+2^{k-1}=0$，可以被 n 整除，故 2^{k-1} 在第一组。因此 $1,2,2^2,\cdots,2^{k-1}$ 均在第一组，由正整数的二进制表示可知，每一个不超过 2^k-1 的正整数均可表示为 $1,2,2^2,\cdots,2^{k-1}$ 中若干个数的和，特别地，因为 $n\leqslant 2^k-1$，故第一组中有若干个数的和为 n，显然能被 n 整除。

综上所述，将前述 $2k$ 个整数任意分成两组，则总有一组中有若干个数之和能被 n 整除。

例 11（2018 全国联赛）数列 $\{a_n\}$ 定义如下：a_1 是任意正整数，对于整数 $n\geqslant 1$，a_{n+1} 是与 $\sum\limits_{i=1}^{n}a_i$ 互素，且不等于 $a_1,\cdots,a_n$ 的最小正整数。证明：每个正整数均在数列 $\{a_n\}$ 中出现。

证　显然 $a_1=1$ 或 $a_2=1$。下面考虑整数 $m>1$，设 m 有 k 个不同的素因数，我们对 k 进行归纳，证明 m 在 $\{a_n\}$ 中出现。记 $S_n=a_1+a_2+\cdots+a_n$，$n\geqslant 1$。

当 $k=1$ 时，m 是素数方幂，设 $m=p^\alpha$，其中，$\alpha>0$，p 是素数。假设 m 不在 $\{a_n\}$ 中出现，由于 $\{a_n\}$ 各项互不相同，因此存在正整数 N，当 $n\geqslant N$ 时，都有 $a_n>p^\alpha$。若对某个 $n\geqslant N$，有 $p\nmid S_n$，则 p^α 与 S_n 互素，又因为 $a_1,\cdots,a_n$ 中没有一项是 p^α，故由数列定义可知 $a_{n+1}\leqslant p^\alpha$，但是 $a_{n+1}>p^\alpha$，矛盾。因此对每个 $n\geqslant N$，都有 $p\mid S_n$。但由 $p\mid S_{n+1}$ 及 $p\mid S_n$ 可知，$p\mid a_{n+1}$，从而得到 a_{n+1} 与 S_n 不互素，这与 a_{n+1} 的定义矛盾。

假设 $k\geqslant 2$，且结论对 $k-1$ 成立。设 m 的标准分解式为 $m=p_1^{\alpha_1}p_2^{\alpha_2}\cdots p_k^{\alpha_k}$。若 m 不在 $\{a_n\}$ 中出现，则存在正整数 N'，当 $n\geqslant N'$ 时，都有 $a_n>m$。取充分大的正整数 $\beta_1,\cdots,\beta_{k-1}$，使得 $M=p_1^{\beta_1}\cdots p_{k-1}^{\beta_{k-1}}>\max a_n$（$1\leqslant n\leqslant N'$）。

我们需要证明：对任意 $n\geqslant N'$，都有 $a_{n+1}\neq M$。

对任意 $n\geqslant N'$，若 S_n 与 $p_1p_2\cdots p_k$ 互素，则 m 与 S_n 互素，又因为 m 在 $a_1,\cdots,a_n$ 中均未出现，而 $a_{n+1}>m$，这与数列的定义矛盾，因此我们推出：

对任意 $n\geqslant N'$，S_n 与 $p_1p_2\cdots p_k$ 不互素。　　　　　　　　　　　（*）

情形 1：若存在 i（$1\leqslant i\leqslant k-1$），使得 $p_i\mid S_n$，因为 $(a_{n+1},S_n)=1$，故 $p_i\nmid a_{n+1}$，从而 $a_{n+1}\neq M$。（因为 $p_i\mid M$）。

情形 2：若对每个 i（$1\leqslant i\leqslant k-1$），均有 $p_i\nmid S_n$，则由（*）知必有 $p_k\mid S_n$。于是 $p_k\nmid a_{n+1}$，进而 $p_k\nmid S_n+a_{n+1}$，即 $p_k\nmid S_{n+1}$，故由（*）知，存在 i_0（$1\leqslant i_0\leqslant k-1$），使得 $p_{i_0}\mid S_{n+1}$，再由 $S_{n+1}=S_n+a_{n+1}$ 及前面的假设 $p_i\nmid S_n$（$1\leqslant i\leqslant k-1$）可知，$p_{i_0}\nmid a_{n+1}$，故 $a_{n+1}\neq M$。

因此对任意 $n\geqslant N'+1$，均有 $a_n\neq M$，而 $M>\max a_n$（$1\leqslant n\leqslant N'$），故 M 不在 $\{a_n\}$ 中出现，这与归纳假设矛盾。因此，若 m 有 k 个不同的素因数，则它一定在 $\{a_n\}$ 中出现。

综上由数学归纳法可知，所有正整数均在 $\{a_n\}$ 中出现。

习题

1．（2011 东南赛）已知 a、b、c 为两两互素的正整数，且 $a^2 \mid (b^3 + c^3)$，$b^2 \mid (a^3 + c^3)$，$c^2 \mid (a^3 + b^3)$，求 a、b、c 的值。

2．（2016 北方赛）若 $n = p_1^{\alpha_1} p_2^{\alpha_2} \cdots p_s^{\alpha_s}$，已知欧拉函数 $\varphi(n) = n\left(1 - \dfrac{1}{p_1}\right)\left(1 - \dfrac{1}{p_2}\right)\cdots\left(1 - \dfrac{1}{p_s}\right)$，求最小的正整数 n，使得 $\varphi(n) = \dfrac{2^5}{47}n$。

3．（2016 东南赛）对任意正整数 n，定义 $f(n) = \sum\limits_{d \in D_n} \dfrac{1}{1+d}$，其中，$D_n$ 表示 n 的所有正因数组成的集合，证明：对任意正整数 m，均有 $f(1) + f(2) + \cdots + f(m) < m$。

4．（2020 东南赛）对任意素数 $p \geqslant 3$，证明：当正整数 x 足够大时，在 $x+1$, $x+2, \cdots, x+\dfrac{p+3}{2}$ 中至少有一个正整数有大于 p 的素因数。

5．（2004 全国联赛）对于整数 $n \geqslant 4$，求出最小的整数 $f(n)$，使得对于任意正整数 m，集合 $\{m, m+1, \cdots, m+n-1\}$ 的任意一个 $f(n)$ 元子集，均有至少 3 个两两互素的元素。

6．（2010 东南赛）设正整数 a、b 满足 $1 \leqslant a < b \leqslant 100$。若存在正整数 k，使得 $ab \mid (a^k + b^k)$，则称数对 (a, b) 是好数对。求所有好数对的个数。

7．（2018 东南赛）设 m 为给定的正整数，对于正整数 l，记 $A_l = (4l+1)(4l+2)\cdots [4(5^m+1)l]$，证明：存在无穷多个正整数 l，使得 $5^{5^m l} \mid A_l$ 且 $5^{5^m l+1} \nmid A_l$，并求出满足条件的 l 的最小值。

拓展阅读材料　　　随堂试卷　　　试卷答案

第2章 同 余

同余是数论特有的概念和方法，是初等数论的核心内容，同余本质上是将整数按模 m 分类，然后讨论每一类中的整数具有的共性及不同类整数之间的差异。本章将主要介绍同余的概念和性质、完全剩余系、简化剩余系、欧拉定理、费马小定理、特殊数的整除规律与同余的一些应用。

2.1 同余的概念和性质

"同余"这个概念最初是由德国数学家高斯提出的，在日常生活中，我们经常接触到一些周期为正整数的问题，如今天是星期一，过 700 天后是星期几？容易知道在 7 天、14 天、21 天、28 天、…、700 天后还是星期一，这就是一个同余问题。同余在数学中有着非常广泛的应用，下面给出同余的定义。

📖 **定义** 给定正整数 m，如果整数 a 与 b 被 m 除所得的余数相同，则称 a 与 b 关于模 m 同余，或称 a 与 b 同余关于模 m，记为

$$a \equiv b \pmod{m}$$

否则，称 a 与 b 关于模 m 不同余，记为 $a \not\equiv b \pmod{m}$。

注 1 一般模 m 是大于 1 的正整数，因为当 $m=1$ 时所有整数都同余，没有区分，意义不大。

由同余的定义可得，同余关系是一种等价关系，即有下面性质：

（1）自反性：$a \equiv a \pmod{m}$。

（2）对称性：$a \equiv b \pmod{m}$，则 $b \equiv a \pmod{m}$。

（3）传递性：$a \equiv b \pmod{m}$，$b \equiv c \pmod{m}$，则 $a \equiv c \pmod{m}$。

⊙ **定理 1** 两个整数 a 和 b 关于一个整数模 m 同余的充要条件是 $m \mid (a-b)$，即存在整数 q，使得 $a = b + qm$。

证 因为若 a 与 b 对模 m 同余，由同余的定义，有 $a = mq_1 + r$，$b = mq_2 + r$，所以

$a - b = m(q_1 - q_2)$，即 $m|(a-b)$。反之，若 $m|(a-b)$，设 $a = mq_1 + r_1$，$b = mq_2 + r_2$，$0 \leqslant r_1$，$r_2 \leqslant m-1$，则有 $m|(r_1 - r_2)$。因为 $|r_1 - r_2| \leqslant m-1$，故 $r_1 - r_2 = 0$，即 $r_1 = r_2$。

⊙ **定理 2** 设 a,b,c,d 是整数，若 $a \equiv b(\bmod m)$，$c \equiv d(\bmod m)$，则有下列性质：

（1） $a + c \equiv b + d(\bmod m)$。

（2） $ac \equiv bd(\bmod m)$。

证 （1）由已知条件及定理 1 可知

$$m|(a-b)，\quad m|(c-d)$$

因此

$$m|[(a+c)-(b+d)]$$

即证明了性质（1）。

（2）由定理 1 可知，存在整数 q_1 与 q_2，使得

$$a = b + q_1 m，\quad c = d + q_2 m$$

$$ac = bd + (q_1 q_2 m + q_1 d + q_2 b)m$$

再利用同余的定义，即可证明性质（2）。

例 1 对任意整数 a，证明 $8a + 7$ 不可能是 3 个整数的平方和。

证 因为对任意的整数 x，有 $x \equiv 0,1,4(\bmod 8)$，所以对任意的 x, y, z，有 $x^2 + y^2 + z^2 \equiv 0,1,2,3,4,5,6(\bmod 8)$。

又因为 $8a + 7 \equiv 7(\bmod 8)$，所以 $x^2 + y^2 + z^2 \neq 8a + 7$，即对任意整数 a，$8a + 7$ 不可能是 3 个整数的平方和。

注 2 在证明方程无解时，经常运用不同余就不相等的方法。

例 2 证明 $x^2 - y^2 = 2006$ 没有整数解。

证 因为一个平方数除以 4 的余数只能为 0 或 1，所以等式左边除以 4 的余数只能是 0,1 或 3，而等式右边除以 4 的余数为 2，等式两边不同余，所以不定方程无解。

⊙ **定理 3** 设 $a_i, b_i(0 \leqslant i \leqslant n)$ 及 x, y 都是整数，且

$$x \equiv y(\bmod m)，\quad a_i \equiv b_i(\bmod m)，\quad 0 \leqslant i \leqslant n$$

则有

$$\sum_{i=0}^{n} a_i x^i \equiv \sum_{i=0}^{n} b_i y^i (\bmod m)$$

⊙ **定理 4** 下面的结论成立：

（1） $a \equiv b(\bmod m)$，$d|m$，$d > 0 \Longrightarrow a \equiv b(\bmod d)$。

（2） $a \equiv b(\bmod m)$，$k > 0$，$k \in \mathbf{N} \Longrightarrow ak \equiv bk(\bmod mk)$。

（3）$a \equiv b(\operatorname{mod} m_i)$，$1 \leqslant i \leqslant k \Longrightarrow a \equiv b(\operatorname{mod}[m_1, m_2, \cdots, m_k])$。

（4）$a \equiv b(\operatorname{mod} m) \Longrightarrow (a, m) = (b, m)$。

（5）$ac \equiv bc(\operatorname{mod} m) \Leftrightarrow a \equiv b\left(\operatorname{mod} \dfrac{m}{(m, c)}\right)$。

下面证明结论（5）。

证 $ac \equiv bc(\operatorname{mod} m) \Leftrightarrow m \mid c(a-b) \Leftrightarrow c(a-b) = mq$，$q \in \mathbf{Z}$。因为 $\dfrac{c}{(m, c)} \in \mathbf{Z}$，$\dfrac{m}{(m, c)} \in \mathbf{Z}$，

所以 $\dfrac{m}{(m, c)} \Big| \dfrac{c}{(m, c)}(a-b)$。因为 $\left(\dfrac{m}{(m, c)}, \dfrac{c}{(m, c)}\right) = 1$，所以 $\dfrac{c}{(m, c)}(a-b) = \dfrac{m}{(m, c)}q \Leftrightarrow$

$\dfrac{m}{(m, c)} \mid (a-b) \Leftrightarrow a \equiv b\left(\operatorname{mod} \dfrac{m}{(m, c)}\right)$。

即 $ac \equiv bc(\operatorname{mod} m) \Leftrightarrow a \equiv b\left(\operatorname{mod} \dfrac{m}{(m, c)}\right)$。

⊃ **推论 1** 若 $(m, c) = 1$，则 $ac \equiv bc(\operatorname{mod} m) \Leftrightarrow a \equiv b(\operatorname{mod} m)$。

⊃ **推论 2** $ac \equiv bc(\operatorname{mod} c^2) \Leftrightarrow a \equiv b(\operatorname{mod} |c|)$。

例 3 证明 $13 \mid (4^{2n+1} + 3^{n+2})$。

证 $4^{2n+1} + 3^{n+2} \equiv 4 \times 16^n + 9 \times 3^n \equiv 3^n(4+9) \equiv 13 \times 3^n \equiv 0(\operatorname{mod} 13)$，即

$$13 \mid (4^{2n+1} + 3^{n+2})$$

注 3 整除问题和同余问题是可以相互转化的，把整除问题转化为同余问题是一种常用的方法。

例 4 证明 $5y + 3 = x^2$ 无解。

证 若 $5y + 3 = x^2$ 有解，则等式两边关于模 5 同余，有 $5y + 3 \equiv x^2(\operatorname{mod} 5)$，即 $3 \equiv x^2(\operatorname{mod} 5)$，因为任意一个平方数 $x^2 \equiv 0, 1, 4(\operatorname{mod} 5)$，所以 $3 \equiv 0, 1, 4(\operatorname{mod} 5)$，此式不成立，即得矛盾，$5y + 3 = x^2$ 无解。

例 5 已知 n 是正整数，证明 $48 \mid (7^{2n} - 2352n - 1)$。

证 $\because 48 = 3 \times 16$，$(3, 16) = 1$，$\therefore$ 只需要证明 $3 \mid (7^{2n} - 2352n - 1)$ 且 $16 \mid (7^{2n} - 2352n - 1)$。$\because 7 \equiv 1(\operatorname{mod} 3)$，$2352 \equiv 0(\operatorname{mod} 3)$，$\therefore 7^{2n} - 2352n - 1 \equiv 1^{2n} - 2352 \times 0 - 1 \equiv 0(\operatorname{mod} 3)$，$\therefore 3 \mid (7^{2n} - 2352n - 1)$；$\because 2352 = 16 \times 147$，$\therefore 2352 \equiv 0(\operatorname{mod} 16)$，$\therefore 7^{2n} - 2352n - 1 \equiv 49^n - 1 \equiv 1^n - 1 \equiv 0(\operatorname{mod} 16)$，$\therefore 16 \mid (7^{2n} - 2352n - 1)$，$\therefore 48 \mid (7^{2n} - 2352n - 1)$。

下面利用同余的性质研究一些特殊数的整除规律。

⊙ **定理 5** 设 $a = \overline{a_n a_{n-1} \cdots a_0}$ 是整数 a 的十进制表示形式，即有 $a = a_n 10^n + a_{n-1} 10^{n-1} + \cdots + a_1 10 + a_0$，则利用同余有下列关于整除的结论：

（1）$a \equiv \sum_{i=0}^{n} a_i (\mathrm{mod}\, 3)$，$3 \mid a \Longleftrightarrow 3 \left| \sum_{i=0}^{n} a_i \right.$。

（2）$a \equiv \sum_{i=0}^{n} a_i (\mathrm{mod}\, 9)$，$9 \mid a \Longleftrightarrow 9 \left| \sum_{i=0}^{n} a_i \right.$。

（3）$a \equiv \sum_{i=0}^{n} (-1)^i a_i (\mathrm{mod}\, 11)$，$11 \mid a \Longleftrightarrow 11 \left| \sum_{i=0}^{n} (-1)^i a_i \right.$。

（4）$a \equiv a_0 + 3a_1 + 2a_2 - a_3 - 3a_4 - 2a_5 + \cdots (\mathrm{mod}\, 7)$，$7 \mid a \Longleftrightarrow 7 \mid (a_0 + 3a_1 + 2a_2 - a_3 - 3a_4 - 2a_5 + \cdots)$。

（5）$13(7,11) \mid a \Longleftrightarrow 13(7,11) \mid (\overline{a_2 a_1 a_0} - \overline{a_5 a_4 a_3} + \cdots)$。

证 （1）由 $10^0 \equiv 1(\mathrm{mod}\, 3), 10^1 \equiv 1(\mathrm{mod}\, 3), 10^2 \equiv 1(\mathrm{mod}\, 3), \cdots, 10^i \equiv 1(\mathrm{mod}\, 3)$，利用同余性质得 $a = \sum_{i=0}^{n} a_i 10^i \equiv \sum_{i=0}^{n} a_i (\mathrm{mod}\, 3)$，从而证得结论（1）。

结论（2）和结论（3）可用同样的方法进行证明。

（4）因为

$$10^0 \equiv 1(\mathrm{mod}\, 7),\ 10^1 \equiv 3(\mathrm{mod}\, 7),\ 10^2 \equiv 2(\mathrm{mod}\, 7),\ 10^3 \equiv -1(\mathrm{mod}\, 7),$$
$$10^4 \equiv -3(\mathrm{mod}\, 7),\ 10^5 \equiv -2(\mathrm{mod}\, 7),\ 10^6 \equiv 1(\mathrm{mod}\, 7),\ \cdots$$

在上述同余式两边分别乘上 $a_0, a_1, \cdots, a_n$，相加即得

$$a \equiv a_0 + 3a_1 + 2a_2 - a_3 - 3a_4 - 2a_5 + \cdots (\mathrm{mod}\, 7)$$

（5）以 13 为例，因为

$$10^0 \equiv 1(\mathrm{mod}\, 13),\ 10^1 \equiv -3(\mathrm{mod}\, 13),\ 10^2 \equiv -4(\mathrm{mod}\, 13),\ 10^3 \equiv -1(\mathrm{mod}\, 13),\ \cdots$$

即有 $1000^0 \equiv 1(\mathrm{mod}\, 13),\ 1000^1 \equiv -1(\mathrm{mod}\, 13),\ 1000^2 \equiv 1(\mathrm{mod}\, 13),\ \cdots$ 考虑 1000 进制有

$$a = \overline{a_{n-1} a_{n-2} \cdots a_1 a_0} = \overline{a_2 a_1 a_0} \cdot 1000^0 + \overline{a_5 a_4 a_3} \cdot 1000^1 + \cdots$$

上述同余式两边分别乘上对应的 1000 进制系数，然后相加即可证明结论（5）。

注 4 一般地，在考虑 $a = \overline{a_{n-1} a_{n-2} \cdots a_1 a_0}$ 被 m 除的余数时，先求出正整数 k，使得余数的绝对值尽可能小，如以 10^k 为单位

$$10^k \equiv -1 或 1\ (\mathrm{mod}\, m)$$

再将 $a = \overline{a_{n-1} a_{n-2} \cdots a_1 a_0}$ 写成

$$a = \overline{a_{k-1} a_{k-2} \cdots a_1 a_0} \cdot (10^k)^0 + \overline{a_{2k-1} a_{2k-2} \cdots a_k} \cdot (10^k)^1 + \cdots$$

的形式，最后利用同余的性质得到整除规律。

例 6 $1234567891011\cdots 20042005$ 除以 3 的余数是多少？

解 因为一个数除以 3 的余数等于其各位数字之和除以 3 的余数，所以

$$所求余数 \equiv 1+2+3+4+5+6+\cdots+1+0+1+1+\cdots+2+0+0+5$$
$$\equiv 1+2+3+4+5+\cdots+2005 \equiv 2+0+0+5 \equiv 1 (\bmod 3)$$

所以原式除以 3 的余数为 1。

例 7　说明 1123456789 能否被 7 整除。

解 1　利用定理 5 结论（4），$9+3\times8+2\times7-6-3\times5-2\times4+3+3\times2+2\times1-1=28$，因为 $7|28$，所以 $7|1123456789$。

解 2　由定理 5 结论（5）可得 $7|N \Longleftrightarrow 7|(\overline{a_2a_1a_0}-\overline{a_5a_4a_3}+\overline{a_8a_7a_6}-\cdots)$。

因为 $789-456+123-1=455$，$7|455$，所以 $7|1123456789$。

对于解 1 和解 2，同学们可进行比较。

例 8　若今天是星期一，$b=10^{10^{10}}$，则 b 天后是星期几？

解　因为 $10 \equiv 3(\bmod 7)$，$10^2 \equiv 2(\bmod 7)$，$10^3 \equiv 6(\bmod 7)$，$10^4 \equiv 4(\bmod 7)$，$10^5 \equiv 5(\bmod 7)$，$10^6 \equiv 1(\bmod 7)$，为方便也可写作 $10^3 \equiv -1(\bmod 7)$，$10^6 \equiv (-1)^2 \equiv 1(\bmod 7)$，又因为 $10^{10} \equiv (-2)^{10} \equiv (2^5)^2 \equiv 2^2 \equiv 4(\bmod 6)$，所以 $10^{10^{10}} \equiv 10^{6q+4} \equiv 10^4 \equiv (3^2)^2 \equiv 4(\bmod 7)$，即 b 天后是星期五。

例 9　形如 $F_n=2^{2^n}+1$（$n=0,1,\cdots$）的数称为费马数。

（1）利用同余的性质证明 $2^{2^5}+1$ 可以被 641 整除。

（2）当 $n \geqslant 2$ 时，证明 F_n 的末位数字是 7。

证　（1）由 $2^2 \equiv 4(\bmod 641)$，$2^4 \equiv 16(\bmod 641)$，$2^8 \equiv 256(\bmod 641)$，$2^{16} \equiv 154(\bmod 641)$，$2^{32} \equiv -1(\bmod 641)$，即 $2^{2^5}+1 \equiv 0 \ (\bmod 641)$，可得 $641|(2^{2^5}+1)$。

（2）当 $n \geqslant 2$ 时，由于 2^n 是 4 的倍数，故令 $2^n=4t$。于是 $F_n=2^{2^n}+1=2^{4t}+1=16^t+1 \equiv 6^t+1 \equiv 7(\bmod 10)$，即 F_n 的末位数字是 7。

注 5　前几个费马数是 $F_0=3$，$F_1=5$，$F_2=17$，$F_3=257$，$F_4=65537$，它们都是素数。费马猜测：对所有的自然数 n，F_n 都是素数，然而这一猜测是错误的。首先推翻这个猜测的是欧拉，他证明了下一个费马数 F_5 是合数，即为（1）的证明。

注 6　同余问题经常要计算 $a^b(\bmod m)$，还可用后续的欧拉定理解决。

例 10　求 $(257^{33}+46)^{26}$ 被 50 除的余数。

解　利用定理 4 有

$$(257^{33}+46)^{26} \equiv (7^{33}-4)^{26} = [7\times(7^2)^{16}-4]^{26}$$
$$\equiv [7\times(-1)^{16}-4]^{26} = (7-4)^{26}$$
$$\equiv 3^{26} = 3\times(3^5)^5 \equiv 3\times(-7)^5 = -3\times7\times(7^2)^2$$
$$\equiv -21 \equiv 29(\bmod 50)$$

即 $(257^{33}+46)^{26}$ 被 50 除的余数是 29。

例 11 证明：$1\underbrace{000000\cdots}_{2000个0}1$ 是合数。

证 由整除的规律性可知，一个数被 11 整除的充要条件是它的奇数位数字之和与偶数位数字之和的差能被 11 整除，而 $1\underbrace{000000\cdots}_{2000个0}1$ 的奇数位数字之和与偶数位数字之和的差为 0，所以其能被 11 整除，即为合数。

⊙ **定理 6（弃九法）** 若 $ab=c$，其中，$a>0$，$b>0$，$a=\sum_{i=0}^{n}a_i\cdot10^i$，$b=\sum_{j=0}^{m}b_j\cdot10^j$，$c=\sum_{l=0}^{p}c_l\cdot10^l$，则

$$\left(\sum_{i=0}^{n}a_i\right)\left(\sum_{j=0}^{m}b_j\right)\equiv\left(\sum_{l=0}^{p}c_l\right)(\bmod 9)$$

若上式两边关于模 9 不同余，则可判断 $ab=c$ 是错误的。

弃九法也可用于判断 $a+b=c$，$a-b=c$ 不成立。

利用相等必同余，同余未必相等的性质可知，若两边关于模 9 不同余，则等式肯定不相等，由此可判断一些等式是否正确。在等式中若出现 9，可把 9 去掉，这就是弃九法。若两边关于模 9 同余，此时不能判断等式是否正确，需要进一步进行判定。

例 12 求证 $1997\times57\neq103829$。

证 由于 $1997\equiv1+9+9+7\equiv8(\bmod 9)$，$57\equiv5+7\equiv3(\bmod 9)$，$103829\equiv1+0+3+8+2+9\equiv5(\bmod 9)$，但是 $8\times3=24$，而 $24\equiv5(\bmod 9)$ 不成立，所以 $1997\times57\neq103829$。

习题

1．求 8^{2022} 被 13 除的余数。

2．已知 $99\,|\,\overline{62\alpha\beta427}$，求 α 与 β。

3．证明：若 a 是任意一个单数，则 $a^{2^n}\equiv1(\bmod 2^{n+2})$，$n\geq1$。

4．证明：设 p 是素数，a 是整数，则由 $a^2\equiv1(\bmod p)$ 可以推出 $a\equiv1(\bmod p)$ 或 $a\equiv-1(\bmod p)$。

5．证明：设 $f(x)$ 是整系数多项式，并且 $f(1),f(2),\cdots,f(m)$ 都不能被 m 整除，则 $f(x)=0$ 没有整数解。

2.2　完全剩余系与简化剩余系

2.2.1　完全剩余系

由带余除法我们知道，对于给定的正整数 m，可以将所有的整数按照被 m 除所得的余数分成 m 类，且在同一类中的任意两个整数对模 m 是同余的，在不同类中的任意两个整数对模 m 是不同余的。

📖 **定义 1**　给定正整数 m，对于每个整数 i，$0 \leq i \leq m-1$，称集合

$$K_i(m) = \{ x \mid x \equiv i \pmod{m},\ x \in \mathbf{Z} \}$$

是模 m 的一个剩余类。

其中，每个整数必定属于且仅属于某一个 $K_i(m)$（$0 \leq i \leq m-1$），属于同一剩余类的任意两个整数对模 m 是同余的，属于不同剩余类的任意两个整数对模 m 是不同余的。

📖 **定义 2**　设 m 是正整数，从模 m 的每一个剩余类中取且任取一个数 x_i（$0 \leq i \leq m-1$），称集合 $\{x_0, x_1, \cdots, x_{m-1}\}$ 为模 m 的一个完全剩余系（简称完系）。

由于 x_i 的选取是任意的，所以模 m 的完全剩余系有无穷多个，常见的模 m 的完全剩余系有以下几种。

（1）$\{0, 1, 2, \cdots, m-1\}$ 是模 m 的最小非负完全剩余系。

（2）当 m 为偶数时，$\left\{ -\dfrac{m}{2}+1, \cdots, -1, 0, 1, \cdots, \dfrac{m}{2} \right\}$ 是模 m 的绝对值最小的完全剩余系；

当 m 为奇数时，$\left\{ -\dfrac{m-1}{2}, \cdots, -1, 0, 1, \cdots, \dfrac{m-1}{2} \right\}$ 是模 m 的绝对值最小的完全剩余系。

例如，集合 $\{0, 1, 2, 3, 4\}$ 是 5 的最小非负完全剩余系；集合 $\{-2, -1, 0, 1, 2\}$ 是模 5 的绝对值最小的完全剩余系。

⊃ **推论**　一个整数集合 X 构成模 m 的完全剩余系的充要条件为集合 X 满足如下两个条件：

（1）含有 m 个整数；

（2）它中任意两个整数关于模 m 两两不同余。

例 1　求证 6,9,12,15,18,21,24,27 是模 8 的一个完全剩余系。

证　一共取到 8 个数，而且有 $6 \equiv 6 \pmod{8}$，$9 \equiv 1 \pmod{8}$，$12 \equiv 4 \pmod{8}$，$15 \equiv 7 \pmod{8}$，$18 \equiv 2 \pmod{8}$，$21 \equiv 5 \pmod{8}$，$24 \equiv 0 \pmod{8}$，$27 \equiv 3 \pmod{8}$ 关于模 8 两两不同余，所以 6,9,12,15,18,21,24,27 是模 8 的一个完全剩余系，而 6,1,4,7,2,5,0,3 和 0,1,2,3,4,5,6,7 只是次序不同，说明完全剩余系与次序无关。

⊙ **定理 1**　设 $m \geq 2$，a 和 b 是整数，$(a, m) = 1$，集合 $\{x_1, x_2, \cdots, x_m\}$ 是模 m 的一个完全剩余系，则集合 $\{ax_1 + b, ax_2 + b, \cdots, ax_m + b\}$ 也是模 m 的一个完全剩余系。

证　显然 $\{ax_1+b, ax_2+b, \cdots, ax_m+b\}$ 中有 m 个数。接下来证明当 $x_i \neq x_j$ 时，有

$$ax_i + b \not\equiv ax_j + b \pmod m \tag{2.1}$$

若 $ax_i + b \equiv ax_j + b \pmod m$，则 $ax_i \equiv ax_j \pmod m$，可得 $x_i \equiv x_j \pmod m$，这与已知的集合 X 是模 m 的完全剩余系矛盾，即证。

⊙ **定理 2**　设 m_1，m_2 是互素的两个正整数，又设 $M_1 = \{x_1, x_2, \cdots, x_{m_1}\}$，$M_2 = \{y_1, y_2, \cdots, y_{m_2}\}$ 分别为模 m_1 与模 m_2 的完全剩余系，则 $\{m_2 x + m_1 y \mid x \in M_1,\ y \in M_2\}$ 是模 $m_1 m_2$ 的一个完全剩余系。

证　显然 $\{m_2 x + m_1 y \mid x \in M_1,\ y \in M_2\}$ 可取到 $m_1 m_2$ 个数，接下来证明这 $m_1 m_2$ 个数关于模 $m_1 m_2$ 两两不同余，设 $x', x'' \in M_1$，$y', y'' \in M_2$，若有

$$m_2 x' + m_1 y' \equiv m_2 x'' + m_1 y'' \pmod{m_1 m_2} \tag{2.2}$$

则有

$$m_2 x' + m_1 y' \equiv m_2 x'' + m_1 y'' \pmod{m_1}$$

$$m_2 x' \equiv m_2 x'' \pmod{m_1}$$

从而可推出 $x' \equiv x'' \pmod{m_1}$，得到 $x' = x''$。

由式（2.2）又有 $m_2 x' + m_1 y' \equiv m_2 x'' + m_1 y'' \pmod{m_2}$，从而有 $m_1 y' \equiv m_1 y'' \pmod{m_2}$，进而可推出 $y' \equiv y'' \pmod{m_2}$，即 $y' = y''$。$x' = x''$，$y' = y''$，这与题设矛盾。

因此，$\{m_2 x + m_1 y \mid x \in M_1,\ y \in M_2\}$ 为 $m_1 m_2$ 的一个完全剩余系。

例 2　设 $\{m_1, m_2, \cdots, m_m\}$ 是模 m 的一个完全剩余系，$(a, m) = 1$，$\{x\}$ 表示实数 x 的小数部分，则有

$$\sum_{i=1}^{m} \left\{ \frac{am_i + b}{m} \right\} = \frac{1}{2}(m-1)$$

证　由定理 1 可知，当 m_i 通过模 m 的完全剩余系时，$am_i + b$ 也通过模 m 的完全剩余系，所以对任意的 $i\ (1 \leq i \leq m)$，$am_i + b$ 与且只与某个整数 $j\ (1 \leq j \leq m)$ 同余，即有整数 k，使得

$$am_i + b = km + j\ (1 \leq j \leq m)$$

从而

$$\sum_{i=1}^{m} \left\{ \frac{am_i + b}{m} \right\} = \sum_{j=1}^{m} \left\{ k + \frac{j}{m} \right\} = \sum_{j=1}^{m} \left\{ \frac{j}{m} \right\}$$

$$= \sum_{j=0}^{m-1} \left\{ \frac{j}{m} \right\} = \sum_{j=0}^{m-1} \frac{j}{m} = \frac{1}{m} \cdot \frac{m(m-1)}{2} = \frac{m-1}{2}$$

⊙ **例 3**　证明相邻两个整数的立方之差不能被 5 整除。

证　因为 $(n+1)^3 - n^3 = 3n^2 + 3n + 1$，所以只需证明对任意的 n，$3n^2 + 3n + 1$ 与 0 关于模

5 不同余。因为模 5 的完全剩余系由 $-2,1,0,1,2$ 构成，所以只需将 $n=0,\pm1,\pm2$ 对于模 5 代入 $3n^2+3n+1$，有 $3n^2+3n+1\equiv1,2,4(\bmod5)$，由于 $1,2,4$ 与 0 关于模 5 不同余，因此相邻两个整数的立方之差不能被 5 整除。

2.2.2　简化剩余系

在模 m 的 m 个剩余类中，有一些剩余类中的元素都与 m 有公因数，而且公因数都相同；有一些剩余类中的元素与 m 都没有公因数，按照这个特征，我们可把模 m 的 m 个剩余类进行分类。

📖 定义 1　在模 m 的剩余类 $K_i(m)$ 中，若 $(i,m)=1$，则称 $K_i(m)$ 是与模 m 互素的一个剩余类。若 $K_i(m)$ 是与模 m 互素的一个剩余类，则剩余类 $K_i(m)$ 中的每个整数都与 m 互素。

📖 定义 2　对于正整数 k，定义欧拉函数 $\varphi(k)$ 的值为 $0,1,2,3,\cdots,k-1$ 中与 k 互素的整数的个数。

容易得到 $\varphi(2)=1$，$\varphi(5)=4$，$\varphi(4)=2$，$\varphi(1)=1$，$\varphi(p)=p-1$。

📖 定义 3　对于正整数 m，在与模 m 互素的每个剩余类中取且仅取一个数 x_i，这样构成的一个集合 $\{x_1,x_2,\cdots,x_{\varphi(m)}\}$ 称为模 m 的一个简化剩余系（简称简系）。

显然模 m 的简化剩余系也有无穷多个。例如，集合 $\{1,2,3,4\}$ 是模 5 的简化剩余系，集合 $\{9,11,12,-2\}$ 也是模 5 的简化剩余系。

模 m 的简化剩余系也可以这样得到，先取模 m 的一个完全剩余系，然后把与 m 互素的数保留下来即可得到模 m 的简化剩余系。

⊃ 推论 1　一整数集合 X 构成模 m 的简化剩余系的充要条件为 X 满足如下的三个条件：

（1）含有 $\varphi(m)$ 个整数；

（2）X 中的任意两个整数关于模 m 两两不同余；

（3）X 中的每个整数都与 m 互素。

⊙ 定理 1　设 a 是整数，$m\geq2$，$(a,m)=1$，$X=\{x_1,x_2,\cdots,x_{\varphi(m)}\}$ 是模 m 的简化剩余系，则 $aX=\{ax_1,ax_2,\cdots,ax_{\varphi(m)}\}$ 也是模 m 的简化剩余系。

证　由于 aX 中有 $\varphi(m)$ 个整数，又由于 $(a,m)=1$，即对于任意的 x_i 有 $(x_i,m)=1$（$1\leq i\leq\varphi(m)$），所以有 $(ax_i,m)=(x_i,m)=1$。另外在 aX 中的任意两个不同的整数对模 m 不同余。若 $x',x''\in X$，使

$$ax'\equiv ax''(\bmod m)$$

因为 $(a,m)=1$，可得 $x'\equiv x''(\bmod m)$，于是 $x'=x''$。这样与 X 是模 m 的一个简化剩余系矛盾。

⊙ **定理 2** 设 m_1, m_2 是互素的两个正整数，且 $X = \{x_1, x_2, \cdots, x_{\varphi(m_1)}\}$ 与 $Y = \{y_1, y_2, \cdots, y_{\phi(m_2)}\}$ 分别是模 m_1 与模 m_2 的简化剩余系，则 $A = \{m_1 y + m_2 x \mid x \in X, \ y \in Y\}$ 是模 $m_1 m_2$ 的简化剩余系。

证 由 2.2.1 节中定理 2 可知，当 X, Y 分别是模 m_1 与模 m_2 的完系时，$W = \{m_2 x + m_1 y \mid x \in X, \ y \in X\}$ 是模 $m_1 m_2$ 的完系，所以要得到模 $m_1 m_2$ 的简化剩余系，只要把 W 中与 $m_1 m_2$ 互素的数保留下来即可，即 $(m_1 y + m_2 x, m_1 m_2) = 1$，得到 $(m_1 y + m_2 x, m_1) = 1$，于是有

$$(m_2 x, m_1) = 1, \quad (x, m_1) = 1, \quad x \in X$$

同理可得到 $(y, m_2) = 1, \ y \in Y$。

当 $x \in X, \ y \in Y$，且 $(x, m_1) = 1, \ (y, m_2) = 1$ 时，由 $m_1 y + m_2 x \in A$ 及 $(m_1, m_2) = 1$，可得到

$$(m_2 x + m_1 y, m_1) = (m_2 x, m_1) = 1$$
$$(m_2 x + m_1 y, m_2) = (m_1 y, m_2) = 1$$

因为 m_1 与 m_2 互素，所以 $(m_2 x + m_1 y, m_1 m_2) = 1$，从而有 $(m_2 x + m_1 y, m_1 m_2) = 1$ 的充要条件是 $(x, m_1) = 1, \ (y, m_2) = 1$。

综上即证明了定理 2。

⊃ **推论 2** 设 $m, n \in \mathbf{N}$，$(m, n) = 1$，则 $\varphi(mn) = \varphi(m)\varphi(n)$。

由此可得到计算欧拉函数 $\varphi(a)$ 的公式。

⊙ **定理 3** 设 a 的标准分解式是 $a = \prod\limits_{i=1}^{k} p_i^{\alpha_i}$，则有以下公式：

（1） $\varphi(a) = a\left(1 - \dfrac{1}{p_1}\right)\left(1 - \dfrac{1}{p_2}\right)\cdots\left(1 - \dfrac{1}{p_k}\right) = a\prod\limits_{p \mid a}\left(1 - \dfrac{1}{p}\right)$

（2） $\varphi(a) = (p_1^{\alpha_1} - p_1^{\alpha_1 - 1})(p_2^{\alpha_2} - p_2^{\alpha_2 - 1})\cdots(p_k^{\alpha_k} - p_k^{\alpha_k - 1})$

证 设 a 的标准分解式是 $a = \prod\limits_{i=1}^{k} p_i^{\alpha_i}$，由推论 2 得到

$$\varphi(a) = \prod\limits_{i=1}^{k} \varphi(p_i^{\alpha_i}) \tag{2.3}$$

对任意的素数 p，$\varphi(p^\alpha)$ 为数列 $1, 2, \cdots, p^\alpha$ 中与 p^α（也就是与 p）互素的整数的个数，因此有

$$\varphi(p^\alpha) = p^\alpha - \left[\dfrac{p^\alpha}{p}\right] = p^\alpha - p^{\alpha-1} = p^\alpha\left(1 - \dfrac{1}{p}\right)$$

将上式与式（2.3）联合，即可证明公式（1）和公式（2）。

显然，$\varphi(a) = 1$ 的充要条件是 $a = 1$ 或 2。

例 1 求证 9,15,21,27 是模 8 的一个简化剩余系。

证 $\varphi(8) = 4$，因为 $9 \equiv 1 \pmod{8}$，$15 \equiv 7 \pmod{8}$，$21 \equiv 5 \pmod{8}$，$27 \equiv 3 \pmod{8}$，它们关于模

8 两两不同余，且与 8 互素，因此 9,15,21,27 是模 8 的一个简化剩余系。

例 2 若 m 是大于 1 的正整数，a 是整数，$(a,m)=1$，ξ 通过 m 的简化剩余系，则有 $\sum\limits_{\xi}\left\{\dfrac{a\xi}{m}\right\}=\dfrac{1}{2}\varphi(m)$，其中，$\sum\limits_{\xi}$ 表示在 ξ 通过的一切值上的和式。

证 由定理 1 知，在 ξ 通过 m 的简化剩余系时，$a\xi$ 也通过 m 的简化剩余系，设 ξ 的元素为 $a_1,a_2,\cdots,a_{\varphi(m)}$，$(a_i,m)=1$，则 $a\xi$ 的元素为 $aa_i=mq+r_i$ $(0<r_i<m)$，$(r_i,m)=1$ $(i=1,2,\cdots,\varphi(m))$。

$$\sum_{i=1}^{\varphi(m)}\left\{\frac{aa_i}{m}\right\}=\sum_{i=1}^{\varphi(m)}\left\{\frac{r_i}{m}\right\}=\sum_{i=1}^{\varphi(m)}\frac{r_i}{m}$$

由 $(r_i,m)=1$ 可推出 $(m-r_i,m)=1$，$\sum\limits_{i=1}^{\varphi(m)}\dfrac{r_i}{m}=\sum\limits_{i=1}^{\varphi(m)}\dfrac{m-r_i}{m}$，所以 $2\sum\limits_{i=1}^{\varphi(m)}\dfrac{r_i}{m}=\sum\limits_{i=1}^{\varphi(m)}1=\varphi(m)$，从而证明了结论。

习题

1. 证明 $x=u+p^{s-t}v$，$u=0,1,2,\cdots,p^{s-t}-1$，$v=0,1,2,\cdots,p^t-1$，$t\leqslant s$ 是模 p^s 的一个完全剩余系。

2. 设 $m>0$ 是偶数，$\{a_1,a_2,\cdots,a_m\}$ 与 $\{b_1,b_2,\cdots,b_m\}$ 都是模 m 的完全剩余系，证明：$\{a_1+b_1,a_2+b_2,\cdots,a_m+b_m\}$ 不是模 m 的完全剩余系。

3. （1）证明 $\varphi(1)+\varphi(p)+\cdots+\varphi(p^\alpha)=p^\alpha$，$p$ 为素数。

（2）证明 $\sum\limits_{d|a}\varphi(d)=a$，其中，$\sum\limits_{d|a}$ 为展布在 a 的一切正整数上的和式。

4. 设 m 是整数，$4|m$，$\{a_1,a_2,\cdots,a_m\}$ 与 $\{b_1,b_2,\cdots,b_m\}$ 是模 m 的两个完全剩余系，证明：$\{a_1b_1,a_2b_2,\cdots,a_mb_m\}$ 不是模 m 的完全剩余系。

5. 设 $m_1,m_2,\cdots,m_n$ 是两两互素的正整数，x_i 分别通过模 m_i 的简化剩余系 $(1\leqslant i\leqslant n)$，$m=m_1m_2\cdots m_n$，$M_i=\dfrac{m}{m_i}$，证明：

$$M_1x_1+M_2x_2+\cdots+M_nx_n$$

通过模 m 的简化剩余系。

6. 设 m 与 n 是正整数，证明：

$$\varphi(mn)\varphi((m,n))=(m,n)\varphi(m)\varphi(n)$$

2.3 欧拉定理与费马小定理

接下来重点介绍欧拉定理、费马小定理及其应用。

⊙ **定理 1（欧拉定理）** 设 m 是大于 1 的正整数，$(a,m)=1$，则

$$a^{\varphi(m)} \equiv 1(\mathrm{mod}\, m)$$

证 由 2.2.2 节定理 1 可知，若 $\{x_1, x_2, \cdots, x_{\varphi(m)}\}$ 是模 m 的简系，则 $\{ax_1, ax_2, \cdots, ax_{\varphi(m)}\}$ 也是模 m 的简系，因此对任意的 i（$i=1,2,\cdots,\varphi(m)$）存在唯一的 j 有 $ax_i \equiv x_j(\mathrm{mod}\, m)$，所以有

$$ax_1 ax_2 \cdots ax_{\varphi(m)} \equiv x_1 x_2 \cdots x_{\varphi(m)}(\mathrm{mod}\, m)$$

$$a^{\varphi(m)} x_1 x_2 \cdots x_{\varphi(m)} \equiv x_1 x_2 \cdots x_{\varphi(m)}(\mathrm{mod}\, m) \tag{2.4}$$

因为 $(x_i, m)=1$，所以有 $(x_1 x_2 \cdots x_{\varphi(m)}, m) = 1$，于是式（2.4）两边同时除以 $x_1 x_2 \cdots x_{\varphi(m)}$ 得 $a^{\varphi(m)} \equiv 1(\mathrm{mod}\, m)$。

➲ **推论** 设 $(a,m)=1$，d 是使 $a^x \equiv 1(\mathrm{mod}\, m)$ 成立的最小正整数，则 $d \,|\, x$。

证 若假设结论不成立，则由带余除法，有

$$x=qd+r, \quad q>0, \quad 0<r<d$$

由上式及 d 的定义，利用欧拉定理，可得

$$1 \equiv a^x = a^{qd+r} \equiv a^r(\mathrm{mod}\, m)$$

即得到 r 满足 $a^r \equiv 1(\mathrm{mod}\, m)$，$0<r<d$，这与 d 的定义矛盾，即有 $d \,|\, x$。

⊙ **定理 2（费马小定理）** 设 p 是素数，则对于任意的整数 a，有

$$a^p \equiv a(\mathrm{mod}\, p)$$

证 若 $(a,p)=1$，则由定理 1 得到 $a^{p-1} \equiv 1(\mathrm{mod}\, p)$，又因为 $a \equiv a(\mathrm{mod}\, p)$，所以有 $a^p \equiv a(\mathrm{mod}\, p)$；若 $(a,p)>1$，则 $p \,|\, a$，所以 $a^p \equiv 0 \equiv a(\mathrm{mod}\, p)$。综合上述两种情况可得结论成立。

伪素数 对大于 1 的正整数 a，如果有某个大于 1 的正整数 n，其本身不是素数却能整除 a^n-a，那么我们称 n 是一个基 a 的伪素数，即有 $a^n \equiv a(\mathrm{mod}\, n)$。

对基 2 而言，341 是一个伪素数，因为 $341=11\times31$，$2^{11} \equiv 2(\mathrm{mod}\, 11)$，$2^{31} \equiv 2(\mathrm{mod}\, 31)$，$2^{341}=(2^{11})^{31} \equiv 2^{31} \equiv (2^{11})^2 2^9 \equiv 2^2 \times 2^9 \equiv 2^{11} \equiv 2(\mathrm{mod}\, 11)$，$2^{341}=(2^{31})^{11} \equiv 2^{11} \equiv 2^{10} \times 2 \equiv (2^5)^2 \times 2 \equiv 2(\mathrm{mod}\, 31)$，又因为 $(11,31)=1$，所以有 $2^{341} \equiv 2(\mathrm{mod}\, 341)$。

可验证 561,645 都是以 2 为基的伪素数。

⊙ **定理 3** 若 n 是一个以 2 为基的伪素数，则 2^n-1 也是以 2 为基的伪素数。

证 设 $l=2^n-1$，则 $n \,|\, (l-1)$，可设 $l-1=nk$。因为

$$2^{l-1}-1=2^{nk}-1=(2^n-1)(2^{n(k-1)}+\cdots+2^n+1)=l(2^{n(k-1)}+\cdots+2^n+1)$$

故 $l \,|\, (2^{l-1}-1)$，即 $2^l \equiv 2(\mathrm{mod}\, l)$。又因为 n 是合数，故 l 也是合数，所以 l 是以 2 为基的伪素数。

由定理 3 可知，存在无穷多个以 2 为基的伪素数，这个结果可进行如下推广。

⊙ **定理 4** 对于任意整数 $a>1$，存在无穷多个以 a 为基的伪素数。

证 设奇素数 $p \nmid a(a^2-1)$，令 $n=\dfrac{a^{2p}-1}{a^2-1}=\dfrac{a^p-1}{a-1}\cdot\dfrac{a^p+1}{a+1}$，则 n 是一个合数。易知

$$(a^2-1)(n-1)=a^{2p}-a^2=a(a^{p-1}-1)(a^p+a) \tag{2.5}$$

又因为 $p|(a^{p-1}-1)$，$(a^2-1)|(a^{p-1}-1)$，$(p,a^2-1)=1$，故 $p(a^2-1)|(a^{p-1}-1)$。再注意到 $2|(a^p+a)$，由式（2.5）可知 $2p(a^2-1)|(a^2-1)(n-1)$，从而得到 $2p|(n-1)$。

令 $n=1+2pm$，由 $a^{2p}\equiv n(a^2-1)+1\equiv 1(\bmod n)$ 可知，$a^{n-1}=a^{2pm}\equiv 1(\bmod n)$，即 $a^n\equiv a(\bmod n)$。因此 n 是以 a 为基的伪素数，由于 $a>1$，因此满足 $p\nmid a(a^2-1)$ 的奇素数 p 有无穷多个，从而存在无穷多个以 a 为基的伪素数。

接下来介绍同余在分数与无限循环小数互化中的应用。

📖 **定义** 如果一个无限小数 $0.a_1a_2\cdots a_n\cdots$，其中，a_i 是 $0\sim 9$ 之中的一个数字，并且从任意一位以后不全是 0，能找到两个整数 $s\geq 0$，$t>0$，使得

$$a_{s+i}=a_{s+kt+i},\ i=1,2,\cdots,t,\ k=0,1,2,\cdots$$

那么就称它为循环小数，并简单地把它记作 $0.a_1a_2\cdots a_s\dot{a}_{s+1}\cdots\dot{a}_{s+t}$。

对循环小数而言，具有上述性质的 s 及 t 不止一个，如果找到的 t 是最小的，我们就称 $a_{s+1},a_{s+2},\cdots,a_{s+t}$ 为循环节，t 称为循环节的长度，若最小的 $s=0$，则小数就称为纯循环小数，否则称为混循环小数。

⊙ **定理 5** 有理数 $\dfrac{a}{b}$（$0<a<b$，$(a,b)=1$）能表示成纯循环小数的充分必要条件是 $(b,10)=1$。

证 （1）若 $\dfrac{a}{b}$ 能表示成纯循环小数，则由 $0<\dfrac{a}{b}<1$ 及定义知

$$\frac{a}{b}=0.a_1a_2\cdots a_t a_1 a_2 \cdots a_t\cdots$$

因而

$$10^t\frac{a}{b}=10^{t-1}a_1+10^{t-2}a_2+\cdots+10a_{t-1}+a_t+0.a_1a_2\cdots a_ta_1a_2\cdots a_t\cdots=q+\frac{a}{b},\ q>0$$

故 $\dfrac{a}{b}=\dfrac{q}{10^t-1}$，即 $a(10^t-1)=bq$。由 $(a,b)=1$ 可得 $b|(10^t-1)$，因而 $(b,10)=1$。

（2）若 $(b,10)=1$，则由定理 1 可知有一整数 t，使得

$$10^t\equiv 1(\bmod b),\ 0<t\leq\varphi(b)$$

成立，因此 $10^t a=qb+a$，且 $0<q<10^t\dfrac{a}{b}\leq 10^t\left(1-\dfrac{1}{b}\right)<10^t-1$，故 $10^t\dfrac{a}{b}=q+\dfrac{a}{b}$。

令 $q = 10q_1 + a_t$, $q_1 = 10q_2 + a_{t-1}$, $\cdots$, $q_{t-1} = 10q_t + a_1$, $0 \le a_i \le 9$, 则 $q = 10^t q_t + 10^{t-1} q_{t-1} + \cdots + 10 a_{t-1} + a_t$。由 $0 < q < 10^t - 1$ 可得 $q_t = 0$，且 $a_1, a_2, \cdots, a_t$ 不全为 9，也不全为 0，因此

$$\frac{q}{10^t} = 0.a_1 a_2 \cdots a_t$$

$$\frac{a}{b} = 0.a_1 a_2 \cdots a_t + \frac{1}{10^t} \cdot \frac{a}{b}$$

反复应用上式可得

$$\frac{a}{b} = 0.a_1 a_2 \cdots a_t a_1 a_2 \cdots a_t \cdots = 0.\dot{a}_1 \dot{a}_2 \cdots \dot{a}_t$$

⊙ **定理 6** 若 $\dfrac{a}{b}$ 是有理数，其中，$0 < a < b$，$(a, b) = 1$，$b = 2^\alpha 5^\beta b_1$，$(b_1, 10) = 1$，$b_1 \ne 1$，α, β 不全为零，则 $\dfrac{a}{b}$ 可以表示成混循环小数，其中，不循环的位数为 $\mu = \max(\alpha, \beta)$，即 α, β 中的较大者。

证 需要就 $\beta \ge \alpha$ 和 $\beta < \alpha$ 两种情况证明。因为两种情况的证法相同，我们可以设 $\mu = \beta \ge \alpha$，则 10^μ 乘 $\dfrac{a}{b}$ 得

$$10^\mu \cdot \frac{a}{b} = \frac{2^{\beta-\alpha} a}{b_1} = M + \frac{a_1}{b_1}$$

其中，$0 < a_1 < b_1$，$0 \le M < 10^\mu$ 且 $(a_1, b_1) = (2^{\mu-\alpha} a - M b_1, b_1) = (2^{\mu-\alpha} a, b_1) = 1$，根据定理 5，可以把 $\dfrac{a_1}{b_1}$ 表示成纯循环小数，即

$$\frac{a_1}{b_1} = 0.\dot{c}_1 \dot{c}_2 \cdots \dot{c}_t$$

设 $M = m_1 10^{\mu-1} + m_2 10^{\mu-2} + \cdots + m_\mu$ $(0 \le m_t \le 9)$，则

$$\frac{a}{b} = 0.m_1 m_2 \cdots m_\mu \dot{c}_1 \dot{c}_2 \cdots \dot{c}_t$$

还要证明 $\dfrac{a}{b}$ 的不循环位数不能小于 μ，假定 $\dfrac{a}{b}$ 又可以表示成

$$\frac{a}{b} = 0.m_1' m_2' \cdots m_v' \dot{c}_1' \dot{c}_2' \cdots \dot{c}_t', \quad v < \mu$$

则有

$$10^v \frac{a}{b} - \left[10^v \frac{a}{b} \right] = 0.\dot{c}_1' \dot{c}_2' \cdots \dot{c}_t' = \frac{a_1'}{b_1'}$$

其中，$(b_1', 10) = 1$。故存在整数 a' 使

$$10^v \frac{a}{b} = \frac{a'}{b_1'}$$

即有

$$10^v ab_1' = a'b$$

等式右边可被 $5^\beta = 5^\mu$ 除尽，而等式左边 a 及 b_1' 都与 5 互素（因为 $(a,b)=1$，$(b_1',10)=1$ ）。故 $5^\mu|10^v$。但因为 $v < \mu$，所以这显然不可能。

例 1 若 $p \neq 2,5$ 且 p 为素数，则有 $p|\underbrace{99\cdots9}_{p-1\text{个}9}$。

证 因为 $(p,2)=1$，$(p,5)=1$，所以有 $(p,10)=1$。由欧拉定理，有 $10^{p-1} \equiv 1(\bmod p)$，即 $p|(10^{p-1}-1)$，即 $p|\underbrace{99\cdots9}_{p-1\text{个}9}$。

例 2 证明 $(a+b)^p \equiv a^p + b^p (\bmod p)$。

证 由费马小定理知，对一切整数有

$$a^p \equiv a(\bmod p)$$

$$b^p \equiv b(\bmod p)$$

由同余性质可知，有 $a^p + b^p \equiv a + b(\bmod p)$。又由费马小定理，有 $(a+b)^p \equiv a+b$，故 $(a+b)^p \equiv a^p + b^p(\bmod p)$。

例 3 当且仅当 $4 \nmid n$ 时，有 $5|(1^n + 2^n + 3^n + 4^n)$。

证 因为 $(i,5)=1$，$i=1,2,3,4$。又由 $\varphi(5)=4$ 及欧拉定理可得

$$i^4 \equiv 1(\bmod 5), \quad 1 \leqslant i \leqslant 4$$

设 $n = 4q + r$，$0 \leqslant r \leqslant 3$，则有

$$1^n + 2^n + 3^n + 4^n \equiv 1^r + 2^r + 3^r + 4^r \equiv 1^r + 2^r + (-2)^r + (-1)^r(\bmod 5)$$

经计算，当 $r=1,3$ 时，有 $1^r + 2^r + (-2)^r + (-1)^r = 0$；当 $r=2$ 时，有 $1^r + 2^r + (-2)^r + (-1)^r \equiv 10(\bmod 5)$，即有

$$5|(1^n + 2^n + 3^n + 4^n)$$

当 $r=0$ 时，$1^r + 2^r + (-2)^r + (-1)^r \equiv 4(\bmod 5)$，即 $5 \nmid (1^n + 2^n + 3^n + 4^n)$。

例 4 （1）设素数 $p > 2$，证明 $2^p - 1$ 的素因数一定是 $2pk + 1$ 型。

（2）根据（1）将 $2^{11} - 1 = 2047$ 分解因数。

解 （1）设 q 是 $2^p - 1$ 的素因数，$\because 2^p - 1$ 为奇数，$\therefore q \neq 2$，且为奇素数，由条件可知 $q|(2^p - 1)$，即 $2^p \equiv 1(\bmod q)$。$\because (q,2)=1$，由欧拉定理有 $2^{q-1} \equiv 1(\bmod q)$，设 i 是使 $2^x \equiv 1(\bmod q)$ 成立的最小正整数，若 $1 < i < p$，则有 $i|p$，这与 p 为素数矛盾。$\therefore i = p$，$p|(q-1)$。$\because q-1$ 为偶数，$2|(q-1)$，$\therefore 2p|(q-1)$，$q-1 = 2pk$，即 $q = 2pk + 1$。

（2）由（1）可知，若 $p|(2^{11}-1)$，则 $p \equiv 1 \pmod{22}$，即 p 只能在数列 $23,45,67,\cdots,22k+1,\cdots$ 中，用其中的素数逐个去除 2047，得到 $23|2047$，即 $2047 = 23 \times 89$。

例5 求 $145^{89}+3^{2002}$ 除以 13 的余数。

解 因为 13 是素数，且 $(145,13)=1$，$(3,13)=1$，由欧拉定理可得 $145^{12} \equiv 1 \pmod{13}$，$3^{12} \equiv 1 \pmod{13}$，所以 $145^{89} = (145^{12})^7 145^5 \equiv 145^5 \pmod{13}$，$3^{2002} = (3^{12})^{166} 3^{10} \equiv 3^{10} \pmod{13}$。又因为 $145 \equiv 2 \pmod{13}$，$3^3 \equiv 1 \pmod{13}$，所以 $145^5 \equiv 2^5 \equiv 6 \pmod{13}$，$3^{10} = (3^3)^3 3 \equiv 3 \pmod{13}$。最终得到 $145^{89}+3^{2002} \equiv 6+3 \equiv 9 \pmod{13}$，即 $145^{89}+3^{2002}$ 除以 13 的余数是 9。

习题

1．证明：$1978^{103}-1978^3$ 能被 1000 整除。

2．求 $(12371^{56}+34)^{28}$ 被 111 除的余数。

3．证明：对任意的整数 a，$(a,561)=1$，都有 $a^{560} \equiv 1 \pmod{561}$，但 561 是合数。

4．设 p,q 是两个不同的素数，证明：$p^{q-1}+q^{p-1} \equiv 1 \pmod{pq}$。

5．证明：设 $\{x_1,x_2,\cdots,x_{\varphi(m)}\}$ 是模 m 的简化剩余系，则 $(x_1 x_2 \cdots x_{\varphi(m)})^2 \equiv 1 \pmod{m}$。

6．设 n 是正整数，记 $F_n = 2^{2^n}+1$，证明：$2^{F_n} \equiv 2 \pmod{F_n}$。

7．设 $n>3$，$n \neq 7$，n 是素数，证明：n^6-1 能被 168 整除。

2.4　探究与拓展

本章前 3 节主要介绍了同余的基础知识和完全剩余系、简化剩余系的基本概念，以及著名的欧拉定理和费马小定理。本节我们进一步来探究同余知识在中学数学竞赛中的应用。

中学数学竞赛是智力的角逐，也是能力的比拼。好的竞赛题简洁而漂亮，论证方法技巧灵活而有创意。在各类数学竞赛中，尤以数论题为最。本节精选往届各类数学竞赛中与本章内容有关的数论题，读者可细心体会。

真题荟萃

例1（2015 克罗地亚）证明：不存在正整数 n，使得 $(6^n-1)|(7^n-1)$。

证 假设存在满足条件的 n。由于 $5|(6^n-1)$，即 $5|(6-1)(6^{n-1}+\cdots+1)$，则有 $5|(7^n-1)$，而 $7^n \equiv 2,4,3,1 \pmod{5}$，则 $5|(7^n-1)$ 当且仅当 $4|n$ 时成立，即 $n=4k$。

由于 $(6^4-1)|(6^{4k}-1)$，且 $(6^4-1)=(6^2-1)(6^2+1)=5 \times 7 \times 37$，故 $7|(6^n-1)$。

而 $7 \nmid (7^n-1)$，因此假设不成立。

例2（2018 浙江省赛）将同心圆均匀分成 n（$n \geqslant 3$）格，如图 2.1 所示。在内环中固定数字 $1 \sim n$，那么能否将数字 $1 \sim n$ 填入外环格内，使得在外环旋转任意格后有且仅有一个格中内、外环的数字相同？

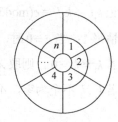

图 2.1 将同心圆均匀分成 n（$n \geqslant 3$）格

解 设对应内环 $1, 2, \cdots, n$ 的外环数字为 $i_1, i_2, \cdots, i_n$，它是数字 $1, 2, \cdots, n$ 的一个排列。对 $k = 1, 2, \cdots, n$，记外环数字 i_k 在外环沿顺时针方向转动 j_k 格后与内环数字相同，即 $i_k - k \equiv j_k \pmod{n}$（$k = 1, 2, \cdots, n$）。

根据题意，$j_1, j_2, \cdots, j_n$ 应是 $0, 1, 2, \cdots, n-1$ 的一个排列，由于

$$\sum_{k=1}^{n}(i_k - k) \equiv \sum_{k=1}^{n} j_k \pmod{n} = [0 + 1 + 2 + \cdots + (n-1)] \pmod{n} = \frac{1}{2}n(n-1) \pmod{n}$$

所以 n 必须是奇数。

对于奇数 n，我们取 $i_n = n$，$i_m = n - m$（$m = 1, 2, \cdots, n-1$），可以验证

$$i_k - k \equiv j_k \pmod{n}$$

$$j_n = 0, j_{n-1} = 2, j_{n-2} = 4, \cdots, j_{n-\frac{n-1}{2}} = n-1$$

$$j_1 = n-2, j_2 = n-4, j_3 = n-6, \cdots, j_{\frac{n-1}{2}} = 1$$

符合题目要求。

例3（2012 西部赛）求所有的素数 p，使得存在无穷多个正整数 n，满足 $p \mid [n^{n+1} + (n+1)^n]$。

解 p 为奇素数。因为对任意正整数 n，有 $n^{n+1} + (n+1)^n$ 为奇数，所以 $p \neq 2$。

考虑 $p \geqslant 3$ 的情形，证明满足条件的 n 有无穷多个。

方法1 为了使 $(n+1)^n$ 除以 p 的余数确定，取 $n = pk - 2$ 且 n 为奇数，则

$$n^{n+1} + (n+1)^n \equiv (-2)^{pk-1} + (-1)^{pk-2} \equiv 2^{k-1}(2^{p-1})^k - 1 \equiv 2^{k-1} - 1 \pmod{p}$$

此时，只需要再取 $k - 1 = (p-1)t$ 即可。因此，$n = p(p-1)t + p - 2$ 满足条件。

方法2 因为当 $p \geqslant 3$ 时，$(2, p) = 1$，由费马小定理可知 $2^{p-1} \equiv 1 \pmod{p}$。

取 $n = p^t - 2$（$t = 1, 2, \cdots$），则

$$n^{n+1} + (n+1)^n \equiv (-2)^{p^t - 1} + (-1)^{p^t - 2} \equiv 2^{p^t - 1} - 1 \equiv (2^{p-1})^{p^{t-1} + p^{t-2} + \cdots + p + 1} - 1 \equiv 0 \pmod{p}$$

所以结论成立。

例4（2017 浙江省赛）设 $a_1, a_2, a_3, b_1, b_2, b_3 \in \mathbf{Z}^+$，证明：存在不全为零的数 $\lambda_1, \lambda_2, \lambda_3 \in \{0, 1, 2\}$，使得 $\lambda_1 a_1 + \lambda_2 a_2 + \lambda_3 a_3$ 和 $\lambda_1 b_1 + \lambda_2 b_2 + \lambda_3 b_3$ 同时被 3 整除。

证 不妨设 $a_i \equiv k_i \pmod{3}$，$b_i \equiv l_i \pmod{3}$，$k_i, l_i \in \{0, 1, 2\}$，$i = 1, 2, 3$。要证明结论正确，只需要证明存在不全为零的数 $\lambda_1, \lambda_2, \lambda_3 \in \{0, 1, 2\}$，使得

$$\lambda_1 k_1 + \lambda_2 k_2 + \lambda_3 k_3 \equiv \lambda_1 l_1 + \lambda_2 l_2 + \lambda_3 l_3 (\bmod 3) \equiv 0 (\bmod 3) \tag{2.6}$$

记 $k_1 l_2 - k_2 l_1 \equiv c (\bmod 3)$，$c \in \{0,1,2\}$。

情形 1：当 $c = 0$ 时，有 $k_1 = l_1 = 0$，或者 k_1, l_1 不全为零。

若 $k_1 = l_1 = 0$，则取 $\lambda_1 = 1$，$\lambda_2 = \lambda_3 = 0$，式（2.6）成立。

若 k_1, l_1 不全为零，不妨设 $k_1 \neq 0$，则取 $\lambda_1 = k_2$，$\lambda_2 = -k_1$，$\lambda_3 = 0$，且

$$\begin{cases} \lambda_1 k_1 + \lambda_2 k_2 + \lambda_3 k_3 = k_2 k_1 - k_1 k_2 \equiv 0 (\bmod 3) \\ \lambda_1 l_1 + \lambda_2 l_2 + \lambda_3 l_3 = k_2 l_1 - k_1 l_2 \equiv 0 (\bmod 3) \end{cases}$$

即式（2.6）成立。

情形 2：当 $c = 1$ 或 2 时，$c^2 \equiv 1 (\bmod 3)$。

记 $c(k_2 l_3 - k_3 l_2) \equiv c_1 (\bmod 3)$，$c(k_3 l_1 - k_1 l_3) \equiv c_2 (\bmod 3)$，这里 $c_1, c_2 \in \{0,1,2\}$。

令 $\lambda_1 = c_1$，$\lambda_2 = c_2$，$\lambda_3 = 1$，则 $\lambda_1, \lambda_2, \lambda_3 \in \{0,1,2\}$ 且不全为零，且

$$\lambda_1 k_1 + \lambda_2 k_2 + \lambda_3 k_3 = c_1 k_1 + c_2 k_2 + k_3 \equiv c(k_2 l_3 - k_3 l_2) k_1 + c(k_3 l_1 - k_1 l_3) k_2 + k_3 (\bmod 3)$$
$$\equiv c k_3 (k_2 l_1 - k_1 l_2) + k_3 (\bmod 3) \equiv (1 - c^2) k_3 (\bmod 3) \equiv 0 (\bmod 3)$$

类似地，可以证明 $\lambda_1 l_1 + \lambda_2 l_2 + \lambda_3 l_3 \equiv 0 (\bmod 3)$。

综上所述，可以取到不全为零的数 $\lambda_1, \lambda_2, \lambda_3 \in \{0,1,2\}$，使得式（2.6）成立。

例 5（第 42 届 IMO）设 n 为大于 1 的奇数，$k_1, k_2, \cdots, k_n$ 为给定的整数，对于 $1, 2, \cdots, n$ 的 $n!$ 个排列中的每一个排列 $a = (a_1, a_2, \cdots, a_n)$，记 $S(a) = \sum_{i=1}^{n} k_i a_i$，证明：有两个排列 b 和 c，$b \neq c$，使得 $S(b) - S(c)$ 能被 $n!$ 整除。

证 假设对于任意两个不同的 b 和 c，均有 $S(b) - S(c) \not\equiv 0 (\bmod n!)$，则当 a 取遍所有 $1, 2, \cdots, n$ 的 $n!$ 个排列时，$S(a)$ 遍历模 $n!$ 的剩余类，且每个剩余类恰经过一次。一方面有

$$\sum_a S(a) \equiv 1 + 2 + \cdots + n! = \frac{n!}{2}(n! + 1)(\bmod n!) \tag{2.7}$$

其中，$\sum_a$ 表示对 a 取遍 $n!$ 个排列的求和。

另一方面有

$$\sum_a S(a) = \sum_a \sum_{i=1}^{n} k_i a_i = \sum_{i=1}^{n} k_i \sum_a a_i = \frac{n!(n+1)}{2} \sum_{i=1}^{n} k_i \tag{2.8}$$

由于 n 为大于 1 的奇数，则由式（2.7）有

$$\sum_a S(a) \equiv \frac{n!}{2}(\bmod n!)$$

由式（2.8）有

$$\sum_a S(a) \equiv 0 (\bmod n!)$$

两式矛盾，故命题成立。

例 6（2003 全国联赛）设三角形的三边长分别是整数 l、m、n，且 $l>m>n$，已知 $\left\{\dfrac{3^l}{10^4}\right\}=\left\{\dfrac{3^m}{10^4}\right\}=\left\{\dfrac{3^n}{10^4}\right\}$，其中 $\{x\}=x-[x]$，求这种三角形的周长的最小值。

解 当 3^l、3^m、3^n 的末四位数字相同时，$\left\{\dfrac{3^l}{10^4}\right\}=\left\{\dfrac{3^m}{10^4}\right\}=\left\{\dfrac{3^n}{10^4}\right\}$。

即求满足 $3^l \equiv 3^m \equiv 3^n \pmod{10^4}$ 的整数 l、m、n。所以 $3^n(3^{l-n}-1) \equiv 0 \pmod{10^4}$（$l-n>0$）。但 $(3^n,10^4)=1$，故必有 $3^{l-n} \equiv 1 \pmod{10^4}$；同理 $3^{m-n} \equiv 1 \pmod{10^4}$。

下面先求满足 $3^x \equiv 1 \pmod{10^4}$ 的最小正整数 x。

因为 $\varphi(10^4)=10^4 \times \dfrac{1}{2} \times \dfrac{4}{5}=4000$，故 $x \mid 4000$。用 4000 的约数试验：

因为当 $x=1,2$ 时，$3^x \not\equiv 1 \pmod{10}$，而 $3^4 \equiv 1 \pmod{10}$，所以 x 必须是 4 的倍数。

因为当 $x=4,8,12,16$ 时，$3^x \not\equiv 1 \pmod{10^2}$，而 $3^{20} \equiv 1 \pmod{10^2}$，所以 x 必须是 20 的倍数。

因为当 $x=20,40,60,80$ 时，$3^x \not\equiv 1 \pmod{10^3}$，而 $3^{100} \equiv 1 \pmod{10^3}$，所以 x 必须是 100 的倍数。

因为当 $x=100,200,300,400$ 时，$3^x \not\equiv 1 \pmod{10^4}$，而 $3^{500} \equiv 1 \pmod{10^4}$。

即，使 $3^x \equiv 1 \pmod{10^4}$ 成立的最小正整数 $x=500$，从而 $l-n$、$m-n$ 都是 500 的倍数，设 $l-n=500k$，$m-n=500h$（$k,h \in \mathbf{N}^*$，$k>h$）。

由 $m+n>l$，即 $n+500h+n>n+500k$，可推出 $n>500(k-h) \geqslant 500$，故 $n \geqslant 501$。

取 $n=501$，$m=1001$，$l=1501$，即为满足题意的最小的三个值。

所以，这种三角形的周长的最小值为 3003。

例 7（第 44 届 IMO）设 p 为素数，证明：存在素数 q，使得对任意正整数 n，n^p-p 都不能被 q 整除。

证 由于 $\dfrac{p^p-1}{p-1}=1+p+p^2+\cdots+p^{p-1} \equiv p+1 \pmod{p}$，所以 $\dfrac{p^p-1}{p-1}$ 至少有一个素因数 q，满足 $q \not\equiv 1 \pmod{p^2}$，下面证明 q 为所求素数。

假设存在整数 n，使得 $n^p \equiv p \pmod{q}$。一方面，由 q 的取值有 $n^{p^2} \equiv p^p \equiv 1 \pmod{q}$。

另一方面，由费马小定理有 $n^{q-1} \equiv 1 \pmod{q}$（$q$ 为素数且 $(n,q)=1$），由于 $p^2 \nmid (q-1)$，有 $(p^2,q-1) \mid p$，故 $n^p \equiv 1 \pmod{q}$，因此，$p \equiv 1 \pmod{q}$。

从而可推导得到 $1+p+\cdots+p^{p-1} \equiv p \pmod{q}$。

由 q 的取值有 $p \equiv 0 \pmod{q}$，矛盾。

例 8（2020 全国联赛）设 $a_1=1$，$a_2=2$，$a_n=2a_{n-1}+a_{n-2}$，$n=3,4,\cdots$，证明：对于整数 $n \geqslant 5$，a_n 必有一个模 4 余 1 的素因数。

证 一方面，记 $\alpha = 1+\sqrt{2}$，$\beta = 1-\sqrt{2}$，容易求得 $a_n = \dfrac{\alpha^n - \beta^n}{\alpha - \beta}$。

记 $b_n = \dfrac{\alpha^n + \beta^n}{2}$，则数列 $\{b_n\}$ 满足

$$b_n = 2b_{n-1} + b_{n-2} \quad (n \geq 3) \tag{2.9}$$

因为 $b_1 = 1$，$b_2 = 3$，均为整数，故由式（2.9）及数学归纳法可知，$\{b_n\}$ 中的每项均为整数。

由 $\left(\dfrac{\alpha^n + \beta^n}{2}\right)^2 - \left(\dfrac{\alpha-\beta}{2}\right)^2 \left(\dfrac{\alpha^n - \beta^n}{\alpha - \beta}\right) = (\alpha\beta)^n$ 可知

$$b_n^2 - 2a_n^2 = (-1)^n \quad (n \geq 1) \tag{2.10}$$

当 $n > 1$ 为奇数时，由于 a_1 为奇数，故由 $\{a_n\}$ 的递推式及数学归纳法可知，a_n 为大于 1 的奇数，所以 a_n 有奇素因数 p。由式（2.10）得 $b_n^2 \equiv -1 \pmod{p}$，故

$$b_n^{p-1} \equiv (-1)^{\frac{p-1}{2}} \pmod{p}$$

上式表明 $(p, b_n) = 1$，故由费马小定理得 $b_n^{p-1} \equiv 1 \pmod{p}$，从而

$$(-1)^{\frac{p-1}{2}} \equiv 1 \pmod{p}$$

由于 $p > 2$，故 $(-1)^{\frac{p-1}{2}} = 1$，因此 $p \equiv 1 \pmod 4$。

另一方面，对正整数 m, n，若 $m \mid n$，设 $n = km$，则

$$a_n = \frac{\alpha^n - \beta^n}{\alpha - \beta} = \frac{\alpha^m - \beta^m}{\alpha - \beta}(\alpha^{(k-1)m} + \alpha^{(k-2)m}\beta + \cdots + \alpha^m \beta^{(k-2)m} + \beta^{(k-1)m})$$

$$= \begin{cases} a_m \cdot \displaystyle\sum_{i=0}^{l-1} (\alpha\beta)^{im} (\alpha^{(2l-1-2i)m} + \beta^{(2l-1-2i)m}), & k = 2l \\[2ex] a_m \cdot \left(\displaystyle\sum_{i=0}^{l-1} (\alpha\beta)^{im} (\alpha^{(2l-2i)m} + \beta^{(2l-2i)m}) + (\alpha\beta)^{lm} \right), & k = 2l+1 \end{cases}$$

因为 $\alpha^s + \beta^s = 2b_s$ 为整数（s 为正整数），$\alpha\beta = -1$ 为整数，所以由上式可知 a_n 等于 a_m 与一个整数的乘积，从而 $a_m \mid a_n$。

因此，若 n 有大于 1 的奇因数，则由前面已证得的结论可知，a_m 有素因数 $p \equiv 1 \pmod 4$，由于 $a_m \mid a_n$，故 $p \mid a_n$，即 a_n 也有模 4 余 1 的素因数；若 n 没有大于 1 的奇因数，则 n 是 2 的方幂。设 $n = 2^l$（$l \geq 3$），因为 $a_8 = 408 = 24 \times 17$ 有模 4 余 1 的素因数 17，对于 $l \geq 4$，由 $8 \mid 2^l$ 可知，$a_8 \mid a_{2^l}$，所以 a_{2^l} 也有素因数 17。证毕。

例 9（2021 全国联赛）设整数 $n \geq 4$，证明：若 n 整除 $2^n - 2$，则 $\dfrac{2^n - 2}{n}$ 是合数。

证 将整数 $\dfrac{2^n - 2}{n}$ 记为 y。

若 n 为奇数，则由 $2^n - 2$ 为偶数可知，y 为偶数。又因为 $n \geq 4$，所以 $\dfrac{2^n - 2}{n} > 2$，从而 y 是合数。

若 n 为偶数，设 $n = 2m$（$m > 1$）。

因为 $y = \dfrac{2^{2m} - 2}{2m} = \dfrac{2^{2m-1} - 1}{m}$ 为整数，故 m 为奇数。

设 δ 是 2 模 m 的阶，则 $\delta < m$，且 $\delta \mid (2m - 1)$（因为 $m \mid (2^{2m-1} - 1)$）。设 $2m - 1 = \delta r$，由 $\delta < m < 2m - 1$ 可知，$r > 1$。

（1）若 $m \neq 2^\delta - 1$，因为 $m \mid (2^\delta - 1)$，所以 $m < 2^\delta - 1$。此时

$$y = \frac{2^{2m-1} - 1}{m} = \frac{2^{\delta r} - 1}{m} = \frac{2^{\delta r} - 1}{2^\delta - 1} \cdot \frac{2^\delta - 1}{m}$$

由于 $r > 1$，故 y 是两个大于 1 的整数之积，y 为合数。

（2）若 $m = 2^\delta - 1$，则 $2(2^\delta - 1) - 1 = 2m - 1 = \delta r$。由 $m > 1$，知 $\delta > 1$，故

$$r = \frac{2^{\delta+1} - 3}{\delta} > \delta \tag{2.11}$$

因为 $(2^\delta - 1) \mid (2^{\delta r} - 1)$，$(2^r - 1) \mid (2^{\delta r} - 1)$，所以 $2^{\delta r} - 1$ 是 $[2^\delta - 1, 2^r - 1]$ 的倍数，即

$$\frac{(2^\delta - 1)(2^r - 1)}{(2^\delta - 1, 2^r - 1)} \mid (2^{\delta r} - 1)$$

因为 $(2^\delta - 1, 2^r - 1) = 2^{(\delta, r)} - 1$，所以 $(2^\delta - 1)(2^r - 1) \mid (2^{\delta r} - 1)(2^{(\delta, r)} - 1)$，因此

$$y = \frac{2^{2m-1} - 1}{m} = \frac{2^{\delta r} - 1}{2^\delta - 1} = \frac{(2^{\delta r} - 1)(2^{(\delta, r)} - 1)}{(2^\delta - 1)(2^r - 1)} \cdot \frac{2^r - 1}{2^{(\delta, r)} - 1} \tag{2.12}$$

为两个整数之积。

由式（2.11）可知 $r > \delta$，故 $\dfrac{2^r - 1}{2^{(\delta, r)} - 1} \geq \dfrac{2^r - 1}{2^\delta - 1} > 1$。又因为 $\delta \geq 2$，故

$$\frac{(2^{\delta r} - 1)(2^{(\delta, r)} - 1)}{(2^\delta - 1)(2^r - 1)} \geq \frac{(2^{2r} - 1) \cdot 1}{(2^\delta - 1)(2^r - 1)} > \frac{2^{2r} - 1}{(2^r - 1)(2^r - 1)} = \frac{2^r + 1}{2^r - 1} > 1$$

因此，式（2.12）表明 y 是两个大于 1 的整数之积，为合数。

综上，结论得证。

例 10（2009 全国联赛）设 k, l 是给定的两个正整数。证明：有无穷多个正整数 $m \geq k$，使得 C_m^k 与 l 互素。

证 1　对任意正整数 t，令 $m = k + tl(k!)$。下面证明 $(\mathrm{C}_m^k, l) = 1$。

设 p 是 l 的任意一个素因数，只需要证明 $p \nmid \mathrm{C}_m^k$ 即可。

若 $p \nmid k!$，则由 $k! \mathrm{C}_m^k = \prod_{i=1}^{k} (m - k + i) \equiv \prod_{i=1}^{k} [i + tl(k!)] \equiv \prod_{i=1}^{k} i \equiv k! \pmod{p^{\alpha+1}}$，$p^\alpha \mid k!$ 及

$p^{\alpha+1} \nmid k!$ 可知，$p^{\alpha} \mid k!C_m^k$，且 $p^{\alpha+1} \nmid k!C_m^k$，从而有 $p \nmid C_m^k$。

证 2 对于任意正整数 t，令 $m = k + tl(k!)^2$，下面证明 $(C_m^k, l) = 1$。

设 p 是 l 的任意一个素因数，只需要证明 $p \nmid C_m^k$ 即可。若 $p \nmid k!$，则由

$$k!C_m^k = \prod_{i=1}^k (m-k+i) \equiv \prod_{i=1}^k [i+tl(k!)^2] \equiv \prod_{i=1}^k i \equiv k! \pmod{p}$$

可知，$p \nmid k!C_m^k$，故 $p \nmid C_m^k$。

若 $p \mid k!$，则设 $\alpha \geq 1$ 使 $p^{\alpha} \mid k!$，但 $p^{\alpha+1} \nmid k!$，$p^{\alpha+1} \mid (k!)^2$，由 $k!C_m^k = \prod_{i=1}^{k-1}(m-k+i) \equiv$

$\prod_{i=1}^k [i+tl(k!)^2] \equiv \prod_{i=1}^k i \equiv k! \pmod{p^{\alpha+1}}$ 及 $p^{\alpha} \mid k!$ 和 $p^{\alpha+1} \nmid k!$ 可知，$p^{\alpha} \mid k!C_m^k$，且 $p^{\alpha+1} \nmid k!C_m^k$，从而有 $p \nmid C_m^k$。

例 11（2011 CMO）求证：对于任意给定的正整数 m,n，总存在无穷多组互素的正整数 a,b，使得 $(a+b) \mid (am^a + bn^b)$。

证 若 $mn = 1$，则结论成立，下面设 $mn \geq 2$。由于 $n^a(am^a + bn^b) = (a+b)n^{a+b} + a[(mn)^a - n^{a+b}]$，故只要证明存在无穷多组互素的正整数 a,b，使得 $(a+b) \mid [(mn)^a - n^{a+b}]$，$(a+b, n) = 1$。令 $p = a+b$，只要证明存在无穷多个素数 p 及正整数 a（$1 \leq a \leq p-1$），使得 $p \mid [(mn)^a - n^p]$。由费马小定理知，当 $a_1 \equiv a_2 \pmod{p-1}$，$a_1 \geq 1$，$a_2 \geq 1$ 时，有

$$(mn)^{a_1} \equiv (mn)^{a_2} \pmod{p}$$

因此，只要证明存在无穷多个素数 p 及正整数 a，使得

$$p \mid [(mn)^a - n] \tag{2.13}$$

假设这样的素数只有有限个，记为 $p_1, p_2, \cdots, p_r$（由于 $mn \geq 2$，因此这样的素数必存在）。

假设

$$(mn)^2 - n = p_1^{\alpha_1} p_2^{\alpha_2} \cdots p_r^{\alpha_r} \tag{2.14}$$

其中，α_i（$1 \leq i \leq r$）为非负整数。

取 $a = p_1^{\alpha_1} p_2^{\alpha_2} \cdots p_r^{\alpha_r}(p_1 - 1) \cdots (p_r - 1) + 2$。

假设

$$(mn)^a - n = p_1^{\beta_1} p_2^{\beta_2} \cdots p_r^{\beta_r} \tag{2.15}$$

其中，β_i（$1 \leq i \leq r$）为非负整数。

若 $p_i \mid n$，则由式（2.15）及 $a \geq 2$ 可知，$p_i^{\beta_i} \mid n$，故 $p_i^{\beta_i} \mid [(mn)^2 - n]$。从而，由式（2.14）知 $\beta_i \leq \alpha_i$。

若 $p_i \nmid n$，则 $p_i \nmid m$，故 $(p_i^{\alpha_i+1}, mn) = 1$。

由欧拉定理知（注意 $\varphi(p_i^{\alpha_i+1}) = p_i^{\alpha_i}(p_i - 1)$ 为 $a - 2$ 的因数）

$$(mn)^a - n \equiv (mn)^2 - n \pmod{p_i^{\alpha_i+1}}$$

由于 $p_i^{\alpha_i+1} \nmid [(mn)^2 - n]$，所以 $p_i^{\alpha_i+1} \nmid [(mn)^a - n]$。

因此 $\beta_i \leqslant \alpha_i$，$(mn)^a - n = p_1^{\beta_1} p_2^{\beta_2} \cdots p_r^{\beta_r} \leqslant p_1^{\alpha_1} p_2^{\alpha_2} \cdots p_r^{\alpha_r} = (mn)^2 - n$，这与 $a > 2$ 矛盾。所以，存在无穷多个素数 p 及正整数 a，使得 $p \mid [(mn)^a - n]$。

习题

1.（2016 日本）已知 p 为奇素数，对于任意的正整数 k（$1 \leqslant k \leqslant p-1$），设 a_k 表示 $kp+1$ 的不小于 k 而小于 p 的因数的个数，求 $a_1 + a_2 + \cdots + a_{p-1}$ 的值。

2.（2012 塞尔维亚）求所有的正整数 n，使得存在 $1, 2, \cdots, n$ 的一个排列 $(p_1, p_2, \cdots, p_n)$，满足集合 $\{p_i + i \mid 1 \leqslant i \leqslant n\}$ 和 $\{p_i - i \mid 1 \leqslant i \leqslant n\}$ 均组成模 n 的完全剩余系。

3.（2016 东南赛）集合 A、B 定义为 $A = \{a^3 + b^3 + c^3 - 3abc \mid a, b, c \in \mathbf{N}\}$，$B = \{(a+b-c)(b+c-a)(c+a-b) \mid a, b, c \in \mathbf{N}\}$，设集合 $P = \{n \mid n \in A \bigcap B, 1 \leqslant n \leqslant 2016\}$，求 P 的元素个数。

4.（2014 东南赛）设 p 为素数，正整数 x、y、z 满足 $x < y < z < p$，且 $\left\{\dfrac{x^3}{p}\right\} = \left\{\dfrac{y^3}{p}\right\} = \left\{\dfrac{z^3}{p}\right\}$，其中，$\{a\}$ 表示实数 a 的小数部分，证明：$(x+y+z) \mid (x^5 + y^5 + z^5)$。

5.（2019 全国联赛）设 m 为整数，$|m| \geqslant 2$，整数数列 $a_1, a_2, \cdots$ 满足 a_1 和 a_2 不全为零，且对任意正整数 n，均有 $a_{n+2} = a_{n+1} - m a_n$，求证：若存在整数 r, s（$r > s \geqslant 2$），使得 $a_r = a_s = a_1$，则 $r - s \geqslant |m|$。

6.（2014 全国联赛）设整数 $x_1, x_2, \cdots, x_{2014}$ 关于模 2014 互不同余，整数 $y_1, y_2, \cdots, y_{2014}$ 关于模 2014 也互不同余。证明：可将 $y_1, y_2, \cdots, y_{2014}$ 重新排列为 $z_1, z_2, \cdots, z_{2014}$，使得 $x_1 + z_1, x_2 + z_2, \cdots, x_{2014} + z_{2014}$ 关于模 4028 互不同余。

7.（2015 全国联赛）求具有下述性质的所有正整数 k：对任意正整数 n，$2^{(k-1)n+1} \nmid \dfrac{(kn)!}{n!}$。

拓展阅读材料　　　　随堂试卷　　　　试卷答案

第 3 章　不定方程

本章讨论的不定方程（组），是指未知数个数多于方程个数，并且未知数受到某种限制（整数、正整数等）的方程（组）。本章将讨论一次不定方程、商高方程、佩尔方程、几类特殊的不定方程等内容，主要研究的问题有①不定方程有解的条件；②不定方程有解的情况下，解的个数；③不定方程有解的情况下，如何求解。

3.1　一次不定方程

中国古代有著名的"百钱买百鸡问题"，百鸡问题最早出自《张丘建算经》，其题目为"鸡翁一，值钱五；鸡母一，值钱三；鸡雏三，值钱一。百钱买百鸡，问鸡翁、母、雏各几何？"

假设鸡翁、母、雏的数量分别为 x、y、z，则百鸡问题就转化为以下方程组：

$$\begin{cases} x+y+z=100 \\ 5x+3y+\dfrac{1}{3}z=100 \end{cases}$$

这就是一次不定方程组，消元后得

$$7x+4y=100$$

这就是二元一次不定方程，问题就归结为求这个方程的非负整数解。一般地，设 $a_1,a_2,\cdots,a_n$ 是非零整数，c 是整数，称关于未知数 $x_1,x_2,\cdots,x_n$ 的方程

$$a_1x_1+a_2x_2+\cdots+a_nx_n=c \tag{3.1}$$

是 n 元一次不定方程。

首先来研究最简单的不定方程，即当 $n=2$ 时的二元一次不定方程，如 $2x+3y=5$、$6x+9y=25$，研究其方程有解的条件、有解时解的个数及如何求解等问题。

3.1.1　二元一次不定方程

📖 **定义**　形如 $ax+by=c$ 的方程称为二元一次不定方程。

其中，a 和 b 是非零整数，c 为整数。

对二元一次不定方程来说，有的方程有整数解，有的方程没有整数解，如 $2x+3y=7$ 有整数解，而 $6x+9y=68$ 无整数解，关于二元一次不定方程有解的条件，有下面的定理。

⊙ **定理 1**　方程 $ax+by=c$ 有解的充要条件是

$$(a,b)\,|\,c \tag{3.2}$$

证　若方程有解 (x,y)，记 $(a,b)=d$，由 $d\,|\,a$，$d\,|\,b$，可得 $(a,b)\,|\,c$，反之，若 $(a,b)\,|\,c$，设 $c=(a,b)c_1$，则由最大公因数的裴蜀定理可知，存在整数 s,t，使得

$$as+bt=d$$

等式两边同乘 c_1，得 $asc_1+btc_1=dc_1$，即 $a(sc_1)+b(tc_1)=c$，即有 $x=sc_1$，$y=tc_1$ 是方程的解。

⊙ **定理 2**　若不定方程

$$ax+by=c \tag{3.3}$$

有解 (x_0,y_0)，则它的一切解为

$$\begin{cases} x=x_0+b_1t \\ y=y_0-a_1t \end{cases},t\in \mathbf{Z} \tag{3.4}$$

其中，$a_1=\dfrac{a}{(a,b)}$，$b_1=\dfrac{b}{(a,b)}$。

证　容易验证，由式（3.4）确定的 x 与 y 满足方程（3.3），即其是方程（3.3）所示的不定方程的解。

接下来证明，方程（3.3）的所有解都可写成式（3.4）的形式。

设 (x,y) 是方程（3.3）的任意一组解，则有

$$ax_0+by_0=ax+by=c$$

得到

$$a(x-x_0)=-b(y-y_0)$$
$$a_1(x-x_0)=-b_1(y-y_0)$$

因为 $(a_1,b_1)=1$，得到 $b_1\,|\,(x-x_0)$，因此存在整数 t，使得 $x-x_0=b_1t$，代入可得 $y-y_0=-a_1t$，即得式（3.4）。

从定理 1 和定理 2 可得解方程（3.3）的步骤如下：

（1）先判断方程是否有解，即 $(a,b)\,|\,c$ 是否成立；若成立则进入步骤（2）。

（2）求出方程的特解 x_0,y_0。

（3）写出方程（3.3）的所有解。

$$\begin{cases} x = x_0 + b_1 t \\ y = y_0 - a_1 t \end{cases}, \quad t \in \mathbf{Z}$$

其中，$a_1 = \dfrac{a}{(a,b)}$，$b_1 = \dfrac{b}{(a,b)}$。

由上可知，在不定方程有解的情况下求解的关键是求出不定方程的特解 x_0, y_0。

例 1 当 $N=15$ 和 179 时，解不定方程 $3x + 6y = N$。

解 （1）当 $N=15$ 时，因为 $(3,6) = 3 \mid 15$，所以不定方程有解。

直接观察该不定方程可知，$(x,y) = (-1,1)$ 是 $3x + 6y = 3$ 的整数解，所以 $(x_0, y_0) = (-5,5)$ 是原不定方程的一个特解，此时原不定方程的解是

$$\begin{cases} x = -5 + 2t \\ y = 5 - t \end{cases}, \quad t \in \mathbf{Z}$$

（2）当 $N=179$ 时，因为 179 不是 3 的倍数，所以此时原不定方程无解。

例 2 求不定方程 $107x + 37y = 25$ 的解。

解 因为 $(107,37) = 1$，所以不定方程有解，故 $y = -2x + \dfrac{25 - 33x}{37}$。令 $y_1 = \dfrac{25 - 33x}{37}$，即 $37y_1 + 33x = 25$，$x = -y_1 + \dfrac{25 - 4y_1}{33}$。令 $\dfrac{25 - 4y_1}{33} = x_1$，有 $33x_1 + 4y_1 = 25$，故 $y_1 = 6 - 8x_1 + \dfrac{1 - x_1}{4}$。令 $\dfrac{1 - x_1}{4} = y_2$，即 $x_1 + 4y_2 = 1$。令 $y_2 = t$，则 $x_1 = 1 - 4t$ 为上式的所有解，可以推得 $y = -8 + 107t$，$x = 3 - 37t$，$t \in \mathbf{Z}$ 是原不定方程的解。

注 1 在求 $x_1 + 4y_2 = 1$ 的解时，也可求出其特解为 $(1,0)$，进而推得原不定方程的特解为 $(3,-8)$，同样可得原不定方程的解为 $x = 3 - 37t$，$y = -8 + 107t$，$t \in \mathbf{Z}$。

注 2 本例中无法直接观察得到特解。通过分离整数部分，使系数绝对值变小，这种方法称为整数分离法。

整数分离法 当 a,b 中系数不同时，把绝对值较小的系数所对应的变量用另一个变量表示，通过变量替换得到一个新的不定方程。如此反复，直到一个参数的系数为 1，从而得到不定方程的解。

3.1.2 多元一次不定方程

注 一般地，在不定方程（3.1）中，当 $n > 2$ 时，称为多元一次不定方程。

⊙ **定理** 不定方程

$$a_1 x_1 + a_2 x_2 + \cdots + a_n x_n = c \tag{3.5}$$

有解的充要条件是

$$(a_1, a_2, \cdots, a_n) \mid c \tag{3.6}$$

证 设 $d = (a_1, a_2, \cdots, a_n)$。一方面，若不定方程（3.5）有解，设为 $(x_1, x_2, \cdots, x_n)$，则由

$d \mid a_i \ (1 \leq i \leq n)$，容易得到式（3.6）成立。

另一方面，当 $n=2$ 时已证，假设当未知数为 $n-1$ 时，条件是充分的。

设 $(a_1, a_2) = d_2$，$(d_2, a_3, \cdots, a_n) = d_n$，因为 $d_n \mid c$，所以 $t_2 x_2 + a_3 x_3 + \cdots + a_n x_n = c$ 有解，设解为 $(t'_2, x'_3, \cdots, x'_n)$，而对于 t'_2，方程 $a_1 x_1 + a_2 x_2 = d_2 t'_2$ 有解，设为 (x'_1, x'_2)，从而可得 $(x'_1, x'_2, \cdots, x'_n)$ 是不定方程（3.5）的解，即证当未知数为 n 时也成立，从而证明了充分性。

⊃ **推论**　在上述证明过程中实际上证明了不定方程

$$a_1 x_1 + a_2 x_2 + \cdots + a_n x_n = c$$

和不定方程组

$$\begin{cases} a_1 x_1 + a_2 x_2 = d_2 t_2 \\ d_2 t_2 + a_3 x_3 = d_3 t_3 \\ \quad \vdots \\ d_{n-2} t_{n-2} + a_{n-1} x_{n-1} = d_{n-1} t_{n-1} \\ d_{n-1} t_{n-1} + a_n x_n = c \end{cases} \tag{3.7}$$

是等价的。

证　若整数 $t_2, t_3, \cdots, t_{n-1}$，$x_1, x_2, \cdots, x_n$ 是方程组（3.7）的解，则显然满足不定方程（3.5）。

反之，设 $(x_1, x_2, \cdots, x_n)$ 是不定方程（3.5）的解，则取 $t_j = \dfrac{1}{d_j}(a_1 x_1 + a_2 x_2 + \cdots + a_j x_j)$，

$2 \leq j \leq n-1$，因为 $d_j \mid a_i \ (i=1,2,\cdots,j)$，有 $d_j \mid (a_1 x_1 + a_2 x_2 + \cdots + a_j x_j)$，所以 $t_2, t_3, \cdots, t_{n-1}$，$x_1, x_2, \cdots, x_n$ 是方程组（3.7）的解。

即 $t_2 = \dfrac{1}{d_2}(a_1 x_1 + a_2 x_2)$ 满足方程组（3.7）中的第一个等式；

$t_3 = \dfrac{1}{d_3}(a_1 x_1 + a_2 x_2 + a_3 x_3)$ 满足方程组（3.7）中的第二个等式；

$$\cdots$$

$t_{n-1} = \dfrac{1}{d_{n-1}}(a_1 x_1 + a_2 x_2 + \cdots + a_{n-1} x_{n-1})$ 满足方程组（3.7）中的倒数第二个等式；

t_{n-1}, x_n 满足方程组（3.7）中的倒数第一个等式，从而证明推论。

定理和推论说明了求解 n 元一次不定方程的方法为先把 n 元一次不定方程化为等价的 $n-1$ 个二元一次不定方程组。

设 $(a_1, a_2) = d_2, (a_2, a_3) = d_3, \cdots, (d_{n-2}, a_{n-1}) = d_{n-1}, (d_{n-1}, a_n) = d_n$，构建不定方程组（3.7），首先解不定方程组（3.7）的倒数第一个等式，即

$$d_{n-1} t_{n-1} + a_n x_n = c$$

然后从不定方程组（3.7）中逐个地从下往上求解不定方程，并且消去中间变量 $t_2, t_3, \cdots, t_{n-1}$，就可以得到不定方程（3.5）的解。

例 求不定方程 $15x+10y+6z=61$ 的解。

解 1 因为 $(15,10)=5$，$(5,6)=1$，$1\mid 61$，所以不定方程有解。

可从下往上依次解不定方程

$$15x+10y=5t$$
$$5t+6z=61$$

分别得到

$$\begin{cases} t=5+6u \\ z=6-5u \end{cases}, \quad u\in\mathbf{Z} \tag{3.8}$$

$$\begin{cases} x=t+2v \\ y=-t-3v \end{cases}, \quad v\in\mathbf{Z} \tag{3.9}$$

将式（3.8）与式（3.9）中的 t 消去，得到原不定方程的解

$$\begin{cases} x=5+6u+2v \\ y=-5-6u-3v, \quad u,v\in\mathbf{Z} \\ z=6-5u \end{cases}$$

下面介绍利用整数分离法求解不定方程 $15x+10y+6z=61$。

解 2 不定方程中 z 的系数最小，把原方程化为

$$z=\frac{1}{6}(-15x-10y+61)=-2x-2y+10+\frac{1}{6}(-3x+2y+1)$$

令 $t_1=\frac{1}{6}(-3x+2y+1)\in\mathbf{Z}$，即 $-3x+2y-6t_1+1=0$，此时 y 的系数最小，

$$y=\frac{1}{2}(3x+6t_1-1)=x+3t_1+\frac{1}{2}(x-1)。$$

令 $t_2=\frac{1}{2}(x-1)\in\mathbf{Z}$，即 $x=2t_2+1$，反推依次可解得

$$y=x+3t_1+t_2=2t_2+1+3t_1+t_2=1+3t_1+3t_2$$
$$z=-2x-2y+10+t_1=6-5t_1+10t_2$$

所以原不定方程的解为 $\begin{cases} x=1+2t_2 \\ y=1+3t_1+3t_2 \\ z=6-5t_1-10t_2 \end{cases}$，$t_1,t_2\in\mathbf{Z}$。

习题

1. 解下列不定方程。

（1）$15x+25y=100$。（2）$306x-360y=630$。

2．求方程 $x+2y+3z=41$ 的所有正整数解。

3．解不定方程组 $\begin{cases} 5x+7y+2z=24 \\ 3x-y-4z=4 \end{cases}$ 。

4．设 a 与 b 是正整数，$(a,b)=1$，证明：任何大于 $ab-a-b$ 的整数 N 都可以表示成 $ax+by$ 的形式，其中，x 与 y 是非负整数，但是 $N=ab-a-b$ 不能表示成这种形式。

5．证明：不定方程 $ax+by=c$，$a>0$，$b>0$，$(a,b)=1$ 的非负整数解的个数为 $\left[\dfrac{c}{ab}\right]$ 或 $\left[\dfrac{c}{ab}\right]+1$。

6．设 a 与 b 是正整数，$(a,b)=1$，证明：$1,2,\cdots,ab-a-b$ 中恰有 $\dfrac{(a-1)(b-1)}{2}$ 个整数可以表示成 $ax+by$（$x\geqslant0$，$y\geqslant0$）的形式。

7．某人到银行去兑换一张 d 元 c 分的支票，银行职员错给了他 c 元 d 分的支票，此人直到用去 23 分后才发觉有错，此时他还有 $2d$ 元 $2c$ 分，问此人原本要兑换的支票为多少钱？

3.2 特殊的二次不定方程

3.2.1 商高方程 $x^2+y^2=z^2$

中国最早的数学和天文学著作《周髀算经》中曾记载了一段"周公问数"的佳话。周公对古代伏羲构造周天历度的事迹感到不可思议，虚心地问商高："我听说先生非常擅长数学，那么请教先生，古代的伏羲创立了天文和历法，可是天没有台阶可以攀登上去，地又不能用尺去测量，这些数是怎样得来的？"

商高回答说："数之法出于圆方，圆出于方，方出于矩，矩出于九九八十一。故折矩，以为勾广三，股修四，径隅五。既方之，外半其一矩，环而共盘，得成三、四、五。"商高这段话的意思就是说，数是根据圆和方的道理计算得来的，圆来自方，而方来自直角三角形。当一条直角边（勾）为 3，另一条直角边（股）为 4 时，则斜边（弦）为 5。人们简称为"勾三股四弦五"，并将其命名为勾股定理，也叫商高定理。以商高之名命名的勾股定理，不仅是中华民族的骄傲，而且确定了东方几何学开创的"原点"，是几何学中一颗光彩夺目的明珠，被称为"几何学的基石"，此发现早于西方毕达哥拉斯定理 500～600 年。

勾三股四弦五即为下面二次方程的最简单的一组非零正整数解

$$x^2+y^2=z^2 \tag{3.10}$$

下面对不定方程（3.10）做简单的分析，若 (x,y,z) 是不定方程（3.10）的非零解，则对

任意整数 k，(kx,ky,kz) 也是不定方程（3.10）的解。此外，若 $(x,y)=k$，则有 $k|z$，从而有 $(x,y,z)=k$。因此只需研究不定方程（3.10）在满足下面条件时的解即可：

$$x>0 ， y>0 ， z>0 ， (x,y)=1 \tag{3.11}$$

⊙ **定理 1** 若 (x,y,z) 是不定方程（3.10）在满足条件（3.11）时的解，则 x 与 y 有不同的奇偶性。

证 因为若 $2|x$，$2|y$，则 $2|z$，这与 $(x,y,z)=1$ 矛盾，所以在 x 与 y 中至少有一个奇数。

若 x 与 y 都是奇数，则 z 是偶数，此时有

$$x^2 \equiv 1(\bmod 4) ， y^2 \equiv 1(\bmod 4) ， x^2+y^2 \equiv 2(\bmod 4)$$

因为 $z^2 \equiv 0(\bmod 4)$，所以不定方程（3.10）等号两边关于模 4 不同余。

综上，x,y,z 不可能是不定方程（3.10）的解，即 x 与 y 有不同的奇偶性。

为方便不定方程（3.10）求解，在此给出一个引理。

❑ **引理** 不定方程 $xy=z^2$ 在当

$$x>0, y>0, z>0, (x,y)=1 \tag{3.12}$$

时的一切正整数解为

$$x=a^2 ， y=b^2 ， z=ab ， (a,b)=1 ， a>0 ， b>0 \tag{3.13}$$

证 1 显然当 $z=1$ 时，$x=1$，$y=1$，满足条件（3.13）。下面设 $z>1$，则可设 $z=p_1^{\gamma_1} p_2^{\gamma_2} \cdots p_k^{\gamma_k}$，其中，$p_1,p_2,\cdots,p_k$ 是互不相同的素数，γ_i $(1 \leqslant i \leqslant k)$ 是正整数。又设

$$x=p_1^{\alpha_1} p_2^{\alpha_2} \cdots p_k^{\alpha_k} ， y=p_1^{\beta_1} p_2^{\beta_2} \cdots p_k^{\beta_k}$$

其中，$\alpha_i,\beta_i(1 \leqslant i \leqslant k)$ 都是非负整数。由条件（3.12）可知

$$\min\{\alpha_i,\beta_i\}=0 ， \alpha_i+\beta_i = 2\gamma_i ， 1 \leqslant i \leqslant k$$

因此，对于每个 i $(1 \leqslant i \leqslant k)$，等式

$$\alpha_i=2\gamma_i ， \beta_i=0 与 \alpha_i=0 ， \beta_i=2\gamma_i$$

有且只有一个成立，即有 $x=a^2$，$y=b^2$，$z=ab$，$(a,b)=1$，$a>0$，$b>0$。综上即证明了引理。

证 2 根据结论进行有目的的构造性证明。

设 $x=a^2 u_1$，$y=b^2 v_1$，u_1,v_1 不含平方数，因为 $a>0$，$b>0$，所以有 $a^2|z^2$，$b^2|z^2$，又因为 $(x,y)=1$，所以有 $(a^2,b^2)=1$，有 $(a,b)=1$，即有 $ab|z$，设 $z=abz_1$，代入有 $u_1 v_1=z_1^2$，$(u_1,v_1)=1$。

若 $z_1^2>1$，则有素数 $p^2|z_1^2$，由 u_1,v_1 不含平方数及 $(u_1,v_1)=1$ 可以推出 $p^2|u_1 v_1$ 不可能成立，所以有 $u_1=v_1=z_1=1$，即有

$$x = a^2, \quad y = b^2, \quad z = ab, \quad (a,b) = 1, \quad a > 0, \quad b > 0$$

从而证明了引理。

⊙ **定理 2**　不定方程（3.10）满足条件（3.11）和 $2|x$ 的一切正整数解可用下面的公式表示：

$$x = 2ab, \quad y = a^2 - b^2, \quad z = a^2 + b^2 \tag{3.14}$$

其中，$a > b > 0$，$(a,b) = 1$，a 与 b 有不同的奇偶性。

证　（1）若 x,y,z 由式（3.14）确定，显然易验证它们满足方程（3.10），并且 $2|x$。

现设 $(x,y) = d$，则有 $d|x$，$d|y$，可得到 $d^2|z^2$，从而有 $d|z$，即 $d|(a^2 + b^2)$；又因为 $d|y$，即 $d|(a^2 - b^2)$，从而推得 $d|2(a^2, b^2) = 2$。

所以 $d = 1$ 或 2。由于 $2 \nmid y$，所以 $d = 1$，即满足条件（3.11）。

（2）设 x,y,z 是方程（3.10）满足条件（3.11）及 $2|x$ 时的解，则 $2 \nmid y$，$2 \nmid z$，并且

$$\left(\frac{x}{2}\right)^2 = \left(\frac{y+z}{2}\right)\left(\frac{y-z}{2}\right) \tag{3.15}$$

设 $d = \left(\dfrac{y+z}{2}, \dfrac{y-z}{2}\right)$，则有 $d\left|\dfrac{y+z}{2}\right.$，$d\left|\dfrac{y-z}{2}\right.$，所以 $d|y$，$d|z$，于是有 $d|(y,z) = 1$，即 $d = 1$。由引理及式（3.15）得到

$$\frac{x}{2} = ab, \quad \frac{y+z}{2} = a^2, \quad \frac{y-z}{2} = b^2, \quad a > 0, \quad b > 0, \quad (a,b) = 1$$

从而得到

$$x = 2ab, \quad y = a^2 - b^2, \quad z = a^2 + b^2$$

根据 $y > 0$，可知 $a > b$；又因为 x 与 y 有不同的奇偶性，所以 $2 \nmid y$，即 a 与 b 有不同的奇偶性。

⊃ **推论 1**　单位圆周上的有理点可写成下面的形式

$$\left(\pm\frac{2ab}{a^2 + b^2}, \pm\frac{a^2 - b^2}{a^2 + b^2}\right) \text{ 或 } \left(\pm\frac{a^2 - b^2}{a^2 + b^2}, \pm\frac{2ab}{a^2 + b^2}\right)$$

其中，a 与 b 是不全为零的整数。

⊙ **定理 3**　不定方程

$$x^4 + y^4 = z^2 \tag{3.16}$$

没有正整数解。

证　用反证法证明。设 (x_0, y_0, z_0) 是不定方程（3.16）使 z 达到最小的一组正整数解。设 $d = (x_0, y_0) > 1$，则由式（3.16）可得到 $d^4|z_0^2$，$d^2|z_0$，推得 $\left(\dfrac{x_0}{d}, \dfrac{y_0}{d}, \dfrac{z_0}{d^2}\right)$ 也是不定方程

（3.16）的解，与 z_0 的最小性矛盾，所以 $d = (x_0, y_0) = 1$。又由定理 1 知 x_0^2 与 y_0^2 有不同的奇偶性，不妨设 $2 \mid x_0$，$2 \nmid y_0$。由定理 2 可知，存在正整数 a, b，使得

$$(a, b) = 1, \quad a > b > 0 \tag{3.17}$$

其中，a 与 b 为一奇一偶，且有

$$x_0^2 = 2ab, \quad y_0^2 = a^2 - b^2, \quad z_0 = a^2 + b^2 \tag{3.18}$$

下面对 a 与 b 的奇偶性进行讨论：

（1）若 $2 \mid a$，$2 \nmid b$，则 $a^2 \equiv 0 \pmod 4$，$b^2 \equiv 1 \pmod 4$，由式（3.18）有 $y_0^2 = a^2 - b^2 \equiv -1 \pmod 4$，这是不可能的，因此只有下面的情况成立。

（2）$2 \nmid a$，$2 \mid b$。由式（3.17）和式（3.18）有

$$x_0^2 = a(2b), \quad (a, 2b) = 1, \quad a > b > 0 \tag{3.19}$$

根据引理，存在正整数 u, v_1，使得

$$x_0 = uv_1, \quad a = u^2, \quad 2b = v_1^2, \quad (u, v_1) = 1, \quad u > 0, \quad v_1 > 0$$

由 $2b = v_1^2$ 可推出 $2 \mid v_1^2$，于是可设 $v_1 = 2v$，即存在整数 u, v，使得

$$a = u^2, \quad b = 2v^2, \quad (u, v) = 1, \quad u > 0, \quad v > 0 \tag{3.20}$$

将 a、b 代入式（3.18），得到 $y_0^2 = a^2 - b^2 = u^4 - 4v^4$，整理即有

$$(2v^2)^2 + y_0^2 = (u^2)^2 \tag{3.21}$$

由于 $(u, v) = 1$，从而有 $(y_0, v) = 1$。对于式（3.21），由定理 2 可知，存在正整数 s, t，$(s, t) = 1$，s 与 t 有不同的奇偶性，有

$$2v^2 = 2st, \quad y_0 = s^2 - t^2, \quad u^2 = s^2 + t^2 \tag{3.22}$$

由 $2v^2 = 2st$，有 $v^2 = st$，又由引理即有正整数 m, n，$(m, n) = 1$，使得

$$v = mn, \quad s = m^2, \quad t = n^2$$

由此及式（3.22）中的 $u^2 = s^2 + t^2$，得到

$$m^4 + n^4 = u^2 \tag{3.23}$$

即有 (m, n, u) 也满足不定方程（3.16）。由式（3.18）和式（3.23）有

$$z_0 = a^2 + b^2 = u^4 + 4v^4 > u$$

这样不定方程（3.16）就找到了 (m, n, u)，(x_0, y_0, z_0) 两组解，显然在 (m, n, u) 中的 u 比在 (x_0, y_0, z_0) 中的 z_0 小，这与 z_0 的最小性矛盾，即证明了定理 3。

➲ 推论 2　不定方程 $x^4 + y^4 = z^4$ 没有正整数数解。

注 1　在定理 3 的证明中用了一种非常巧妙的证明方法，称为无穷递降法。无穷递降法常用于判定不定方程的可解性。

注 2　无穷递降法：1659 年，法国数学家费马写信给他的一位朋友卡尔卡维，称自己创造了一种新的数学方法，由于费马的信没有发表，因此人们一直无从了解他的这一方法。直到 1879 年，人们在荷兰莱顿大学图书馆的惠更斯的手稿中发现了一篇论文，才知道这种方法。无穷递降法是证明某些不定方程无解时常用的一种方法。

其证明模式大致是：先假设方程存在一个最小正整数解，然后在这个最小正整数解的基础上找到一个更小的解，构造某种无穷递降的过程，再结合最小数原理得到与假设矛盾，从而证明命题。

其主要的表现形式有两种：

（1）由一组解出发，通过构造得出另一组解，并且将这一过程递降下去，从而得出矛盾。

（2）假设不定方程有正整数解，且存在最小的正整数解，设法构造出方程的另一组解（比最小正整数解还小），从而得出矛盾。

无穷递降法的理论基础是最小数原理。

例 1　证明 $\sqrt{2}$ 是无理数。

证　假设 $\sqrt{2}$ 是有理数，则存在自然数 a,b 满足 $x^2=2y^2$，即 $a^2=2b^2$，容易知道 a 是偶数，设 $a=2a_1$，代入得 $b^2=2a_1^2$，得到 b 为偶数，$a_1<b<a$。设 $b=2b_1$，则 $a_1^2=2b_1^2$，这里 $b_1<a_1$，这样可以进一步求得 $a_2,b_2,\cdots$，且有 $a>b>a_1>b_1>a_2>b_2>\cdots$。因为自然数无穷递降是不可能的，于是与假设产生矛盾，所以 $\sqrt{2}$ 为无理数。

注 3　上述证明中也可设自然数 a,b，使其是满足 $x^2=2y^2$ 的所有解中 a 最小的一组解，容易知道 a 是偶数，设 $a=2a_1$，代入得 $b^2=2a_1^2$，得到 b 为偶数，$a_1<b<a$。设 $b=2b_1$，则 $a_1^2=2b_1^2$，即 (a_1,b_1) 也是解，显然有 $a>b>a_1>b_1$，这与 a 的最小性矛盾，即证 $\sqrt{2}$ 为无理数。

例 2　证明不定方程 $x^2+y^2=x^2y^2$ 没有正整数解。

证　用反证法。设不定方程有正整数解 (x,y)，分析得到 $2|x$，$2|y$。所以方程两边同时除以 4 有 $\left(\dfrac{x}{2}\right)^2+\left(\dfrac{y}{2}\right)^2=4\left(\dfrac{x}{2}\right)^2\left(\dfrac{y}{2}\right)^2$，可进一步确定 $\dfrac{x}{2}$ 与 $\dfrac{y}{2}$ 都是偶数。不断地，有 $\left(\dfrac{x}{2^2}\right)^2+\left(\dfrac{y}{2^2}\right)^2=4^2\left(\dfrac{x}{2^2}\right)^2\left(\dfrac{y}{2^2}\right)^2$，$\dfrac{x}{2^2}$ 与 $\dfrac{y}{2^2}$ 一定都是偶数……

对于任意的正整数 k，有 $\left(\dfrac{x}{2^k}\right)^2+\left(\dfrac{y}{2^k}\right)^2=4^k\left(\dfrac{x}{2^k}\right)^2\left(\dfrac{y}{2^k}\right)^2$，其中，$\dfrac{y}{2^k}$ 和 $\dfrac{x}{2^k}$ 为偶数，但是当 k 充分大时，$\dfrac{x}{2^k}$ 与 $\dfrac{y}{2^k}$ 不可能是正整数。这个矛盾说明原不定方程没有正整数解。

注 4　原不定方程等价于 $x^{-2}+y^{-2}=1$，而大于 1 的平方数的倒数小于 0.5，所以原不定方程无解。

例3 证明：整数勾股数的勾、股中至少有一个是 3 的倍数。

证 设 $N = 3m \pm 1$（m 为整数），则 $N^2 = 9m^2 \pm 6m + 1 = 3(3m^2 \pm 2m) + 1$，即一个整数若不是 3 的倍数，则其平方为 $3k + 1$ 型，所以 $3k + 2$ 型不可能是平方数。设 x 和 y 为勾股整数，且 x 和 y 都不是 3 的倍数，则 x^2 和 y^2 都是 $3k + 1$ 型，但 $z^2 = x^2 + y^2$，是 $3k + 2$ 型，这是不可能的，所以勾股数中至少有一个是 3 的倍数。

实际上勾、股中不仅有 3 的倍数，也有 4 的倍数，而勾股弦中必有 5 的倍数，即下面的例题。

例4 若 (x, y, z) 是方程（3.10）满足条件 $x > 0$，$y > 0$，$z > 0$，$(x, y) = 1$ 的解，则有

（1）在 x 与 y 中有且仅有一个数被 4 整除。

（2）在 x, y, z 中有且仅有一个数被 5 整除。

证（1）若 x 与 y 都不能被 4 整除，则可设 $x = 4k + 1$（或 $x = 4k - 1$），$y = 4k + 2$，则其平方分别为 $8n + 1$ 型和 $8n + 4$ 型，和为 $8n + 5$ 型，但 $8n + 5$ 不可能是平方数，从而证明了（1）。

（2）若 x, y, z 都不能被 5 整除，则

$$x, y, z \equiv \pm 1, \pm 2 \pmod 5$$
$$x^2 + y^2 \equiv 0, 2 \text{或} 3 \pmod 5$$
$$x^2 + y^2 \equiv 0, 2 \text{或} 3 \pmod 5$$

与 $z^2 \equiv 1, 4 \pmod 5$ 矛盾，所以（2）成立。

3.2.2 佩尔方程

形如

$$x^2 - dy^2 = 1 \tag{3.24}$$

的不定方程称为佩尔方程（Pell Equation），其中，d 为非平方数的正整数。关于佩尔方程有下面的定理。

⊙ **定理 1** 设 d 为非平方数的正整数，则佩尔方程 $x^2 - dy^2 = 1$ 有无穷多组整数解；又设 (x_1, y_1) 为该方程的正整数解 (x, y) 中使 $x + y\sqrt{d}$ 最小的一组解（基本解），则其全部正整数解 (x, y) 可表示为

$$x + y\sqrt{d} = \pm(x_1 + y_1\sqrt{d})^n, \ n \in \mathbf{Z} \tag{3.25}$$

⊙ **定理 2** 设 d 为非平方数的正整数，则佩尔方程有无穷多组正整数解，设 (x_1, y_1) 为基本解，则有以下结论：

（1）其全部正整数解 (x_n, y_n) 由下面式（3.26）给出。

$$\begin{cases} x_n = \dfrac{1}{2}[(x_1+\sqrt{d}\,y_1)^n + (x_1-\sqrt{d}\,y_1)^n] \\[3mm] y_n = \dfrac{1}{2\sqrt{d}}[(x_1+\sqrt{d}\,y_1)^n - (x_1-\sqrt{d}\,y_1)^n] \end{cases}, \quad n=1,2,3,\cdots \tag{3.26}$$

（2）其全部正整数解 (x_n,y_n) 也可由下面式（3.27）给出。

$$x_n + y_n\sqrt{d} = (x_1 + y_1\sqrt{d})^n, \quad n=1,2,3,\cdots \tag{3.27}$$

（3）其全部正整数解 (x_n,y_n) 满足以下关系

$$\begin{cases} x_n = 2x_1 x_{n-1} - x_{n-2} \\ y_n = 2x_1 y_{n-1} - y_{n-2} \end{cases} \tag{3.28}$$

⊙ **定理 3**　设佩尔方程 $x^2 - dy^2 = 1$ 的一组正整数解 (x,y) 满足关系

$$x > \frac{1}{2}y^2 - 1 \tag{3.29}$$

则这组解 (x,y) 是 $x^2 - dy^2 = 1$ 的基本解。

注　上述条件是不必要的，比如 $x^2 - 13y^2 = 1$ 的基本解是 $(x_1,y_1) = (649,180)$，不满足式（3.29）。

由定理 3 可知，要求佩尔方程的解，关键是求出其基本解，下面来看例题。

例 1　求佩尔方程 $x^2 - 10y^2 = 1$ 的整数解。

解　当 $y = 1,2,3,4,5$ 时，$1 + 10y^2$ 不是平方数，当 $y = 6$ 时，$1 + 10y^2 = 19^2$，所以 $(19,6)$ 是基本解，则其全部整数解 (x,y) 可表示为

$$x + y\sqrt{d} = \pm(19 + 6\sqrt{10})^n, \quad n \in \mathbf{Z}$$

设 $d \in \mathbf{N}^*$，d 不是完全平方数，则形如

$$x^2 - dy^2 = -1 \tag{3.30}$$

的方程也称为佩尔方程。尽管它与式（3.24）的形式类似，但解的情况却不相同，比如当 $d = 4k+3$ 时，可证式（3.30）没有整数解，类似定理 1 和定理 2，有下面的定理。

⊙ **定理 4**　设 d 为非平方数的正整数，如果佩尔方程（3.30）有整数解，那么必有无穷多组整数解。设 $a + b\sqrt{d}$ 是所有 $x>0$，$y>0$ 的解中使 $x + y\sqrt{d}$ 最小的一组解（(a,b) 称为式（3.30）的最小解），则由 $(a+b\sqrt{d})^2 = u_1 + v_1\sqrt{d}$ 决定的 (u_1,v_1) 是 $x^2 - dy^2 = 1$ 的基本解，且佩尔方程（3.30）的全部整数解 (x,y) 为

$$x_n + y_n\sqrt{d} = \pm(a+b\sqrt{d})^{2n+1}, \quad n \in \mathbf{Z} \tag{3.31}$$

↻ **推论**　设 d 为非平方数的正整数，佩尔方程 $x^2 - dy^2 = 1$ 的基本解为 (x_1,y_1)，则方程（3.30）有解的充要条件为

$$\frac{x_1 - 1}{2} = a^2, \quad \frac{x_1 + 1}{2d} = b^2 \tag{3.32}$$

例2   求佩尔方程 $x^2 - 13y^2 = -1$ 的整数解。

解   可先求 $x^2 - 13y^2 = 1$ 的基本解。因为当 $y = 1, 2, 3, 4, 5, \cdots, 179$ 时, $1 + 13y^2$ 不是平方数,当 $y = 180$ 时, $1 + 13y^2 = 649^2$,所以基本解 $(x_1, y_1) = (649, 180)$,则有 $\dfrac{649 - 1}{2} = 18^2$, $\dfrac{649 + 1}{2 \times 13} = 5^2$,所以 $x^2 - 13y^2 = -1$ 的最小解为 $(18, 5)$,即 $x^2 - 13y^2 = -1$ 的全部整数解 (x, y) 为

$$x_n + y_n \sqrt{d} = \pm(18 + 5\sqrt{13})^{2n+1}, \quad n \in \mathbf{Z}$$

例3   解佩尔方程 $x^2 - 34y^2 = -1$ 。

解   求得 $x^2 - 34y^2 = 1$ 的基本解 $(x_1, y_1) = (35, 6)$,因为 $\dfrac{35 - 1}{2} = 17$ 不是平方数,所以 $x^2 - 34y^2 = -1$ 没有整数解。

一般地,设 d 为非平方数的正整数, c 是非零整数,则称

$$x^2 - dy^2 = c \tag{3.33}$$

为一般形式的佩尔方程。对这类一般形式的佩尔方程有以下定理。

⊙ **定理5**   设 $x^2 - dy^2 = c$ 有一组正整数解 (a, b) ,则它有无穷多组正整数解,且设 (u, v) 是 $x^2 - dy^2 = 1$ 的一组正整数解,则由 $x + y\sqrt{d} = (a + b\sqrt{d})(u + v\sqrt{d})$ 确定的正整数 (x, y) 都是式(3.33)的解。

习题

1. 设 x, y, z 是勾股数, x 是素数,证明: $2z - 1$, $2(x + y + 1)$ 都是平方数。

2. 求整数 x, y, z , $x > y > z$,使 $x - y$, $x - z$, $y - z$ 都是平方数。

3. 求出不定方程 $x^2 + 3y^2 = z^2$, $(x, y) = 1$, $x > 0$, $y > 0$, $z > 0$ 的一切正整数解。

4. 证明不定方程 $x^2 + y^2 + z^2 = 2xyz$ 没有正整数解。

5. 求方程 $x^2 + y^2 = z^4$ 满足 $(x, y) = 1$, $3 \mid x$, $2 \mid x$ 的正整数解,并证明解可以写成公式: $x = 4uv(u^2 - v^2)$, $y = |u^4 + v^4 - 6u^2v^2|$, $z = u^2 + v^2$, $u > v > 0$, $(u, v) = 1$,其中, u, v 中一个为奇数,一个为偶数。

3.3   几类特殊不定方程的初等解法

不定方程的内容非常丰富,不同的不定方程的解法一般不同,存在特殊性。接下来介绍用初等方法求解几类不定方程。

1. 同余分析法

同余分析法是根据不定方程的特征按某个正整数 m 利用同余的性质进行分析分类判定，从而达到简化和求解的方法。一般当 $m=2$ 时称为奇偶分析法，m 取其他的特定模时称为特定模余数分析法。

1）奇偶分析法

例 1　解不定方程 $x^2 + y^2 = 328$。

解　根据题目特点，若 (x, y) 是解，则 $(\pm x, \pm y)$ 也是解。

可先求其正整数解，因为 328 为偶数，所以方程左边为偶数，x 和 y 的奇偶性相同。不妨设 $x > y$，进一步设 $x + y = 2u_1$，$x - y = 2v_1$，则有 $u_1^2 + v_1^2 = 164$，同理有 $u_3^2 + v_3^2 = 41$，$u_3 > v_3 > 0$，u_3 和 v_3 中一个为奇数，一个为偶数，且 $2v_3^2 < 41$，由此可得 $0 < v_3 < 5$，将 $v_3 = 1,2,3,4$ 依次代入 $u_3^2 + v_3^2 = 41$，得 $u_3 = 5$，$v_3 = 4$，进一步有 $u_2 = 9$，$v_2 = 1$，$u_1 = 10$，$v_1 = 8$，$x = 18$，$y = 2$。

所以方程的正整数解为 $(2,18)$ 和 $(18,2)$，从而原不定方程的所有解为 $(2,18)$，$(-2,18)$，$(-2,-18)$，$(2,-18)$，$(18,2)$，$(18,-2)$，$(-18,-2)$，$(-18,2)$。

2）特定模余数分析法

例 2　证明不定方程 $3^x + 1 = 5^y + 7^z$ 没有正整数解。

解　设 (x, y, z) 是不定方程的解，若 $x > 0$，则两边关于模 3 同余有

$$5^y + 7^z \equiv 1 \pmod 3$$

$$2^y + 1 \equiv 1 \pmod 3, \quad 2^y \equiv 0 \pmod 3$$

可推得 $3 \big| 2^y$，但这是不可能成立的，所以必有 $x = 0$，此时不定方程 $3^x + 1 = 5^y + 7^z$ 变为 $5^y + 7^z = 2$。

设 $y > 0$，$z > 0$，则 $3^x + 1 > 2$，矛盾。由此可知 $y = z = 0$，即原不定方程没有正整数解。

例 3　证明不定方程 $x^2 - 2xy^2 + 5z + 3 = 0$ 不可能有整数解。

解　若不定方程有解，则 $x = y^2 \pm \sqrt{y^4 - 5z - 3}$。

根据平方数对一些特定模的余数特征，有

$x^2 \equiv 0,1 \pmod 3$，$\quad x^2 \equiv 0,1 \pmod 4$，$\quad x^2 \equiv 0,1,4 \pmod 5$，$\quad x^2 \equiv 0,1,4 \pmod 8$，$\cdots$

一般可考虑从小到大尝试，另外可结合题目特点，在 $y^4 - 5z - 3$ 中有两个变量，相对麻烦，可利用化归方法对模 5 进行同余，这样变量 z 就不起作用了。所以用模 5 进行同余分析有 $y^4 \equiv 0,1 \pmod 5$，此时有

$$y^4 - 5z - 3 \equiv 2,3 \pmod 5$$

而对于一个平方数有 $x^2 \equiv 0,1,4 \pmod 5$，即 $y^4 - 5z - 3$ 不可能为完全平方，也就是说，

$\sqrt{y^4 - 5z - 3}$ 不是整数，所以原不定方程无整数解。

2. 数与式的分解法

有时不定方程的解可以比照中学时的因式分解来求。为了方便，一般将等式左边分解为几个式子相乘，右边是一个分解比较简单的整数，利用整数的因数个数是有限的这一结论，对式子和数的分解之间进行组合，从而求出不定方程的解，这种方法称为数与式的分解法。

例 4 求不定方程 $x^2 - 4xy + 3y^2 - 2 = 0$ 的整数解。

解 原不定方程即

$$x^2 - 4xy + 3y^2 = (x - y)(x - 3y) = 2$$

即有

$$\begin{cases} x - y = 1 \\ x - 3y = 2 \end{cases}, \quad \begin{cases} x - y = 2 \\ x - 3y = 1 \end{cases}, \quad \begin{cases} x - y = -1 \\ x - 3y = -2 \end{cases}, \quad \begin{cases} x - y = -2 \\ x - 3y = -1 \end{cases}$$

因为 $x - y$ 和 $x - 3y$ 奇偶性相同，所以原不定方程无整数解。

3. 不等关系分析法

利用不等关系及对式子的估计，确定不定方程解的范围，从而求得不定方程的解的方法称为不等关系分析法。

例 5 求 $5x^2 + 2y^2 = 98$ 的正整数解。

解 因为 $5x^2 < 98$，所以 $x^2 < 20$，又因为 x^2 为偶数，所以 x^2 只能为 4 或 16，代入原方程得 $x^2 = 16$，$y^2 = 9$，原方程的正整数解为 $(4,3)$。

例 6 求不定方程 $3x^2 + 7xy - 2x - 5y - 35 = 0$ 的正整数解。

解 对于正整数 x,y，由原不定方程得到

$$y = \frac{-3x^2 + 2x + 35}{7x - 5} \tag{3.34}$$

若 $x \geqslant 1$，$y \geqslant 1$，则应有

$$\begin{cases} x \geqslant 1 \\ -3x^2 + 2x + 35 \geqslant 7x - 5 \end{cases}$$

解这个不等式组，得到 $1 \leqslant x \leqslant 2$。

分别取 $x = 1$ 和 $x = 2$，由式（3.34）得到 $y = 17$ 和 $y = 3$，得到所求的正整数解为 $(1,17)$，$(2,3)$。

4．分离整数法

例 7　求不定方程 $xy - 2x + y = 4$ 的整数解。

解　因为 $x = -1$ 不是方程的解，所以原方程为

$$y = \frac{4 + 2x}{x + 1} = \frac{2(x+1) + 2}{x + 1} = 2 + \frac{2}{x + 1}$$

则有 $(x+1)|2$，即 $x = 0, -2, 1, -3$，代入上式得到方程的整数解为 $(0,4)$，$(-2,0)$，$(1,3)$，$(-3,1)$。

5．求根公式法

例 8　求不定方程 $x^2 - xy + y^2 - 2x - 2y + 3 = 0$ 的整数解。

解　把原方程看成 x 的二次方程，得到

$$x = \frac{(y+2) \pm \sqrt{-3y^2 + 12y - 8}}{2}$$

因为根号内的式子大于或等于 0，所以 y 只能为 1,2,3，代入上式得到方程的整数解为 $(2,1)$，$(1,1)$，$(1,2)$，$(3,2)$，$(3,3)$，$(2,3)$。

6．韦达定理法

例 9　求不定方程 $x^2 - 347xy^2 + 2073y^2 = 0$ 的正整数解。

解　由题意有 $y^2 | x^2$，于是令 $x = ty$，则有 $t^2 - 347yt + 2073 = 0$，由韦达定理得 $t_1 + t_2 = 347y$，$t_1 t_2 = 2073$，因为 $2073 = 1 \times 2073 = 3 \times 691$，所以 $t_1 + t_2 = 694$，从而得 $y = 2$，代入原方程得原方程的正整数解为 $(6,2)$，$(1382,2)$。

7．换元法

例 10　求不定方程 $m^2 - 18m + n^2 + 1 = 0$ 的正整数解。

解　把原方程看成 m 的二次方程，设其根为 m_1, m_2，则有 $m_1 + m_2 = 18$，$m_1 m_2 = n^2 + 1$，因为两根具有相同的奇偶性，且 $n^2 + 1$ 除 4 余数不为 0，所以两根只能是 1,3,5,7,9 和 17,15,13,11,9，又因为两根之积减 1 是平方数，所以 x_1, x_2 只能是 1,17 和 5,13，所以原方程的正整数解为 $(1,4)$，$(17,4)$，$(5,8)$，$(13,8)$。

8．其他方法

例 11　求不定方程 $4x^2 + y^2 = 100$ 的正整数解。

解　原方程为 $(2x)^2 + y^2 = 10^2$，由勾股定理有 $|2x| = 6$，$|y| = 8$ 或 $|2x| = 8$，$|y| = 6$，所以方程的正整数解为 $(3,8)$，$(4,6)$。

习题

1. 解不定方程 $x^2 - y^2 = 2021$。

2. 证明不定方程 $x^2 - 3y^2 = 2$ 没有有理数解。

3. 求不定方程 $x^2 + xy - 6 = 0$ 的整数解。

4. 求不定方程 $2^x - 3^y = 1$ 的正整数解。

5. 求不定方程 $x^3 + y^3 = 1072$ 的正整数解。

6. 解不定方程 $x^{-1} + y^{-1} - 2p^{-1} = 0$，其中，$p$ 为素数。

7. 求不定方程 $x^{-1} + y^{-1} - z^{-1} = 0$ 的正整数解。

8. 解不定方程组 $\begin{cases} x_1 + x_2 + x_3 = 0 \\ x_1^3 + x_2^3 + x_3^3 + 18 = 0 \end{cases}$。

9. 证明：$x^2 + y^2 - 8z^3 = 6$ 没有整数解。

10. 解不定方程 $1! + 2! + \cdots + n! = k^3$。

11. 求不定方程 $x^2 - 29xy^2 + 1981y^2 = 0$ 的正整数解。

12. 求不定方程 $x^2 - 12x + y^2 + 2 = 0$ 的正整数解。

3.4　探究与拓展

本章前 3 节主要介绍了几种重要的不定方程，包括一次不定方程、商高方程、佩尔方程和一些特殊的不定方程等，主要研究讨论了这些方程有解的条件、解的个数及求解的方法。在中学数学竞赛中，许多表面上看似与不定方程无关的试题其实都可以转化为不定方程的问题。这种转化技术充分体现了数学竞赛的特质，创造性地、灵活高超地运用已有的基本知识体系解答给出的问题。下面为精选的各国中学数学竞赛真题。

真题荟萃

例 1（2013 德国）求所有正整数 n，使得 $n^2 + 2^n$ 为完全平方数。

解　设 $n^2 + 2^n = t^2$，则

$$t^2 - n^2 = 2^n \Rightarrow (t-n)(t+n) = 2^n \Rightarrow \begin{cases} t - n = 2^a \\ t + n = 2^{n-a} \end{cases} \Rightarrow n = \frac{1}{2}(2^{n-a} - 2^a)$$

又因为 $n > 0$，则有 $a < n - a \Rightarrow a < \dfrac{n}{2}$，故

$$2^{n-a} - 2^a = 2^a(2^{n-2a} - 1) \geqslant 2^a \times 2^{n-2a-1} = 2^{n-a-1} > 2^{\frac{n}{2}-1}$$

于是，$n > 2^{\frac{n}{2}-2} \Rightarrow \dfrac{n}{2} > 2^{\frac{n}{2}-3}$。从而，$\dfrac{n}{2} < 6 \Rightarrow n < 12$。

逐一验证可得，当且仅当 $n = 6$ 时，$6^2 + 2^6 = 10^2$。

例 2（2015 美国）求方程 $x^2 + xy + y^2 = \left(\dfrac{x+y}{3} + 1\right)^3$ 的整数解。

解 设 $x + y = 3k$（$k \in \mathbf{Z}$），则原方程化为

$$x^2 + x(3k - x) + (3k - x)^2 = (k+1)^3 \Rightarrow x^2 - 3kx - (k^3 - 6k^2 + 3k + 1) = 0$$

其判别式为

$$\Delta = 9k^2 + 4(k^3 - 6k^2 + 3k + 1) = 4k^3 - 15k^2 + 12k + 4 = (4k+1)(k-2)^2$$

因为 Δ 必是完全平方数，所以，设

$$4k + 1 = (2t+1)^2 \ (t \in \mathbf{N}) \Rightarrow k = t^2 + t \Rightarrow x = \frac{1}{2}[3(t^2 + t) \pm (2t+1)(t^2 + t - 2)]$$

$$\Rightarrow (x, y) = (t^3 + 3t^2 - 1, -t^3 + 3t + 1) \ 或 \ (-t^3 + 3t + 1, t^3 + 3t^2 - 1) \ (t \in \mathbf{N})$$

例 3（2016 希腊）求所有非负整数组 (x, y, z)（$x \leqslant y$），使得 $x^2 + y^2 = 3 \times 2016^z + 77$。

解 分情况讨论。

（1）$z = 0$。

将原方程变形为 $x^2 + y^2 = 80$，于是，$4 \mid x$，$4 \mid y$。

设 $x = 4a$，$y = 4b$（$0 \leqslant a \leqslant b$），则 $a^2 + b^2 = 5 \Rightarrow (a, b) = (1, 2) \Rightarrow (x, y) = (4, 8)$。

（2）$z > 0$。

因为 $7 \mid 2016$，$7 \mid 77$，所以 $7 \mid (x^2 + y^2)$。

由完全平方数关于模 7 的余数为 $0, 1, 2, 4$ 可知，$7 \mid x$，$7 \mid y$。

设 $x = 7x_1$，$y = 7y_1$（$0 \leqslant x_1 \leqslant y_1$），将原方程变形为 $49(x_1^2 + y_1^2) = 3 \times 2016^z + 77$。

若 $z \geqslant 2$，此时，$49 \mid 2016^z$，而 $49 \nmid 77$，矛盾。

若 $z = 1$，则 $49(x_1^2 + y_1^2) = 3 \times 7 \times 288 + 77 = 7 \times 7 \times 125 \Rightarrow x_1^2 + y_1^2 = 125$。

由 $0 \leqslant x_1 \leqslant y_1$ 可知，$y_1^2 \leqslant 125 \leqslant 2y_1^2 \Rightarrow 8 \leqslant y_1 \leqslant 11$。

经检验，$(x_1, y_1) = (5, 10), (2, 11)$。

综上，$(x, y, z) = (4, 8, 0), (35, 70, 1), (14, 77, 1)$。

例 4（2015 罗马尼亚）一个勾股数组是指满足方程 $x^2 + y^2 = z^2$（$x < y$）的正整数解，对于给定的正整数 n，证明：存在一个正整数，使其恰在 n 个不同的勾股数组中出现过。

证 取素数 $p \equiv 3 \pmod 4$，证明 p^n 恰好出现在 n 个不同的勾股数组中，且均为该数组中最小的那个。

若 $a^2+b^2=p^{2n}$，$(a,b)=1$（如果不互素，可以两边约去公因数 p^k 再处理），则 $a^2 \equiv -b^2 (\bmod p)$。两边 $\dfrac{p-1}{2}$ 次方得 $1 \equiv -1 (\bmod p)$，矛盾。

故 $a^2+p^{2n}=b^2 \Rightarrow p^{2n}=b^2-a^2=(b-a)(b+a) \Rightarrow \begin{cases} b-a=p^k \\ b+a=p^{2n-k} \end{cases}$，$0 \leqslant k < n$。

每个 k 均对应一个不同的勾股数组 $\left(p^n, \dfrac{p^k(p^{2(n-k)}-1)}{2}, \dfrac{p^k(p^{2(n-k)}+1)}{2}\right)$，一共有 n 组。

例 5（2020 爱沙尼亚）求所有的自然数 n，使得方程 $x^2+y^2+z^2=nxyz$ 有正整数解。

解 $n=1$ 或 3。

对于 $n=1$，有解 $x=y=z=3$；对于 $n=3$，有解 $x=y=z=1$。

若 n 为偶数，假设存在一组正整数解 (x,y,z)，则等号右边为偶数，故得到 x,y,z 中至少有一个数为偶数。于是，等号右边为 4 的倍数。由于平方数关于模 4 的余数只能为 0 或 1，所以 x,y,z 均为偶数。

记 $x=2a$，$y=2b$，$z=2c$，则 $a^2+b^2+c^2=2nabc$，于是有 a,b,c 均为偶数。按此方法进行下去，可得到 x,y,z 能被任意 2 的幂整除，但这是不可能的。从而证明了该方程对于偶数 n 无解。

若 n（$n>3$）为奇数，且该方程有正整数解 (x,y,z)，不妨设 $z=\max\{x,y,z\}$，则该方程等价于 $z^2-nxy\cdot z+(x^2+y^2)=0$。

由韦达定理可知，$z'=nxy-z=\dfrac{x^2+y^2}{z}$ 也为该方程的解，显然，z' 为正整数。

由 $x^2 \leqslant xz \leqslant xyz$ 和 $y^2 \leqslant yz \leqslant xyz$，得到 $z^2 \geqslant (n-2)xyz \Rightarrow z \geqslant (n-2)xy$。

从而，$z' \leqslant 2xy < (n-2)xy \leqslant z$。于是，$x+y+z' < x+y+z$。

因此，可用无穷递降法得到矛盾。

例 6（2021 爱尔兰）求最小的正整数 N，使得方程 $(x^2-1)(y^2-1)=N$（$1<x \leqslant y$）至少有两组整数解 (x,y)。

解 首先给出在 x 较小的情况下 x^2-1 的素因数的指数，如表 3.1 所示。

表 3.1 在 x 较小的情况下 x^2-1 的素因数的指数

x	2	3	4	5	6	7	8	9	10	11	12
x^2-1	3	8	15	24	35	48	63	80	99	120	143
2		3		3		4		4		3	
3	1		1	1		1		2	1		
5			1		1				1	1	
7					1		1				
11										1	1
13											1

若 N 的最小值不超过 $3 \times 143 = 429$，则由题意可知 N 有两种方式被写成表 3.1 中第二行的不同两数的乘积。

然后假设存在这样的 N。

由于素数 13 只在 $x=12$ 这一列出现，故当 $x=12$ 时，x^2-1 不是 N 的因数，而当移去 $x=12$ 这一列后，素数 11 只在 $x=10$ 这一列出现，故 $x=10$ 这一列也可从表中移去。

设 $N=ab=cd$，其中，a,b,c,d 均具有 x^2-1（$2 \leq x \leq 9$ 或 $x=11$）的形式。

若 $7 \mid N$，由表 3.1 不妨设 $a=35$，$c=63$。于是，$9 \mid b$，故 $b=c=63$，$d=a=35$。N 的两种分解方式不存在。

这表明，表 3.1 中 $x=6$，$x=8$ 两列也可以移去，表 3.1 剩下的部分如表 3.2 所示。

表 3.2　移去 x=6,8,10,12 四列后表 3.1 剩下的部分

x	2	3	4	5	7	9	11
x^2-1	3	8	15	24	48	80	120
	2		3		3	4	4	3
	3	1	1	1	1	1	
	5			1			1	1

若 $5 \mid N$，由于 $80^2 \neq 5 \times 120$，故在 a,b,c,d 中恰有两数取值于 $\{15,80,120\}$。

若 $a=15$，$c=80$，则 $16 \mid b$。又因为 $b \neq 80$，故 $b=48$，此时，不可能有 $d=9$。

若 $a=15$，$c=120$，则 $8 \mid b$。又因为 $b \neq 80,120$，故 $b=8,24,48$，此时，只有一组解 $b=24$，$d=3$，从而 $N=360$，$(x,y)=(4,5),(2,11)$ 符合题意。

若 $a=80$，$c=120$，则 $80b=120d$。由表 3.2 可知 $9 \nmid b$，故 $3 \nmid d$。从而得到 $d=8$，此时 $b=12$，不可能。

最后，若 $5 \nmid N$，则 $\{a,b,c,d\}=\{3,8,24,48\}$，这其中只有 3 个数被 3 整除，故 N 分解为 3×48 或 24^2，这是不可能的。

综上，N 的最小值为 360。

例 7（2018 朝鲜）证明：对于任意给定的正整数 a，$x^3+x+a^2=y^2$ 至少有一组正整数解 (x,y)。

证　由题意使等式变形得 $x(x^2+1)=y^2-a^2=(y+a)(y-a)$，则存在正整数 b,c,d,e，满足 $y+a=bc$，$y-a=de$，$x=bd$，$x^2+1=ce$。

故 $bc-de=2a$，$ce-(bd)^2=1$。

首先证明一个引理。

❑ **引理**　数列 $\{u_n\}$（$n \geq 0$）的定义如下：若 $u \in \mathbf{N}$，$u_0=0$，$u_1=1$，$u_{n+2}=uu_{n+1}+u_n$（$n=0,1,\cdots$），则 $u_n u_{n+2}-u_{n+1}^2=(-1)^{n+1}$。

证 对 n 进行归纳。

当 $n=0$ 时，命题成立。

假设对于 $n-1$（$n-1 \geqslant 0$）命题成立，则

$$u_n u_{n+2} - u_{n+1}^2 = u_n(u u_{n+1} + u_n) - u_{n+1}^2 = -u_{n+1}(u_{n+1} - u u_n) + u_n^2$$
$$= -(u_{n+1} u_{n-1} - u_n^2) = (-1)^{n+2}$$

引理得证。

然后令 $c = u_3 = u^2 + 1$，$e = u_5 = u^4 + 3u^2 + 1$，$bd = u_4 = u(u^2 + 2)$。

则由引理知，$ce - (bd)^2 = 1$。

设 $b = \sqrt{u(u^2 + 2)}$，则 $d = \sqrt{u}$，故 $bc - de = \sqrt{u}(u^2 + 2)(u^2 + 1) - \sqrt{u}(u^4 + 3u^2 + 1) = \sqrt{u}$。

设 $u = 4a^2$，则 $bc - de = 2a$，$d = 2a$，$b = 2a(16a^4 + 2)$，$c = 16a^4 + 1$。

因此，$\begin{cases} x = bd = 4a^2(16a^4 + 2) \\ y = bc - a = 2a(16a^4 + 2)(16a^4 + 1) - a \end{cases}$ 为方程的一组正整数解。

例 8（2017 德国）证明：有无穷多个正整数 m，使得存在 m 个连续的正整数的平方和为 m^3，且至少给出一个符合条件的 m。

证 设这 m 个连续正整数分别为 $n+1, n+2, \cdots, n+m$。依题意，有 $\sum_{i=1}^{m} (n+i)^2 = m^3$。

因为

$$\sum_{i=1}^{m} (n+i)^2 = \sum_{i=1}^{m} (n^2 + 2ni + i^2) = mn^2 + 2n \sum_{i=1}^{m} i + \sum_{i=1}^{m} i^2$$
$$= mn^2 + mn(m+1) + \frac{m(m+1)(2m+1)}{6}$$

所以有

$$mn^2 + mn(m+1) + \frac{m(m+1)(2m+1)}{6} = m^3 \Rightarrow 6n^2 + 6n(m+1) + (m+1)(2m+1) - 6m^2 = 0$$

若将其视为关于 n 的一元二次方程，则可解得 $n = -\frac{1}{2}(m+1) \pm \frac{1}{6}t$（$t = \sqrt{33m^2 + 3}$）。

易验证当且仅当 $t \in \mathbf{Z}^+$ 时，$n = -\frac{1}{2}(m+1) + \frac{1}{6}t$，$t \in \mathbf{N}$。

从而本题可以转化为讨论不定方程 $t^2 - 33m^2 = 3$ 的正整数解的个数。

事实上，由佩尔方程知，方程 $t^2 - 33m^2 = 3$ 的正整数解有无穷多个。

因为不定方程 $x^2 - 33y^2 = 1$ 有一组基本解 $(x_0, y_0) = (23, 4)$，所以其所有正整数解 (x_n, y_n) 可由 $x_n + y_n\sqrt{33} = (23 + 4\sqrt{33})^n$ 确定。

又因为 $(t_0, m_0) = (6, 1)$ 为 $t^2 - 33m^2 = 3$ 的一组正整数解，则对于方程 $x^2 - 33y^2 = 1$ 的任意一组正整数解 (x, y)，由于满足 $t + m\sqrt{33} = (6 + \sqrt{33})(x + y\sqrt{33})$ 的正整数对 (t, m) 一定同时满

足 $t - m\sqrt{33} = (6 - \sqrt{33})(x - y\sqrt{33})$ ，故 $t^2 - 33m^2 = 3(x^2 - 33y^2) = 3$ 。

这表明， (t,m) 必为 $t^2 - 33m^2 = 3$ 的一组解，从而，由 $t + m\sqrt{33} = (6 + \sqrt{33})(23 + 4\sqrt{33}) = 270 + 47\sqrt{33}$ ，可求得 $t = 270$ ， $m = 47$ ， $n = 21$ 。

这表明， $47^2 = 22^2 + 23^2 + \cdots + 68^2$ ，本题得证。

例 9（2015 东南赛）对每个正整数 n ，定义集合 $P_n = \{n^k \mid k = 0,1,\cdots\}$ 。对于正整数 a、b、c ，若存在某个正整数 m ，使得 $a - 1$ ， $ab - 12$ ， $abc - 2015$ 这 3 个数（不必两两不等）均属于集合 P_m ，则称正整数组 (a,b,c) 为"幸运的"。求所有幸运的正整数组的个数。

解　根据幸运的正整数组 (a,b,c) 需要满足的条件，设 m 为正整数， α, β, γ 为非负整数，使得

$$\begin{cases} a - 1 = m^\alpha & (3.35) \\ ab - 12 = m^\beta & (3.36) \\ abc - 2015 = m^\gamma & (3.37) \end{cases}$$

（1） m 为偶数。

若 m 不为偶数，则由式（3.35）知 a 为偶数。从而，式（3.36）等号的左边为偶数，但等号的右边为奇数，矛盾。因此， m 为偶数。

（2） $\gamma = 0$ 。

若 $\gamma \neq 0$ ，则由式（3.37）得 $abc = 2015 + m^\gamma$ （奇数），故 ab 为奇数。

再由式（3.36）知 $m^\beta = ab - 12$ （奇数），而 m 为偶数，则只可能有 $ab - 12 = 1$ ，即 $ab = 13$ 。由式（3.35）知 $a > 1$ 。因此， $a = 13$ 。从而， $m^\alpha = a - 1 = 12 \Rightarrow m = 12$ 。

此时，由式（3.37）得 $12^\gamma = abc - 2015 = 13(c - 155)$ ，但这是不可能的。因此，必有 $\gamma = 0$ 。

进而有

$$abc = 2016 \tag{3.38}$$

（3） $\alpha = 0$ 。

若 $\alpha \neq 0$ ，则由式（3.35）知 a 为大于 1 的奇数，且由式（3.38）可知 a 为 2016 的因数。可以注意到 $2016 = 2^5 \times 3^2 \times 7$ ，则 a 只可能为 3、7、9、21、63。

对 $a = 3,9,21,63$ 的情形，有 $3 \mid a$ ，故 $3 \mid (ab - 12)$ 。

由式（3.36）得 $3 \mid m$ ，但根据式（3.35）又有 $m^\alpha = a - 1 \equiv 2 \pmod 3$ ，矛盾。

对 $a = 7$ 的情形，由式（3.35）知， $m^\alpha = a - 1 = 6 \Rightarrow m = 6$ 。

此时，式（3.36）变为 $7b - 12 = 6^\beta \equiv \pm 1 \pmod 7$ ，矛盾。

由此可知 $\alpha = 0$ ，进而 $a = 2$ ，结合式（3.38）知 $bc = 1008$ 。

此时，式（3.36）变为

$$2b - 12 = m^\beta \tag{3.39}$$

因此，$b > 6$。当 $b > 6$ 时，存在正偶数 $m = 2b - 12$ 及正整数 $\beta = 1$ 满足式（3.39）。

以上表明，当且仅当 $a = 2$，$bc = 1008$ 时正整数组 (a, b, c) 为幸运的，且 $b > 6$。

可以注意到，$1008 = 2^4 \times 3^2 \times 7$ 的正因数的个数为 $(4+1) \times (2+1) \times (1+1) = 30$，其中，不大于 6 的正因数有 1、2、3、4、6 这 5 个。

故 b 可取的值有 $30 - 5 = 25$ 个。相应地，幸运的正整数组 (a, b, c) 的个数为 25。

例 10（2016 韩国）证明：不存在有理数 x, y，使得 $x - \dfrac{1}{x} + y - \dfrac{1}{y} = 4$。

证 假设存在有理数 x, y，使得 $x - \dfrac{1}{x} + y - \dfrac{1}{y} = 4$。

因为 $\left(-\dfrac{1}{x}, y\right)$，$\left(x, -\dfrac{1}{y}\right)$，$\left(-\dfrac{1}{x}, -\dfrac{1}{y}\right)$ 也是原方程的解，所以可假设 $x > 0$，$y > 0$。

设 $u = xy$，则 $x + y = \dfrac{4xy}{xy - 1} = \dfrac{4u}{u - 1}$。于是有，$u > 0$，$u \neq 1$，且关于 T 的二次方程 $T^2 - \dfrac{4u}{u-1}T + u = 0$ 有有理根 x, y。从而，判别式 $\left(\dfrac{4u}{u-1}\right)^2 - 4u$ 为有理数的平方，故 $4u^2 - u(u-1)^2 = u(6u - u^2 - 1)$ 为有理数的平方。

设 $u = \dfrac{q}{p}$（p, q 为不同的正整数，$(p, q) = 1$），由 $u(6u - u^2 - 1) = \dfrac{q(6pq - p^2 - q^2)}{p^3} = \dfrac{1}{p^4}pq(6pq - p^2 - q^2)$ 可知，$pq(6pq - p^2 - q^2)$ 为整数的平方。

因为 p，q，$6pq - p^2 - q^2$ 两两互素，所以，存在正整数 s, t, w，使得 $p = s^2$，$q = t^2$，$6pq - p^2 - q^2 = w^2$，则 $w^2 = 6s^2t^2 - s^4 - t^4 = (2st)^2 - (s^2 - t^2)^2$。

由于 $(s, t) = 1$，且 $s \neq t$，不妨设 $s > t > 0$。

假设 (s, t, w) 为不定方程 $w^2 = (2st)^2 - (s^2 - t^2)^2$ 的正整数解，且 $s + t$ 最小。在勾股数 $\{w, s^2 - t^2, 2st\}$ 中，由于 $2st$ 为偶数，所以 $s^2 - t^2$ 为偶数。于是有，s, t 均为奇数。从而，$\left(\dfrac{s^2 - t^2}{2}, st\right) = 1$。这表明，$\left(\dfrac{w}{2}\right)^2 + \left(\dfrac{s^2 - t^2}{2}\right)^2 = (st)^2$ 有一组两两互素的正整数解 $\left(\dfrac{w}{2}, \dfrac{s^2 - t^2}{2}, st\right)$。故存在正整数 m, n，且 $(m, n) = 1$，使得 $s^2 - t^2 = 4mn$，$st = m^2 + n^2$。

不妨假设 m 为偶数，n 为奇数。

由于 $s^2 - t^2 = (s+t)(s-t) = 4mn$，所以存在两两互素的正整数 A, B, C, D，使得 $s + t = 2AB$，$s - t = 2CD$，$m = AC$，$n = BD$ 将其代入 $st = m^2 + n^2$ 中，得到 $2A^2B^2 = (A^2 + D^2)(B^2 + C^2)$。

由于 m 为偶数，所以 C 为偶数。于是，A,B,D 均为奇数。

由 $2A^2B^2 = (A^2+D^2)(B^2+C^2)$ 可得 $A^2 = B^2+C^2$，$2B^2 = A^2+D^2$。

由 $A^2 = B^2+C^2$ 可知，存在正整数 a 和 b，且 $(a,b)=1$，$a>b>0$，使得 $A = a^2+b^2$，$B = a^2-b^2$，$C = 2ab$。

因为

$$2B^2 = A^2+D^2 \Rightarrow D^2 = a^4+b^4-6a^2b^2$$
$$\Rightarrow (2D)^2 = 6(a+b)^2(a-b)^2 - [(a+b)^2]^2 - [(a-b)^2]^2$$

又因为 $s+t = 2AB = 2B(a^2+b^2) > 2a = (a+b)+(a-b) > 0$，与 $s+t$ 的最小性矛盾。

因此，不存在有理数 x 和 y，使得 $x - \dfrac{1}{x} + y - \dfrac{1}{y} = 4$。

例 11（第 60 届 IMO）求所有正整数对 (k,n)，满足 $k! = (2^n-1)(2^n-2)(2^n-4)\cdots(2^n-2^{n-1})$。

解 对任意素数 p，设 $v_p(n)$ 为 n 的素分解中 p 的幂次。根据勒让德定理

$$v_p(k!) = \sum_{i=1}^{\infty} \frac{k}{p^i} \leqslant \sum_{i=1}^{\infty} \frac{k}{p^i} = \frac{k}{p-1} \tag{3.40}$$

重点考查当 $p=2,3$ 时等式两边的情况。

先考虑当 $p=2$ 时，我们知道 $v_2(2^n-2^i)=i$，那么 $v_2(k!) = \sum_{i=1}^{n-1} i = \dfrac{n(n-1)}{2}$，则由式（3.40），可估计有 $\dfrac{n(n-1)}{2} \leqslant k$。

再考虑当 $p=3$ 时，我们知道 $v_3(2^n-2^i) = v_3(2^{n-i}-1)$。若 $m=n-i$ 是个奇数，很显然 $3 \nmid (2^m-1)$，而若 $m=n-i$ 是个偶数，记 $m=2m_0$，很显然 $v_3(2^m-1) = v_3(4^{m_0}-1) = v_3[(3+1)^{m_0}-1] = v_3(m_0)+1$。所以

$$v_3\left(\prod_{i=0}^{n-1}(2^n-2^i)\right) = \left[\frac{n}{2}\right] + \sum_{m_0=1}^{\left[\frac{n}{2}\right]} v_3(m_0) = \left[\frac{n}{2}\right] + v_3\left(\left[\frac{n}{2}\right]!\right) < \left[\frac{n}{2} + \frac{n}{2}\right] = \frac{3n}{4}$$

然而，显然有 $v_3(k!) \geqslant \left[\dfrac{k}{3}\right] > \dfrac{k}{3}-1$，即 $\dfrac{k}{3}-1 < \dfrac{3n}{4}$，那么就有 $\dfrac{3n}{4} > \dfrac{k}{3}-1 \geqslant \dfrac{1}{3}\dfrac{n(n-1)}{2}-1$，解得 $0 \leqslant n \leqslant 6$。逐个试验得到两个解 $(k,n) = (1,1)$ 或 $(3,2)$。

习题

1.（2017 克罗地亚）证明：不存在正整数 m,n，使得 $5m^3 = 27n^4 - 2n^2 + n$。

2.（2016 克罗地亚）求所有的三元整数组 (m,n,k)，使得 $3^m + 7^n = k^2$。

3.（2014 东南赛）证明：方程 $a^2 + b^3 = c^4$ 有无穷多组正整数解 (a_i, b_i, c_i)（$i = 1, 2, \cdots$），使得对每个正整数 n，均有 c_n, c_{n+1} 互素。

4.（2013 女子奥赛）设集合 S 为 $\{0, 1, \cdots, 98\}$ 的 m（$m \geq 3$）元子集，满足对任意的 $x, y \in S$，均存在 $z \in S$，使得 $x + y \equiv 2z(\bmod 99)$，求 m 的所有可能值。

5.（2018 东南赛）对正整数 m, n，用 $f(m, n)$ 表示满足 $\begin{cases} xyz = x + y + z + m \\ \max\{|x|, |y|, |z|\} \leq n \end{cases}$ 的有序整数组 (x, y, z) 的个数。是否存在正整数 m, n，使得 $f(m, n) = 2018$？证明你的结论。

6.（2005CMO）求方程 $2^x \cdot 3^y - 5^z \cdot 7^w = 1$ 的所有非负整数解 (x, y, z, w)。

7.（2017 东南赛）求最大的正整数 n，使得存在 n 个互不相同的正整数 $x_1, x_2, \cdots, x_n$ 满足 $x_1^2 + x_2^2 + \cdots + x_n^2 = 2017$。

拓展阅读材料　　　　　随堂试卷　　　　　试卷答案

第4章 同余式

同余作为一种等价关系，使整除理论可以用类似方程的理论进行描述，使用起来非常方便。一般地，我们把含有未知数 x 的关于模 m 的同余关系式称为同余式。和不定方程一样，我们对同余式同样要考虑以下三个问题，即有解的条件、解的个数及如何求解。对于一般的同余式，当 m 比较小时，由于其仅有有限个解，只要把模 m 的一个完全剩余系一一代入验算就可得所需的结果，因此上述三个问题就能基本解决；但当 m 比较大时，计算量也较大，所以需要利用同余式的基本概念、基础知识和性质解同余式，这是本章要研究的内容。

4.1 同余式的基本概念

📖 **定义 1**　设 m 是大于 1 的正整数，$f(x) = a_n x^n + \cdots + a_1 x + a_0$ 是整系数多项式，则称

$$f(x) \equiv 0 \pmod{m} \tag{4.1}$$

是关于未知数 x 的模 m 的同余式。若 $a_n \not\equiv 0 \pmod{m}$，则称式（4.1）为 n 次同余式。

注 1　若整数 x_0 代入式（4.1）成立，则称 x_0 是同余式（4.1）的解，x_0 代表的是 $x \equiv x_0 \pmod{m}$，它表示的是一个 m 的剩余类，即与关于模 m 同余的解是同一个解。同余式（4.1）的解数是指它关于模 m 互不同余的所有解的个数，也指在模 m 的一个完全剩余系中的解的个数，式（4.1）的解数不超过 m。

例 1　同余式 $x^2 + x + 1 \equiv 0 \pmod{3}$ 的次数为 2，$x \equiv 1 \pmod{3}$ 是解，$x \equiv -2 \pmod{3}$ 也是解，因为 $1 \equiv -2 \pmod{3}$，所以两者为同一解，所以解数是 1。

注 2　关于模 m 同余的解是同一个解。

例 2　解同余式 $81x^3 + 24x^2 + 5x + 23 \equiv 0 \pmod{7}$。

解　原同余式即为

$$-3x^3 + 3x^2 - 2x + 2 \equiv 0 \pmod{7}$$

用 $x = 0, \pm 1, \pm 2, \pm 3$ 逐个代入验证，得到它的解是

$$x_1 \equiv 1 \pmod{7}, \quad x_2 \equiv 2 \pmod{7}, \quad x_3 \equiv -2 \pmod{7}$$

注 3 代入法是最基本的解同余式的方法，当模比较小时比较方便，当模比较大时，它的计算量较大，不实用。

下面我们来研究一次同余式有解的条件、解的个数及如何求解。

⊙ **定理** 设 a,b 是整数，$a \not\equiv 0(\bmod m)$，则同余式

$$ax \equiv b(\bmod m) \tag{4.2}$$

有解的充要条件是 $(a,m)|b$。若同余式有解，则有 $d = (a,m)$ 个关于模 m 的解。

证 显然，因为同余式（4.2）等价于不定方程

$$ax + my = b \tag{4.3}$$

由不定方程有解的充要条件得 $(a,m)|b$。

若同余式（4.2）有解 x_0，则存在 y_0，使得 x_0 与 y_0 是式（4.3）的解，此时式（4.3）的全部解是

$$\begin{cases} x = x_0 + \dfrac{m}{(a,m)}t \\ y = y_0 - \dfrac{a}{(a,m)}t \end{cases}, \quad t \in \mathbf{Z} \tag{4.4}$$

而由式（4.4）所确定的 x 都满足同余式（4.2）。

若记 $d = (a,m)$，$t = dq + r$，$q \in \mathbf{Z}$，$r = 0,1,2,\cdots,d-1$，则将其代入式（4.4）可得

$$x \equiv x_0 + qm + \frac{m}{d}r \equiv x_0 + \frac{m}{d}r(\bmod m), \quad 0 \leq r \leq d-1$$

当 $r = 0,1,2,\cdots,d-1$ 时，易证相应的解

$$x_0, \quad x_0 + \frac{m}{d}, \quad x_0 + \frac{2m}{d}, \quad \cdots, \quad x_0 + \frac{(d-1)m}{d}$$

对于模 m 是两两不同余的，所以同余式（4.2）至少有 d 个解。

又若 $r_1 \equiv r_2(\bmod d)$，即 $r_1 = r_2 + dk$，则此时对应的两个解同余，因为

$$x_1 \equiv x_0 + qm + \frac{m}{d}r_1 \equiv x_0 + \frac{m}{d}r_1$$
$$\equiv x_0 + \frac{m}{d}(r_2 + dk) \equiv x_0 + \frac{m}{d}r_2 \equiv x_2(\bmod m)$$

所以同余式（4.2）恰有 d 个解。

在上述定理的证明中，同时也给出了解同余式（4.2）的方法，对于不同的同余式，常常可采用不同的方法去解。

设 $(a,m) = 1$，$ax \equiv b(\bmod m)$ 即等价于存在整数 y 有 $ax = b + ym$，即有 $a|(b+ym)$，所以 $x \equiv \dfrac{b+ym}{a}(\bmod m)$ 是同余式（4.2）的解。关键是求 y，因此当 m 比较大而 a 相对较小时又

可以转化为求

$$my \equiv -b(\text{mod}|a|) \tag{4.5}$$

此时可把模 a 的完全剩余系逐个验证，即可求出同余式（4.5）和（4.2）的解。

例 3　解同余式

$$6x \equiv 15 \,(\text{mod}33) \tag{4.6}$$

解　$(6,33) = 3|15$，所以有 3 个解。

因为同余式（4.6）等价于

$$2x \equiv 5(\text{mod}11)$$

解同余式

$$11y \equiv -5(\text{mod}2)$$

得到 $y \equiv 1\,(\text{mod}2)$，则同余式（4.6）的解是 $x \equiv \dfrac{5 + 1 \times 11}{2} \equiv 8(\text{mod}11)$，所以原同余式的 3 个

解为 $x \equiv 8,19,30(\text{mod}33)$。

为方便一次同余求解，下面引入形式分数。

📖 **定义 2**　当 $(a,m) = 1$ 时，若 $ab \equiv 1(\text{mod}m)$，则 $b \equiv \dfrac{1}{a}(\text{mod}m)$ 称为形式分数。

根据定义和记号 $\dfrac{c}{a} \equiv c\dfrac{1}{a}(\text{mod}m)$ 有下列性质：

（1）$\dfrac{c}{a} \equiv \dfrac{c + mt_1}{a + mt_2}(\text{mod}m)$，$t_1,t_2 \in \mathbf{Z}$。

（2）$(d,m) = 1$，且 $a = da_1$，$c = dc_1$，有 $\dfrac{c_1}{a_1} \equiv \dfrac{c}{a}(\text{mod}m)$。

利用形式分数的性质把分母变成 1，从而可得到一次同余式的解。

例 4　解一次同余式 $17x \equiv 19(\text{mod}25)$。

解　由于 $(17,25) = 1|19$，故原同余式有解，利用形式分数的性质，同余式解为

$$x \equiv \frac{19}{17} \equiv \frac{-6}{-8} \equiv \frac{3}{4} \equiv \frac{28}{4} \equiv 7(\text{mod}25)$$

事实上，也可利用欧拉定理把系数 a 变为 1，从而得到一次同余式的解。

若 $(a,m) = 1$，则有 $ax \equiv b(\text{mod}m)$，两边同乘 $a^{\varphi(m)-1}$，即 $a^{\varphi(m)}x \equiv ba^{\varphi(m)-1}(\text{mod}m)$。因为

$a^{\varphi(m)} \equiv 1(\text{mod}m)$，所以 $x \equiv ba^{\varphi(m)-1}(\text{mod}m)$。

例 5　解同余式 $8x \equiv 9(\text{mod}11)$。

解　因为 $(8,11) = 1$，所以同余式有一个解，由欧拉定理可得

$$x \equiv 8^9 \times 9 \equiv -(3)^9 \times (-2) \equiv 9^4 \times 6 \equiv 6 \times (-2)^4 \equiv 30 \equiv 8(\text{mod}11)$$

习题

1．解以下同余式。

（1）$31x \equiv 5 \pmod{17}$。 （2）$256x \equiv 179 \pmod{337}$。

（3）$8x \equiv 44 \pmod{72}$。 （4）$660x \equiv 595 \pmod{1385}$。

2．解同余式组 $\begin{cases} x + 4y - 29 \equiv 0 \pmod{143} \\ 2x - 9y + 84 \equiv 0 \pmod{143} \end{cases}$。

3．证明：同余式 $a_1x_1 + a_2x_2 + \cdots + a_nx_n \equiv b \pmod{m}$ 有解的充要条件为

$$(a_1, a_2, \cdots, a_n, m) = d \mid b$$

若有解，则恰有关于模 m 的 $d \cdot m^{n-1}$ 个解。

4．解同余式 $2x + 7y \equiv 5 \pmod{12}$。

5．设 p 是素数，$0 < a < p$，证明：

$$x \equiv b(-1)^{a-1} \frac{(p-1)\cdots(p-a+1)}{a!} \pmod{p}$$

是同余式 $ax \equiv b \pmod{p}$ 的解。

4.2 一次同余式组和孙子定理

本节讨论同余式组：

$$\begin{cases} x \equiv a_1 \pmod{m_1} \\ x \equiv a_2 \pmod{m_2} \\ \vdots \\ x \equiv a_k \pmod{m_k} \end{cases} \tag{4.7}$$

研究其有解的条件，在有解的情况下解的个数，以及在有解的情况下如何求解。

先考虑最简单的同余式组，即当 $k = 2$ 时，有如下定理。

⊙ **定理 1** 设 a_1, a_2 是整数，m_1, m_2 是正整数，则同余式组

$$\begin{cases} x \equiv a_1 \pmod{m_1} \\ x \equiv a_2 \pmod{m_2} \end{cases} \tag{4.8}$$

有解的充要条件是

$$a_1 \equiv a_2 \pmod{(m_1, m_2)} \tag{4.9}$$

且若其有解，则对模 $[m_1, m_2]$ 有唯一解，即若 x_1 与 x_2 都是同余式组（4.8）的解，则有

$$x_1 \equiv x_2 \pmod{[m_1, m_2]} \tag{4.10}$$

解　必要性是显然的。下面证明充分性。

若式（4.9）成立，则由同余式组（4.8）中的第 1 式得 $x = a_1 + m_1 t$，代入同余式组（4.8）中的第 2 式得

$$m_1 t \equiv a_2 - a_1 (\mathrm{mod}\, m_2) \tag{4.11}$$

因为 $a_1 \equiv a_2 (\mathrm{mod}(m_1, m_2))$，由一次同余式有解的条件知式（4.11）有解 $t \equiv t_0 (\mathrm{mod}\, m_2)$，记 $x_0 = a_1 + m_1 t_0$，显然 $x_0 \equiv a_1 (\mathrm{mod}\, m_1)$。

同时也有 $x_0 = a_1 + m_1 t_0 \equiv a_1 + a_2 - a_1 \equiv a_2 \ (\mathrm{mod}\, m_2)$，即有 x_0 是同余式组式（4.8）的解。

下面介绍具体求解过程，可设 $(m_1, m_2) = d$，$m_1 = d n_1$，$m_2 = d n_2$，$a_2 - a_1 = dr$，有

$$n_1 t \equiv r (\mathrm{mod}\, n_2)，\quad (n_1, n_2) = 1 \tag{4.12}$$

显然式（4.12）有解，设式（4.12）的解为 $t \equiv t_1 (\mathrm{mod}\, n_2)$，即 $t = t_1 + n_2 k$，代入 $x = a_1 + m_1 t$ 得

$$x = a_1 + m_1(t_1 + n_2 k) = a_1 + m_1 t_1 + m_1 n_2 k = x_0 + [m_1, m_2] k$$

若 x_1 与 x_2 都是同余式组（4.8）的解，则

$$x_1 \equiv x_2 (\mathrm{mod}\, m_1)，\quad x_1 \equiv x_2 (\mathrm{mod}\, m_2)$$

由同余的基本性质可知，$(x_1 - x_2)$ 是 m_1 和 m_2 的倍数，且一定是 m_1 和 m_2 的最小公倍数的倍数，即有 $x_1 \equiv x_2 (\mathrm{mod}[m_1, m_2])$，即证式（4.10）。

类比二元一次方程组求解代入法，解简单的同余式组自然会想到运用同余式组的代入法求解，下面我们来看用代入法求解同余式组的例子。

例 1　解一次同余式组 $\begin{cases} x \equiv 3(\mathrm{mod}\,4) \\ x \equiv 1(\mathrm{mod}\,6) \end{cases}$。

解　因为 $(4,6) = 2 \mid (3-1)$，所以同余式组有解，由第 1 式得 $x = 3 + 4t$，代入第 2 式得

$$4t \equiv -2(\mathrm{mod}\,6) \Leftrightarrow 2t \equiv -1(\mathrm{mod}\,3)$$

即 $t \equiv 1(\mathrm{mod}\,3)$，得 $t = 1 + 3t_1$，将其代入 $x = 3 + 4t$ 得到

$$x = 3 + 4(1 + 3t_1) = 7 + 12t_1$$

即 $x \equiv 7(\mathrm{mod}\,12)$ 为一次同余式组的解。

然后考查一般情形，当 $k \geqslant 3$ 时，有下面的定理。

⊙ **定理 2**　同余式组（4.7）有解的充要条件是

$$a_i \equiv a_j (\mathrm{mod}(m_i, m_j))，\ 1 \leqslant i,\ j \leqslant k \tag{4.13}$$

证　必要性是显然的，下面证明充分性。

当 $k = 2$ 时由定理 1 知充分性成立。

假设当 $k \geqslant 2$ 时充分性成立，下面考虑 $k+1$ 的情形，为方便证明先告知一个事实，即由 1.3.2 节中的例 1 可知，设 a,b,c 是整数，则有 $(a, [b,c]) = [(a,b), (a,c)]$。由定理 1 可知，在

满足式（4.13）的条件下，同余式组（4.7）的前 2 式 $\begin{cases} x \equiv a_1 (\bmod m_1) \\ x \equiv a_2 (\bmod m_2) \end{cases}$ 有唯一解，设解为

$$x \equiv a_1 + cm_1 = a_2 + dm_2 (\bmod [m_1, m_2])$$

为此对 $k+1$ 个模时的同余式组（4.7）构建下面的同余式组。

$$\begin{cases} x \equiv a_1 + cm_1 (\bmod [m_1, m_2]) \\ x \equiv a_3 (\bmod m_3) \\ \quad \vdots \\ x \equiv a_k (\bmod m_k) \\ x \equiv a_{k+1} (\bmod m_{k+1}) \end{cases} \qquad (4.14)$$

考虑同余式组（4.14）的第 1 式和式（4.14）中的模为 m_i 的同余式。

由 上 述 事 实 可 知 有 $([m_1, m_2], m_i) = [(m_1, m_i), (m_2, m_i)]$，$3 \leqslant i \leqslant k+1$ ， 又 因 为 $(m_1, m_i) | (a_1 - a_i)$，$(m_1, m_i) | m_1$，所以 $(m_1, m_i) | (a_1 + cm_1 - a_i)$，同理 $(m_2, m_i) | (a_2 + dm_2 - a_i)$，即 $(m_2, m_i) | (a_1 + cm_1 - a_i)$， $([m_1, m_2], m_i) | (a_1 + cm_1 - a_i)$。

若归纳假设同余式组（4.14）有解，而 $\begin{cases} x \equiv a_1 (\bmod m_1) \\ x \equiv a_2 (\bmod m_2) \end{cases}$ 和 $x \equiv a_1 + cm_1 (\bmod [m_1, m_2])$ 等价，所以

$$\begin{cases} x \equiv a_1 (\bmod m_1) \\ \quad \vdots \\ x \equiv a_k (\bmod m_k) \\ x \equiv a_{k+1} (\bmod m_{k+1}) \end{cases}$$

关于模 $[[m_1, m_2], m_3, \cdots, m_{k+1}] = [m_1, m_2, \cdots, m_{k+1}]$ 有唯一解，从而证明了充分性。

当模两两互素时，由定理 2 知同余式组（4.7）显然有解，而且解有表达式，这就是著名的中国剩余定理（孙子定理）。

中国剩余定理，又称孙子定理或余数定理。它最早记载于我国古代数学著作《孙子算经》中，这本书中提到了"物不知数"问题，原文是"有物不知其数，三三数之剩二，五五数之剩三，七七数之剩二。问物几何？"即一个整数除以三余二，除以五余三，除以七余二，求这个整数。在《孙子算经》中首次提到了同余式组问题，以及以上具体问题的解法，因此在数学文献中也将中国剩余定理称为孙子定理。

宋朝数学家秦九韶在 1247 年写下的《数书九章》中对"物不知数"问题给出了完整系统的解答，后人还将其解法编成易于上口的"孙子歌"：三人同行七十稀，五树梅花廿一枝，七子团圆正半月，除百零五便得知。

这个歌诀给出了当模数为 3、5、7 时的同余式的解法。意思是：将除以 3 得到的余数乘以 70，将除以 5 得到的余数乘以 21，将除以 7 得到的余数乘以 15，全部加起来后除以

105（或者 105 的倍数），得到的余数就是答案，比如说"物不知数"问题中，按歌诀求出的结果就是 23。

⊙ **定理 3　中国剩余定理（孙子定理）** 设 $m_1, m_2, \cdots, m_k$ 是 k 个两两互素的正整数，则对任意整数 $a_1, a_2, \cdots, a_k$，一次同余式组

$$\begin{cases} x \equiv a_1 (\bmod m_1) \\ x \equiv a_2 (\bmod m_2) \\ \quad\quad \vdots \\ x \equiv a_k (\bmod m_k) \end{cases} \tag{4.15}$$

对模 m 的唯一解可写成

$$x \equiv \sum_{i=1}^{k} a_i M_i M_i' (\bmod m) \tag{4.16}$$

其中，$m = m_1 m_2 \cdots m_k$，$M_i = \dfrac{m}{m_i}$，$1 \le i \le k$，$M_i M_i' \equiv 1 (\bmod m_i)$。

证　一方面，由 $(m_i, m_j) = 1$，$i \ne j$ 即得 $(M_i, m_i) = 1$，故可知对于每一个 M_i，都有一个 M_i' 存在，使得 $M_i' M_i \equiv 1 (\bmod m_i)$。

另一方面，因为 $m = m_i M_i$，有 $m_j | M_i$，$i \ne j$，所以 $x \equiv \sum_{i=1}^{k} a_i M_i M_i' (\bmod m)$ 代入同余式组（4.15）中的每一式，有 $\sum_{j=1}^{k} M_j' M_j b_j \equiv M_i' M_i b_i \equiv b_i (\bmod m_i)$。

即 $x \equiv \sum_{i=1}^{k} a_i M_i M_i' (\bmod m)$ 为同余式组（4.15）的解。

若 x_1, x_2 是适合同余式组（4.7）的任意两个整数，则 $x_1 \equiv x_2 (\bmod m_i)$，$i = 1, 2, \cdots, k$，因为 $(m_i, m_j) = 1$，则有 $x_1 \equiv x_2 (\bmod m)$，故同余式组（4.15）的解唯一。

⊃ **推论**　若 $b_1, b_2, \cdots, b_k$ 分别过模 $m_1, m_2, \cdots, m_k$ 的完全剩余系，则 $M_1' M_1 b_1 + M_2' M_2 b_2 + \cdots + M_k' M_k b_k$ 过模 $m = m_1 m_2 \cdots m_k$ 的完全剩余系。

证　令 $x = \sum_{i=1}^{k} M_i' M_i b_i$，则 x 过 $m_1 m_2 \cdots m_k$ 个数，这 m 个数是两两不同余的。因为若

$$\sum_{i=1}^{k} M_i' M_i b_i' \equiv \sum_{i=1}^{k} M_i' M_i b_i'' (\bmod m)$$

则 $M_i' M_i b_i' \equiv M_i' M_i b_i'' (\bmod m_i)$（$i = 1, 2, \cdots, k$），即 $b_i' \equiv b_i'' (\bmod m_i)$（$i = 1, 2, \cdots, k$）。但 b_i', b_i'' 是模 m_i 的同一完全剩余系中的两个数，故 $b_i' = b_i''$，$i = 1, 2, \cdots, k$，矛盾，从而结论成立。

例 2　解一次同余式组 $\begin{cases} x \equiv 1 (\bmod 7) \\ x \equiv 2 (\bmod 8) \\ x \equiv 3 (\bmod 9) \end{cases}$

解 因为 7,8,9 两两互素，所以可以利用孙子定理，$m = 7 \times 8 \times 9 = 504$，$M_1 = 72$，$M_2 = 63$，$M_3 = 56$。

由于 $72M_1' \equiv 1(\text{mod}7)$，$63M_2' \equiv 1 (\text{mod}8)$，$56M_3' \equiv 1(\text{mod}9)$，有 $M_1' = 4$，$M_2' = -1$，$M_3' = 5$，所以 $x \equiv 72 \times 4 \times 1 + 63 \times (-1) \times 2 + 56 \times 5 \times 3 \equiv 498(\text{mod}504)$ 是原一次同余式组的解。

例3 "物不知数"问题原文如下：有物不知其数，三三数之剩二，五五数之剩三，七七数之剩二。问物几何？

解 由原意设"不知数"为 x，则有

$$\begin{cases} x \equiv 2(\text{mod}3) \\ x \equiv 3(\text{mod}5) \\ x \equiv 2(\text{mod}7) \end{cases}$$

由孙子定理，$M_1 = 5 \times 7 = 35$，$M_2 = 3 \times 7 = 21$，$M_3 = 3 \times 5 = 15$，$35 \times 2 = 70 \equiv 1(\text{mod}3)$，$21 \times 1 \equiv 1(\text{mod}5)$，$15 \times 1 \equiv 1(\text{mod}7)$。

所以

$$M_1M_1^{-1} = 70, \quad M_2M_2^{-1} = 21, \quad M_3M_3^{-1} = 15$$

得到

$$x \equiv 70 \times 2 + 21 \times 3 + 15 \times 2(\text{mod}105) \equiv 233 \equiv 23(\text{mod}105)$$

最终求出 x 的最小值为 23。

⊙ **定理 4** 设 $m = m_1m_2\cdots m_k$，$m_1, m_2, \cdots, m_k$ 是两两互素的正整数，$f(x)$ 为整系数多项式，设 T 与 T_i $(1 \leq i \leq k)$ 分别为同余式

$$f(x) \equiv 0 \ (\text{mod}m) \tag{4.17}$$

与同余式

$$f(x) \equiv 0 \ (\text{mod}m_i) \tag{4.18}$$

的解的个数，则有 $T = T_1 T_2 \cdots T_k$。

证 同余式（4.17）等价于同余式组

$$f(x) \equiv 0 \ (\text{mod}m_i), \ 1 \leq i \leq k \tag{4.19}$$

对于每个 $i(1 \leq i \leq k)$，设同余式（4.18）的全部解是

$$x \equiv x_1^{(i)}, x_2^{(i)}, \cdots, x_{T_i}^{(i)}(\text{mod}m_i) \tag{4.20}$$

则同余式组（4.19）等价于下面的 $T_1 T_2 \cdots T_k$ 个同余式组：

$$\begin{cases} x \equiv x_{j_1}^{(1)} \pmod{m_1} \\ x \equiv x_{j_2}^{(2)} \pmod{m_2} \\ \vdots \\ x \equiv x_{j_k}^{(k)} \pmod{m_k} \end{cases}, \quad 1 \leq j_i \leq T_i, \quad 1 \leq i \leq k \tag{4.21}$$

其中，$x_{j_i}^{(i)}$ 通过式（4.20）中的数值，即通过同余式（4.18）的全部解。

由孙子定理，对选定的每一组 $\{x_{j_1}^{(1)}, x_{j_2}^{(2)}, \cdots, x_{j_k}^{(k)}\}$，同余式组（4.21）对模 m 有唯一解，而且，由孙子定理知，当每个 $x_{j_i}^{(i)}$ 通过式（4.20）中的解时，所得到的 $T_1 T_2 \cdots T_k$ 个同余式组（4.21）的解对于模 m 都是两两不同余的。

例 4 同余式 $x^3 + x^2 - x - 1 \equiv 0 \pmod{15}$ 的解数为 4。

证 因为 $x^3 + x^2 - x - 1 \equiv 0 \pmod 3$，$x^3 + x^2 - x - 1 \equiv 0 \pmod 5$，有 $\begin{cases} x \equiv 1, 2 \pmod 3 \\ x \equiv 1, 4 \pmod 5 \end{cases}$，所以原同余式有 4 个解，由孙子定理可知解为 $x \equiv 1, 4, 11, 14 \pmod{15}$。

例 5 解同余式组 $\begin{cases} x \equiv 2 \pmod{35} \\ x \equiv 9 \pmod{14} \\ x \equiv 7 \pmod{20} \end{cases}$。

分析 因为同余式组有解，但此时不能直接用孙子定理，所以将其转化为等价同余式组，然后用孙子定理求解。

解 原同余式组的等价同余式组为 $\begin{cases} x \equiv 2 \pmod 5 \\ x \equiv 2 \pmod 7 \\ x \equiv 9 \pmod 2 \\ x \equiv 9 \pmod 7 \\ x \equiv 7 \pmod{2^2} \\ x \equiv 7 \pmod 5 \end{cases}$，即 $\begin{cases} x \equiv 2 \pmod 5 \\ x \equiv 9 \pmod 7 \\ x \equiv 7 \pmod{2^2} \end{cases}$。

从而求得解为 $x \equiv 107 \pmod{140}$。

把例 5 一般化，则有下面的定理。

⊙ **定理 5** 设同余式组（4.7）有解，$m_1, m_2, \cdots, m_k$ 不两两互素，则同余式组（4.7）等价于下面同余式组：

$$\begin{cases} x \equiv a_1 \pmod{n_1} \\ x \equiv a_2 \pmod{n_2} \\ \vdots \\ x \equiv a_k \pmod{n_k} \end{cases} \tag{4.22}$$

其中，$n_1, n_2, \cdots, n_k$ 两两互素，$n_i \mid m_i$，$n_1 n_2 \cdots n_k = [m_1, m_2, \cdots, m_k]$。

由定理 4 及算术基本定理可知，解一般模的同余式可以转化为解模为素数幂的同余式。

习题

1. 解同余式组 $\begin{cases} x \equiv 1(\mathrm{mod}5) \\ x \equiv 2(\mathrm{mod}6) \\ x \equiv 3(\mathrm{mod}7) \end{cases}$ 。

2. 解同余式组 $\begin{cases} x-13 \equiv 0(\mathrm{mod}25) \\ x \equiv 5(\mathrm{mod}8) \\ x \equiv 8(\mathrm{mod}15) \end{cases}$ 。

3. 当 a 为何值时，同余式组 $\begin{cases} x \equiv a(\mathrm{mod}35) \\ x \equiv 8(\mathrm{mod}21) \\ x \equiv 5(\mathrm{mod}18) \end{cases}$ 有解？

4. 解同余式 $3x^2 + 11x \equiv 20 \ (\mathrm{mod}105)$ 。

5. 解同余式组 $\begin{cases} 2x \equiv 1(\mathrm{mod}5) \\ 3x \equiv 2(\mathrm{mod}7) \\ 4x \equiv 7(\mathrm{mod}15) \end{cases}$ 。

6. 证明：对于任意给定的 n 个不同的素数 $p_1, p_2, \cdots, p_n$，必存在连续的 n 个整数，使得它们中的第 k 个数能被 p_k 整除。

4.3　模 p^α 的同余式与素数模的同余式

4.3.1　模 p^α 的同余式

由 4.2 节定理 4 和 m 的标准分解可知，求解模 m 的同余式可以转化为对模 p^α 的同余式的求解，接下来我们针对模 p^α 的同余式进行讨论。

若 x_0 满足同余式

$$f(x) \equiv 0 \ (\mathrm{mod}p^\alpha) \tag{4.23}$$

则可推出 x_0 满足同余式

$$f(x) \equiv 0 \ (\mathrm{mod}p^{\alpha-1}) \tag{4.24}$$

因此必有与 x_0 相应的同余式（4.24）的某个解 x_1，即存在某个 t_0，使得

$$x_0 \equiv x_1(\mathrm{mod}p^{\alpha-1}), \quad x_0 = x_1 + p^{\alpha-1}t_0$$

所以理论上可先从同余式（4.24）的解中去求同余式（4.23）的解，那么如何从低次模的解得到高次模的解？

⊙ **定理**　设 p 是素数，$\alpha \geqslant 2$ 是整数，$f(x) = a_n x^n + \cdots + a_1 x + a_0$ 是整系数多项式，$f'(x)$ 表示 $f(x)$ 的导数，设 x_1 是同余式（4.24）的一个解，则有以下结论：

（1）若 $f'(x_1) \not\equiv 0 \,(\mathrm{mod}p)$，则存在整数 t，使得

$$x = x_1 + p^{\alpha-1}t \qquad (4.25)$$

是同余式（4.23）的解。

（2）若 $f'(x_1) \equiv 0 \,(\mathrm{mod}p)$，且 $f(x_1) \equiv 0 \,(\mathrm{mod}p^\alpha)$，则对于 $t = 0,1,2,\cdots,p-1$，式（4.25）中的 x 都是同余式（4.23）的解。

（3）若 $f'(x_1) \equiv 0 \,(\mathrm{mod}p)$，且 $f(x_1) \not\equiv 0 \,(\mathrm{mod}p^\alpha)$，则 $x = x_1 + p^{\alpha-1}t$ 对任何的 t 都不能导出 $f(x) \equiv 0 \,(\mathrm{mod}p^\alpha)$ 的解。

证　要确定式（4.25）中的 t，使 $x_1 + p^{\alpha-1}t$ 满足同余式（4.23），即要找到 t，使之满足

$$a_n(x_1 + p^{\alpha-1}t)^n + a_{n-1}(x_1 + p^{\alpha-1}t)^{n-1} + \cdots + a_1(x_1 + p^{\alpha-1}t) + a_0 \equiv 0 \,(\mathrm{mod}p^\alpha) \qquad (4.26)$$

可以用代数法中的二项式展开或由分析法中的泰勒展开得到下式，即有 $f(x_1) + p^{\alpha-1}tf'(x_1) \equiv 0 \,(\mathrm{mod}p^\alpha)$，两边与模同除 $p^{\alpha-1}$ 有

$$tf'(x_1) \equiv -\frac{f(x_1)}{p^{\alpha-1}}(\mathrm{mod}p) \qquad (4.27)$$

下面对式（4.27）考虑三种情形。

（1）若 $f'(x_1) \not\equiv 0 \,(\mathrm{mod}p)$，则关于 t 的同余式（4.27）有唯一解 $t \equiv t_0(\mathrm{mod}p)$，即有 $t = t_0 + pk(k \in \mathbf{Z})$，对应 $x \equiv x_1 + p^{\alpha-1}t_0(\mathrm{mod}p^\alpha)$ 是同余式（4.23）的解。

（2）若 $f'(x_1) \equiv 0 \,(\mathrm{mod}p)$，且 $f(x_1) \equiv 0 \,(\mathrm{mod}p^\alpha)$，则式（4.27）对于任意的整数 t 成立，此时它有 p 个解

$$t \equiv i(\mathrm{mod}p) \,(0 \leqslant i \leqslant p-1)$$

即 $x \equiv x_1 + p^{\alpha-1}i(\mathrm{mod}p^\alpha)$ 都是同余式（4.23）的解，$0 \leqslant i \leqslant p-1$。

（3）对于 $f'(x_1) \equiv 0 \,(\mathrm{mod}p)$，且 $f(x_1) \not\equiv 0 \,(\mathrm{mod}p^\alpha)$ 的情形，此时有 $0t \equiv i(\mathrm{mod}p) \,(1 \leqslant i \leqslant p-1)$，此同余式无解，即我们无法从同余式（4.24）的解 x_1 出发求得同余式（4.23）的解。

因为由定理知，解同余式（4.23）可转化为解对应的低次模同余式，最后转化为

$$f(x) \equiv 0 \,(\mathrm{mod}p) \qquad (4.28)$$

所以实际解时要先求出同余式（4.28）的解，然后利用定理求出同余式 $f(x) \equiv 0 \,(\mathrm{mod}p^2)$ 的解，再求同余式 $f(x) \equiv 0 \,(\mathrm{mod}p^3)$ 的解，以此类推直至求出同余式（4.23）的解。

例 1　解同余式 $x^3 + 3x - 14 \equiv 0(\mathrm{mod}9)$。

解　因为 $x^3 + 3x - 14 \equiv 0(\mathrm{mod}3)$ 的解为 $x \equiv 2(\mathrm{mod}3)$，即 $x = 2 + 3t$，又因为 $f(x) = x^3 + 3x - 14$，有 $f'(x) = 3x^2 + 3$。因为有 $f'(2) \equiv 0(\mathrm{mod}3)$，$f(2) \equiv 0(\mathrm{mod}9)$，所以当 $t = 0,1,2$ 时，$x \equiv 2,5,8(\mathrm{mod}9)$ 都是同余式的解。

例2 解同余式 $127x^2 + 13x - 34 \equiv 0 \pmod{5^3}$ 。

解 原同余式等价于

$$2x^2 + 13x - 34 \equiv 0 \pmod{5^3} \tag{4.29}$$

根据定理，先解同余式

$$2x^2 + 13x - 34 \equiv 0 \pmod{5} \tag{4.30}$$

解得同余式（4.30）有两个解 $x \equiv -1, 2 \pmod 5$ 。

对于第一个解 $x \equiv -1 \pmod 5$ ，即

$$x = -1 + 5t \tag{4.31}$$

代入同余式 $2x^2 + 13x - 34 \equiv 0 \pmod{5^2}$ ，得到

$$2(-1 + 5t)^2 + 13(-1 + 5t) - 34 \equiv 0 \pmod{25}$$

$$-45 + 45t \equiv 0 \pmod{25}$$

$$9t \equiv 9 \pmod 5 , \quad t \equiv 1 \pmod 5 \tag{4.32}$$

将 $t = 1 + 5t_1$ 代入式（4.31），得

$$x = -1 + 5(1 + 5t_1) = 4 + 25t_1 , \quad t_1 \in \mathbf{Z} \tag{4.33}$$

将式（4.33）中的 x 再代入同余式（4.29），得到

$$2(4 + 25t_1)^2 + 13(4 + 25t_1) - 34 \equiv 0 \pmod{5^3}$$

$$50 + 725t_1 \equiv 0 \pmod{5^3}$$

$$2 + 29t_1 \equiv 0 \pmod 5$$

将 $t_1 \equiv 2 \pmod 5$ ，即 $t_1 = 2 + 5t_2$ 代入式（4.33），得

$$x = 4 + 25t_1 = 4 + 25(2 + 5t_2) \equiv 54 \pmod{5^3}$$

是原同余式的第一个解。

同理，从同余式（4.30）的解 $x \equiv 2 \pmod 5$ 出发，可以求出原同余式的另一个解为 $x \equiv 2 \pmod{5^3}$ 。

此例也可通过定理证明中泰勒展开的方法解答。

4.3.2 素数模同余式的性质

在 4.3.1 节中，我们证明了对于素数 p ，模 p^{α} 的同余式的求解可以转化为模 p 的同余式的求解。如何求模 p 的同余式的解？下面我们来研究素数模同余式的一些性质。式（4.34）即为素数模同余式

$$f(x) \equiv 0 \pmod p \tag{4.34}$$

其中，a_i 为整数，p 为素数，$p \nmid a_n$ ，$f(x) = a_n x^n + a_{n-1}x^{n-1} + \cdots + a_1 x + a_0$ 。

⊙ **定理 1** 同余式（4.34）或者有 p 个解，或者与次数不超过 $p-1$ 的同余式 $r(x) \equiv 0 \pmod{p}$ 等价。

证 由多项式除法可知，存在二整系数多项式 $g(x)$ 与 $r(x)$，使得

$$f(x) = g(x)(x^p - x) + r(x) \tag{4.35}$$

其中，$r(x)$ 的次数不超过 $p-1$，由费马小定理，对任意整数 x 有 $x^p - x \equiv 0 \pmod{p}$，因此 $f(x) \equiv 0 \pmod{p}$ 等价于 $r(x) \equiv 0 \pmod{p}$。

下面对 $r(x)$ 的系数进行讨论。

（1）若 $r(x)$ 的系数都是 p 的倍数，则对任意的整数 x，满足 $f(x) \equiv 0 \pmod{p}$，即同余式（4.34）有 p 个解。

（2）若 $r(x)$ 的系数不都是 p 的倍数，则 $r(x) \equiv 0 \pmod{p}$ 的次数不超过 $p-1$，对任意整数 x，$f(x) \equiv r(x) \pmod{p}$，即同余式（4.34）与 $r(x) \equiv 0 \pmod{p}$ 等价。

⊙ **定理 2** 设 $k \leqslant n$，若同余式（4.34）有 k 个不同的解 $x_1, x_1, \cdots, x_k$，则对任意整数 x，有 $f(x) \equiv (x - x_1)(x - x_2) \cdots (x - x_k) f_k(x) \pmod{p}$，其中，$f_k(x)$ 为首项系数为 a_n，次数为 $n - k$ 的整系数多项式。

证 当 $k=1$ 时由多项式除法，有

$$f(x) = (x - x_1) f_1(x) + r_1 \tag{4.36}$$

其中，$f_1(x)$ 是首项系数为 a_n 的 $n-1$ 次整系数多项式，r_1 是常数。

在式（4.36）中令 $x = x_1$，则由假设条件可知 $f(x_1) = r_1 \equiv 0 \pmod{p}$，代入有

$$f(x) \equiv (x - x_1) f_1(x) \pmod{p} \tag{4.37}$$

若 $k > 1$，在式（4.37）中，令 $x = x_i$（$i = 2, 3, \cdots, k$），则有

$$0 \equiv f(x_i) \equiv (x_i - x_1) f_1(x_i) \pmod{p} \tag{4.38}$$

由于 $x_2, \cdots, x_k$ 对于模 p 是两两不同余的，所以有

$$f_1(x_i) \equiv 0 \pmod{p}, \quad i = 2, \cdots, k$$

由此即证明了定理 2。

⊃ **推论 1** （1）若 p 是素数，则对任意整数 x，有

$$x^{p-1} - 1 \equiv (x-1)(x-2) \cdots (x - p + 1) \pmod{p} \tag{4.39}$$

（2）**威尔逊定理** 若 p 是素数，则有 $(p-1)! + 1 \equiv 0 \pmod{p}$。

证 （1）由欧拉定理，整数 $1, 2, \cdots, p-1$ 是同余式 $x^{p-1} \equiv 1 \pmod{p}$ 的解，由定理 2 有

$$x^{p-1} - 1 \equiv (x-1)(x-2) \cdots (x - p + 1) \pmod{p}$$

（2）在式（4.39）中取 $x = p$，即证明了威尔逊定理。

⊃ **推论 2** $m \geqslant 2$ 是整数，若 $(m-1)! + 1 \equiv 0 \pmod{m}$，则 m 是素数。

⊙ **定理 3** 同余式（4.34）的解数 $\leqslant n$。

证 假设同余式（4.34）有 $n+1$ 个不同的解

$$x \equiv x_i (\text{mod } p) , \quad 1 \leqslant i \leqslant n+1$$

对于前 n 个不同的解，由定理 2 有 $f(x) \equiv a_n(x-x_1)\cdots(x-x_n)(\text{mod } p)$，对同余式（4.34）中的 x 用 x_{n+1} 代入有

$$0 \equiv f(x_{n+1}) \equiv a_n(x_{n+1}-x_1)\cdots(x_{n+1}-x_n)(\text{mod } p) \tag{4.40}$$

由于 $p \nmid a_n$，$x_{n+1} \not\equiv x_i(\text{mod } p)$，$1 \leqslant i \leqslant n$，所以式（4.40）不能成立，矛盾。这说明同余式（4.34）不能有 $n+1$ 个解。

⊙ **定理 4** 若 p 是素数，$n \leqslant p$，则同余式

$$f(x) = x^n + a_{n-1}x^{n-1} + \cdots + a_1 x + a_0 \equiv 0(\text{mod } p) \tag{4.41}$$

有 n 个解的充要条件是存在整系数多项式 $q(x)$ 和 $r(x)$，$r(x)$ 的次数 $< n$，使得

$$x^p - x = f(x)q(x) + p \cdot r(x) \tag{4.42}$$

证 必要性：由多项式除法，存在整系数多项式 $q(x)$ 与 $r_1(x)$，$r_1(x)$ 的次数 $< n$，使得

$$x^p - x = f(x)q(x) + r_1(x) \tag{4.43}$$

若同余式（4.41）有 n 个解，设为 $x \equiv x_i(\text{mod } p)$（$1 \leqslant i \leqslant n$），将其代入式（4.43），由费马小定理得到

$$r_1(x_i) \equiv 0(\text{mod } p) , \quad 1 \leqslant i \leqslant n$$

由此及定理 3 可知，$r_1(x)$ 的系数都能被 p 整除，即

$$r_1(x) = p \cdot r(x)$$

其中，$r(x)$ 是整系数多项式。这就证明了式（4.42）。

充分性：若式（4.42）成立，由费马小定理，则对任意整数 x 有

$$0 \equiv x^p - x \equiv f(x)q(x)(\text{mod } p) \tag{4.44}$$

即同余式 $f(x)q(x) \equiv 0(\text{mod } p)$ 有 p 个解，因为 $q(x)$ 是 $p-n$ 次多项式，所以由定理 3 可知 $q(x) \equiv 0(\text{mod } p)$ 的解数 $\leqslant p-n$。若同余式（4.43）的解数为 λ，小于 n，则式（4.44）的解数小于

$$n + p - n = p$$

故矛盾，因此 $\lambda = n$，即证明了 $f(x) \equiv 0(\text{mod } p)$ 有 n 个解。

例 1 已知 $x \equiv \pm 1(\text{mod } 17)$ 是同余式 $x^3 - 25x^2 - x + 8 \equiv 0(\text{mod } 17)$ 的解，求其他解。

解 此时若把其他的剩余代入即可解决问题，但比较麻烦。由定理和多项式除法有

$$x^3 - 25x^2 - x + 8 \equiv (x-1)(x+1)(x-25) \equiv 0(\text{mod } 17) \tag{4.45}$$

所以式（4.45）还有一解，为 $x \equiv 25 \equiv 8(\text{mod } 17)$。

例 2　证明：若 p 是奇素数，则有 $1^2 \cdot 3^2 \cdot \cdots \cdot (p-2)^2 \equiv (-1)^{\frac{p+1}{2}} \pmod{p}$。

证　由威尔逊定理可知

$$1 \cdot 2 \cdot 3 \cdot \cdots \cdot (p-1) \equiv -1 \pmod{p}$$

$$2 \equiv -1(p-2) \pmod{p}$$

$$4 \equiv -1(p-4) \pmod{p}$$

$$\vdots$$

$$p-1 \equiv -1[p-(p-1)] \pmod{p}$$

所以 $1 \cdot 2 \cdot 3 \cdot \cdots \cdot (p-1) \equiv -1 \pmod{p}$ 可改写为 $1 \cdot 3 \cdot 5 \cdot \cdots \cdot (p-2) \cdot 2 \cdot 4 \cdot \cdots \cdot (p-1) \equiv -1 \pmod{p}$，故有

$$(-1)^{\frac{p+1}{2}} \cdot 1^2 \cdot 3^2 \cdot \cdots \cdot (p-2)^2 \equiv -1 \pmod{p}$$

$$1^2 \cdot 3^2 \cdot \cdots \cdot (p-2)^2 \equiv (-1)^{\frac{p+1}{2}} \pmod{p}$$

例 3　判断同余式 $2x^3 + 3x + 1 \equiv 0 \pmod{7}$ 是否有 3 个解。

解　因为首项系数为 2，所以不能直接运用定理 4。由于 $(2,7) = 1$，$2 \times 4 \equiv 1 \pmod{7}$，所以原同余式等价于

$$4 \cdot 2x^3 + 4 \cdot 3x + 4 \equiv 0 \pmod{7}$$

又等价于 $x^3 - 2x - 3 \equiv 0 \pmod{7}$，且有

$$x^7 - x = (x^3 - 2x - 3)(x^4 + 2x^2 + 3x + 4) + 12x^2 + 16x + 12$$

由定理 4 可知，原同余式的解数小于 3。

注　上述解法运用定理 4 判定，即 $p \nmid a_n$，则由一次同余式知，存在 a_n'，$p \nmid a_n'$，使得 $a_n a_n' \equiv 1 \pmod{p}$，因此，同余式（4.34）等价于

$$a_n' f(x) = x^n + a_n' a_{n-1} x^{n-1} + \cdots + a_n' a_1 x + a_n' a_0 \equiv 0 \pmod{p}$$

另外，例 3 的求解也可通过将 $x = 0$，± 1，± 2，± 3 代入进行判定。

习题

1．解同余式 $3x^2 + 4x - 15 \equiv 0 \pmod{75}$。

2．解同余式 $6x^3 + 27x^2 + 17x + 20 \equiv 0 \pmod{30}$。

3．解同余式 $3x^{11} + 2x^8 + 5x^4 - 1 \equiv 0 \pmod{7}$。

4．$x^6 + 2x^5 - 4x^2 + 3 \equiv 0 \pmod{5}$ 是否有 6 个解？

5．设 $p \geqslant 3$ 是素数，证明：在 $(x-1)(x-1) \cdots (x-p+1)$ 的展开式中除首项及常数项外，所有的系数都是 p 的倍数。

4.4 二次同余式和平方剩余

4.4.1 素数模的二次同余式

前面讨论了素数模的 n 次同余式的性质，接下来研究素数模 p 的特殊的二次同余式

$$ax^2 + bx + c \equiv 0(\bmod p) \tag{4.46}$$

（1）当 $p=2$ 时，易验证 $x \equiv 0(\bmod 2)$ 或 $x \equiv 1(\bmod 2)$ 是否是同余式（4.46）的解。

（2）当 $p>2$，$(a,p)=1$ 时，有 $(4a,p)=1$，同余式（4.46）等价于 $4a^2x^2 + 4abx + 4ac \equiv 0(\bmod p)$，整理即有 $(2ax+b)^2 \equiv b^2 - 4ac(\bmod p)$，可化为 $x^2 \equiv a(\bmod p)$ 进行研究，而对一般的模 $m = 2^\alpha p_1^{\alpha_1} p_2^{\alpha_2} \cdots p_k^{\alpha_k}$，$p_i$ 是奇素数，二次同余式 $ax^2 + bx + c \equiv 0(\bmod m)$，在 $(a,m)=1$ 时，也可化成 $(2ax+b)^2 \equiv b^2 - 4ac(\bmod m)$，进而化成

$$x^2 \equiv a(\bmod m) \tag{4.47}$$

而 $x^2 \equiv a(\bmod m)$ 等价于下面的同余式组

$$\begin{cases} x^2 \equiv a(\bmod 2^\alpha) \\ x^2 \equiv a(\bmod p_i^{\alpha_i}) \ (i=1,2,\cdots,k) \end{cases} \tag{4.48}$$

然后用孙子定理求解，第 2 式可化为 p^α 的同余式，进而化为 $x^2 \equiv a(\bmod p)$，对于第 1 式，我们将在 4.4.3 节中研究。

对于整数 a，$(a,m)=1$，会发现有些 a 对同余式（4.47）有解，有些 a 对同余式（4.47）无解，为此我们有下面的定义。

📖 **定义 1** 给定正整数 m，对任意整数 a，$(a,m)=1$，若同余式（4.47）有解，则称 a 是模 m 的二次（平方）剩余；若同余式（4.47）无解，则称 a 是模 m 的二次（平方）非剩余。

若 $a_1 \equiv a_2(\bmod m)$，则它们同是模 m 的二次（平方）剩余或二次（平方）非剩余。

例 1 因为由 $x^2 \equiv a(\bmod 7)$ 知，a 为 $1,2,4$ 时有解，a 为 $3,5,6$ 时无解，所以 $1,2,4$ 为模 7 的平方剩余，$3,5,6$ 为模 7 的平方非剩余。

当模比较小时可直接验证。

接下来研究 $x^2 \equiv a(\bmod p)$，p 是奇素数，我们有如下判别条件。

⊙ **定理 1（欧拉判别条件）** 设 p 是奇素数，$(a,p)=1$，则有以下结论：

（1）a 是模 p 的二次剩余的充要条件是

$$a^{\frac{p-1}{2}} \equiv 1(\bmod p) \tag{4.49}$$

（2）a 是模 p 的二次非剩余的充要条件是

$$a^{\frac{p-1}{2}} \equiv -1 (\bmod\, p) \tag{4.50}$$

（3）若 a 是模 p 的二次剩余，则同余式 $x^2 \equiv a (\bmod\, p)$ 有两个解。

证　先证结论（3），设 x_0 是同余式 $x^2 \equiv a (\bmod\, p)$ 的解，则 $-x_0$ 也满足同余式 $x^2 \equiv a (\bmod\, p)$。但 x_0 和 $-x_0$ 关于模 p 不同余，否则有 $2x_0 \equiv 0 (\bmod\, p)$，即 $p\,|\,x_0$，因为 $(p, a) = 1$，所以有 $(p, x_0) = 1$，这是不可能的，所以同余式 $x^2 \equiv a (\bmod\, p)$ 至少有两个解，又因为同余式的解数不超过次数，所以其恰有两个解。

再证结论（1）和结论（2），若 $(a, p) = 1$，则由欧拉定理可知

$$a^{p-1} \equiv 1 (\bmod\, p) \tag{4.51}$$

$$\left(a^{\frac{p-1}{2}} + 1\right)\left(a^{\frac{p-1}{2}} - 1\right) \equiv 0 (\bmod\, p) \tag{4.52}$$

因为 p 是奇素数，所以式（4.49）与式（4.50）有且仅有一个成立。

$$x^p - x = x\left(x^{p-1} - a^{\frac{p-1}{2}}\right) + \left(a^{\frac{p-1}{2}} - 1\right)x = (x^2 - a)xq(x) + \left(a^{\frac{p-1}{2}} - 1\right)x$$

若 a 是模 p 的二次剩余，$x^2 \equiv a (\bmod\, p)$ 有两个解，此时同余式解数等于次数，由定理 1 可得 $a^{\frac{p-1}{2}} - 1$ 为 p 的倍数，结论（1）成立。

若 a 是模 p 的二次非剩余，即 $x^2 \equiv a (\bmod\, p)$ 无解，从而结论（2）成立。

⊙ **定理 2**　在模 p 的简化系中，二次剩余与二次非剩余的个数相等，均为 $\dfrac{p-1}{2}$，而且模 p 的每个二次剩余与且仅与数列

$$1^2, 2^2, \cdots, \left(\frac{p-1}{2}\right)^2 \tag{4.53}$$

中的一个数同余。

证　很显然，因为数列（4.53）中的数都是平方数，所以其当然是平方（二次）剩余，因此只需证明数列（4.53）中的任意两个数对模 p 不同余。

对任意的整数 k 和 s，$1 \leqslant k < s \leqslant \dfrac{p-1}{2}$，若

$$k^2 \equiv s^2 (\bmod\, p) \tag{4.54}$$

则有 $p\,|\,(k+s)$ 或 $p\,|\,(k-s)$。但这是不可能的，从而证明了定理 2。

⊙ **定理 3**　对于奇素数 p，有下列结论：

（1）两个平方剩余之积仍为平方剩余。

（2）一个平方剩余与一个平方非剩余之积为平方非剩余。

（3）两个平方非剩余之积为平方剩余。

从上面定理可知，对于给定的素数 p，若 $(a,p)=1$，则可以判别 a 是 p 的平方剩余还是平方非剩余，但当素数 p 较大时还是比较麻烦，为方便判别我们引进下面的 Legendre 符号。

📖 **定义 2** p 是奇素数，对于整数 a，定义 Legendre 符号为

$$\left(\frac{a}{p}\right) = \begin{cases} 0, & (a,p) \neq 1 \\ 1, & a \text{ 是平方剩余} \\ -1, & a \text{ 是平方非剩余} \end{cases} \tag{4.55}$$

例如，1 与 4 是模 5 的平方剩余，2 与 3 是模 5 的平方非剩余，于是有

$$\left(\frac{1}{5}\right) = 1, \quad \left(\frac{2}{5}\right) = -1, \quad \left(\frac{3}{5}\right) = -1, \quad \left(\frac{4}{5}\right) = 1$$

⊙ **定理 4** 设 p 是奇素数，a 是整数，则有以下结论：

（1）$\left(\dfrac{a}{p}\right) \equiv a^{\frac{p-1}{2}} \pmod{p}$。 $\tag{4.56}$

（2）若 $a \equiv a_1 \pmod{p}$，则

$$\left(\frac{a}{p}\right) = \left(\frac{a_1}{p}\right) \tag{4.57}$$

（3）$\left(\dfrac{1}{p}\right) = 1$。

（4）$\left(\dfrac{-1}{p}\right) = (-1)^{\frac{p-1}{2}}$。 $\tag{4.58}$

（5）对任意的整数 a_i，$1 \leqslant i \leqslant k$，有

$$\left(\frac{a_1 a_2 \cdots a_k}{p}\right) = \left(\frac{a_1}{p}\right)\left(\frac{a_2}{p}\right) \cdots \left(\frac{a_k}{p}\right) \tag{4.59}$$

证 结论（1）～结论（3）容易由定义 2 及定理 1 得到。

下面证明结论（4），由结论（1），有

$$\left(\frac{-1}{p}\right) \equiv (-1)^{\frac{p-1}{2}} \pmod{p}$$

因为同余式两端都只能取值 +1 或 -1，只能相等，所以结论（4）成立。

最后，由结论（1），有

$$\left(\frac{a_1 a_2 \cdots a_k}{p}\right) \equiv (a_1 a_2 \cdots a_k)^{\frac{p-1}{2}} \equiv a_1^{\frac{p-1}{2}} a_2^{\frac{p-1}{2}} \cdots a_k^{\frac{p-1}{2}}$$

$$\equiv \left(\frac{a_1}{p}\right)\left(\frac{a_2}{p}\right) \cdots \left(\frac{a_k}{p}\right) \pmod{p}$$

由于其首端与末端都是只取值-1,0 或 1，所以它们必相等，即结论（5）得证。

⊃ **推论 1**　设 p 是奇素数，则-1 是 p 的平方剩余的充要条件是 $p \equiv 1 \pmod 4$，-1 是 p 的平方非剩余的充要条件是 $p \equiv 3 \pmod 4$。

⊙ **定理 5**　设 p 是奇素数，a 是整数，则有以下结论：

（1）$\left(\dfrac{2}{p}\right) = (-1)^{\frac{p^2-1}{8}}$。

（2）$\left(\dfrac{2}{p}\right) = \begin{cases} 1, & p \equiv \pm 1 \pmod 8 \\ -1, & p \equiv \pm 3 \pmod 8 \end{cases}$。

证　考虑下面同余式

$$p - 1 \equiv 1(-1)^1 \pmod p$$
$$p - 2 \equiv 2(-1)^2 \pmod p$$
$$p - 3 \equiv 3(-1)^3 \pmod p$$
$$\vdots$$
$$r \equiv \frac{p-1}{2}(-1)^{\frac{p-1}{2}} \pmod p$$

其中，$r = \begin{cases} \dfrac{p-1}{2}, & p = 4k+1 \\ \dfrac{p+1}{2}, & p = 4k+3 \end{cases}$，把上述 $\dfrac{p-1}{2}$ 个式子相乘得

$$2 \cdot 4 \cdot 6 \cdot \cdots \cdot (p-3) \cdot (p-1) \equiv \left(\frac{p-1}{2}\right)!(-1)^{\frac{p^2-1}{8}} \pmod p$$

$$2^{\frac{p-1}{2}}\left(\frac{p-1}{2}\right)! \equiv \left(\frac{p-1}{2}\right)!(-1)^{\frac{p^2-1}{8}} \pmod p$$

因为 $\left(p, \left(\dfrac{p-1}{2}\right)!\right) = 1$，所以结论（1）成立。

由结论（1）即得结论（2）成立。

有时计算 Legendre 符号也可以使用下面的引理。

⊙ **定理 6（Gauss 引理）**　设 p 是奇素数且 $(a, p) = 1$，对于整数 k $\left(1 \leqslant k \leqslant \dfrac{p-1}{2}\right)$，以 $r_1, r_2, \cdots, r_{\frac{p-1}{2}}$ 表示 $a, 2a, 3a, \cdots, \dfrac{p-1}{2}a$，对模 p 的最小非负剩余，设在 $r_1, r_2, \cdots, r_{\frac{p-1}{2}}$ 中大于 $\dfrac{p}{2}$ 的对模 p 的最小非剩余的个数为 m，则有

$$\left(\frac{a}{p}\right) = (-1)^m$$

证 在 $r_1, r_2, \cdots, r_{\frac{p-1}{2}}$ 中，设大于 $\frac{p}{2}$ 的数为 $a_1, a_2, \cdots, a_m$，小于 $\frac{p}{2}$ 的数为 $b_1, b_2, \cdots, b_t$，则有

$$a^{\frac{p-1}{2}}\left(\frac{p-1}{2}\right)! = \prod_{1 \leq k \leq \frac{p-1}{2}}(ak) \equiv \prod_{i=1}^{m} a_i \prod_{i=1}^{t} b_i \pmod{p} \tag{4.60}$$

因为 $\frac{p}{2} < a_i < p$，所以 $0 < p - a_i < \frac{p}{2}$，且对任意的 i, j，$1 \leq i \leq m$，$1 \leq j \leq t$，有 $b_j \neq p - a_i$，否则存在整数 k_1, k_2，$1 \leq k_1, k_2 \leq \frac{p-1}{2}$，使得

$$ak_1 + ak_2 \equiv 0 \pmod{p}$$

即有

$$p \mid a(k_1 + k_2)$$

由于 $(a, p) = 1$，所以有 $p \mid (k_1 + k_2)$，但这是不可能的。所以由式（4.60）可推出

$$a^{\frac{p-1}{2}}\left(\frac{p-1}{2}\right)! \equiv (-1)^m \prod_{i=1}^{m}(p - a_i)\prod_{i=1}^{t} b_i$$

$$\equiv (-1)^m \left(\frac{p-1}{2}\right)! \pmod{p}$$

因为 $\left(\left(\frac{p-1}{2}\right)!, p\right) = 1$，所以由同余式性质即可证得 Gauss 引理。

注 1 在使用 Gauss 引理时只需要关注 m 的奇偶性即可，不必要求 m 的精确值，为此有下面的定理。

⊙ **定理 7** 设 m 为 Gauss 引理中的 m，p 是奇素数，则有如下结论：

（1） $m \equiv \sum_{i=1}^{\frac{p-1}{2}}\left[\frac{ia}{p}\right] + (a-1)\frac{p^2-1}{8} \pmod{2}$。

（2）当 $2 \mid (a-1)$ 时，$m \equiv \sum_{i=1}^{\frac{p-1}{2}}\left[\frac{ia}{p}\right] \pmod{2}$。

证 （1）由 Gauss 引理可知 m 为 $a, 2a, 3a, \cdots, \frac{p-1}{2}a$ 对模 p 的最小非负剩余中大于 $\frac{p}{2}$ 的个数，a_i, b_j, r_k, t 的意义如定理 6 及其证明中所规定。

由高斯函数的定义有 $\frac{ia}{p} = \left[\frac{ia}{p}\right] + \left\{\frac{ia}{p}\right\}$，所以有

$$ia = p\left[\frac{ia}{p}\right] + p\left\{\frac{ia}{p}\right\} = p\left[\frac{ia}{p}\right] + r_i\ \left(0 < r_i < p,\ 1 \leqslant i \leqslant \frac{p-1}{2}\right) \qquad (4.61)$$

将式（4.61）中的所有 i 相加得到

$$\begin{aligned}
a\frac{p^2-1}{2} &= \sum_{i=1}^{\frac{p-1}{2}} ai = p\sum_{i=1}^{l}\left[\frac{ai}{p}\right] + \sum_{i=1}^{l} r_i \\
&= p\sum_{i=1}^{l}\left[\frac{ai}{p}\right] + \sum_{i=1}^{m} a_i + \sum_{i=1}^{t} b_i \\
&= p\sum_{i=1}^{l}\left[\frac{ai}{p}\right] + \sum_{i=1}^{m}(p-a_i) + \sum_{i=1}^{t} b_i + 2\sum_{i=1}^{m} a_i - mp \\
&= p\sum_{i=1}^{l}\left[\frac{ai}{p}\right] + \sum_{i=1}^{l} i + 2\sum_{i=1}^{m} a_i - mp \\
&= p\sum_{i=1}^{l}\left[\frac{ai}{p}\right] + \frac{p^2-1}{2} + 2\sum_{i=1}^{m} a_i - mp
\end{aligned}$$

因此有

$$(a-1)\frac{p^2-1}{8} = p\sum_{i=1}^{l}\left[\frac{ai}{p}\right] + 2\sum_{i=1}^{m} a_i - mp \qquad (4.62)$$

因为 p 是奇素数，两边关于模 2 同余有

$$m \equiv \sum_{i=1}^{\frac{p-1}{2}}\left[\frac{ia}{p}\right] + (a-1)\frac{p^2-1}{8}(\mathrm{mod}\ 2)$$

从而证明了结论（1）。

（2）若 $2 \nmid a$，则由式（4.62）可推出

$$\sum_{i=1}^{l}\left[\frac{ai}{p}\right] \equiv m(\mathrm{mod}\ 2)$$

从而证明了结论（2）。

　　○ **推论 2**　若 $a = 2$，p 是奇素数，则有

$$\frac{p^2-1}{8} \equiv m(\mathrm{mod}\ 2)$$

　　证　因为当 $1 \leqslant i \leqslant l$ 时，$0 < \dfrac{ai}{p} < 1$，所以 $\left[\dfrac{ai}{p}\right] = 0$，于是由式（4.62）得到 $\dfrac{p^2-1}{8} \equiv m(\mathrm{mod}\ 2)$，从而证明了推论。

例 2 利用 Gauss 引理计算 Legendre 符号。

（1）$\left(\dfrac{213}{11}\right)$。

（2）$\left(\dfrac{50}{13}\right)$。

解 （1）因为 $\left(\dfrac{213}{11}\right)=(-1)^{m}$，

$$m \equiv \sum_{i=1}^{5}\left[\frac{213i}{11}\right](\bmod 2) \equiv \left[\frac{213}{11}\right]+\left[\frac{426}{11}\right]+\left[\frac{639}{11}\right]+\left[\frac{952}{11}\right]+\left[\frac{1065}{11}\right] \equiv 0(\bmod 2)$$

所以 $\left(\dfrac{213}{11}\right)=1$。

（2）因为 $\left(\dfrac{50}{13}\right)=(-1)^{m}$，

$$m \equiv \sum_{i=1}^{6}\left[\frac{50i}{13}\right]+(50-1)\frac{169-1}{8}(\bmod 2)$$

$$\equiv \left[\frac{50}{13}\right]+\left[\frac{100}{13}\right]+\left[\frac{150}{13}\right]+\left[\frac{200}{13}\right]+\left[\frac{250}{13}\right]+\left[\frac{300}{13}\right]+1$$

$$\equiv 1(\bmod 2)$$

所以 $\left(\dfrac{50}{13}\right)=-1$。

⊙ **定理 8（二次互反律）** 设 p 与 q 是两个不相同的奇素数，则有

$$\left(\frac{q}{p}\right)=(-1)^{\frac{p-1}{2}\cdot\frac{q-1}{2}}\left(\frac{p}{q}\right) \quad 或 \quad \left(\frac{q}{p}\right)\left(\frac{p}{q}\right)=(-1)^{\frac{p-1}{2}\cdot\frac{q-1}{2}}$$

证 根据 Gauss 引理设 $\left(\dfrac{q}{p}\right)=(-1)^{m}$，同理有 $\left(\dfrac{p}{q}\right)=(-1)^{n}$。又由定理 7 有

$$m \equiv \sum_{i=1}^{\frac{p-1}{2}}\left[\frac{iq}{p}\right](\bmod 2), \quad n \equiv \sum_{i=1}^{\frac{q-1}{2}}\left[\frac{ip}{q}\right](\bmod 2)$$

即证

$$\sum_{i=1}^{\frac{p-1}{2}}\left[\frac{iq}{p}\right]+\sum_{i=1}^{\frac{q-1}{2}}\left[\frac{ip}{q}\right]=\frac{p-1}{2}\cdot\frac{q-1}{2} \tag{4.63}$$

接下来用几何方法进行证明。

作 $O(0,0)$，$C\left(0,\dfrac{q-1}{2}\right)$，$A\left(\dfrac{p-1}{2},0\right)$，$B\left(\dfrac{p-1}{2},\dfrac{q-1}{2}\right)$ 为顶点的长方形，如图 4.1 所示，则长方形 $OABC$ 包含的整点（两个坐标均为整数的点）的个数（不包含 OA 和 OC 上的点）

为 $\dfrac{p-1}{2}\cdot\dfrac{q-1}{2}$。此外，连接点 $O(0,0)$ 和点 $K(p,q)$，则在直线 OK 上无整点（不包含点 O）。

若不然，有整点 (x,y) 在直线 l 上，则 $xq-yp=0$，其中，$1\leqslant x\leqslant\dfrac{p-1}{2}$，$1\leqslant y\leqslant\dfrac{q-1}{2}$，即得 $p\,|\,x$，$q\,|\,y$，这是不可能的。

长方形 $OABC$ 包含的整点被直线 OK 分成两部分，一部分在直线 OK 下，个数为 $\displaystyle\sum_{k=1}^{\frac{p-1}{2}}\left[\dfrac{kq}{p}\right]$，另一部分在直线 OK 上，个数为 $\displaystyle\sum_{k=1}^{\frac{q-1}{2}}\left[\dfrac{kp}{q}\right]$，所以式（4.63）成立，从而证明了二次互反律。

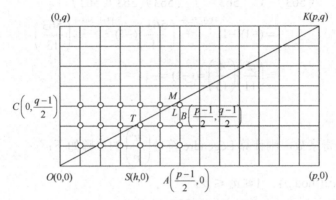

图 4.1 用几何方法证明二次互反律

二次互反律解决了 Legendre 符号的计算问题，从而在实际上解决了二次剩余的判别问题。虽然欧拉和勒让德都曾经提出过二次互反律的猜想，但第一个严格的证明是由高斯在 1796 年做出的，随后他又做出了另外多种不同的证明。至今，二次互反律已有超过 200 个不同的证明。二次互反律可以推广到更高次的情况，如三次互反律等等。

二次互反律被称为"数论之酵母"，在数论中处于极高的地位。

例 3 判断同余式 $x^2\equiv 5\,(\mathrm{mod}11)$ 是否有解。

解 由定理 2，因为
$$\left(\frac{5}{11}\right)\equiv 5^{\frac{11-1}{2}}\equiv 5^5\equiv 5\cdot5^4\equiv 5\cdot3^2\equiv 1(\mathrm{mod}11)$$
所以同余式有解。

例 4 若 3 是素数 p 的平方剩余，则 p 是什么形式的素数？

解 由二次互反律 $\left(\dfrac{3}{p}\right)=(-1)^{\frac{p-1}{2}}\cdot\left(\dfrac{p}{3}\right)$，注意到 $p>3$，p 只能为 $p\equiv\pm1(\mathrm{mod}3)$ 且
$$\left(\frac{p}{3}\right)\equiv\begin{cases}1,&p\equiv 1(\mathrm{mod}4)\\-1,&p\equiv -1(\mathrm{mod}4)\end{cases}$$

所以 $\left(\dfrac{3}{p}\right)=1$ 只能出现下列两种情况：

$$\begin{cases} p \equiv 1(\mathrm{mod}\,3) \\ p \equiv 1(\mathrm{mod}\,4) \end{cases} \text{或} \begin{cases} p \equiv -1(\mathrm{mod}\,3) \\ p \equiv -1(\mathrm{mod}\,4) \end{cases}$$

即 $p \equiv 1(\mathrm{mod}\,12)$ 或 $p \equiv -1(\mathrm{mod}\,12)$。

例 5 已知 563 是素数，判定同余式 $x^2 \equiv 286(\mathrm{mod}\,563)$ 是否有解。

解 计算 Legendre 符号有

$$\left(\frac{286}{563}\right)=\left(\frac{2\times 11\times 13}{563}\right)=\left(\frac{2}{563}\right)\left(\frac{11}{563}\right)\left(\frac{13}{563}\right)$$

$$=(-1)(-1)^{\frac{11-1}{2}\times\frac{563-1}{2}}\left(\frac{563}{11}\right)(-1)^{\frac{13-1}{2}\times\frac{563-1}{2}}\left(\frac{563}{13}\right)$$

$$=\left(\frac{2}{11}\right)\left(\frac{4}{13}\right)=(-1)=-1$$

即同余式无解。

注 2 若 p 是奇素数，则计算 Legendre 符号 $\left(\dfrac{a}{p}\right)$ 的步骤如下：

（1）求出 $a \equiv a_0(\mathrm{mod}\,p)$，$1 \le a_0 \le p$。

（2）将 a_0 写成 $a_0 = Q^2 q_1 q_2 \cdots q_k$ 的形式，其中，$Q \in \mathbf{Z}$，$q_1, q_2, \cdots, q_k$ 是互不相同的素数。

（3）若存在某个 $q_i = 2$，则根据 $p = 8k \pm 1$，$p = 8k \pm 3$ 判定 $\left(\dfrac{q_i}{p}\right)$ 的值是 +1，还是 -1。

（4）若 $q_i \ne 2$，则利用二次互反律将 $\left(\dfrac{q_i}{p}\right)$ 的计算转化为 $\left(\dfrac{p}{q_i}\right)$ 的计算。

（5）重复以上步骤，直至求出每个 $\left(\dfrac{q_i}{p}\right)$。

（6）计算 $\left(\dfrac{q}{p}\right)=\displaystyle\prod_{i=1}^{k}\left(\frac{q_i}{p}\right)$。

我们已经能够通过计算 Legendre 符号得到 $x^2 \equiv a(\mathrm{mod}\,p)$ 的解数，但对于一个具体的二次同余式，在其有解时如何求具体的解呢？下面探究具体的二次同余式的求解方法。

首先，不妨设 $0 < a < p$，且 x 在其简化系中，为方便可设 $0 < x < \dfrac{p}{2}$，则 $x^2 < \dfrac{p^2}{4}$，因为解同余式 $x^2 \equiv a(\mathrm{mod}\,p)$ 相当于解不定方程 $x^2 = a + py$，故有

$$0 < y = \frac{x^2 - a}{p} < \frac{x^2}{p} < \frac{p}{4}$$

所以在求 y 的值时，不必考虑大于 $\dfrac{p}{4}$ 的整数，这就大大缩小了讨论的范围。

其次，任取素数 $q \neq p$，求出 q 的平方非剩余，设为 $a_1, a_2, \cdots, a_s$。以 $v_1, v_2, \cdots, v_s$ 表示下列同余式的解

$$a + py \equiv a_1 (\mathrm{mod}\, q)$$

$$a + py \equiv a_2 (\mathrm{mod}\, q)$$

$$\vdots$$

$$a + py \equiv a_s (\mathrm{mod}\, q)$$

由于平方数一定为任意模的平方剩余，故若取 $y \equiv v_i (\mathrm{mod}\, q)$，则 $a + py$ 一定是 q 的平方非剩余，因而 $a + py$ 一定不是平方数，从而不能有 $x^2 = a + py$，这样可淘汰满足 $y \equiv v_i (\mathrm{mod}\, q)$ 的各个 y 的值。对不同的 q，淘汰相应的 y 值，直至留下的 y 的个数较少且计算不太麻烦时，则可把直接留下的 y 代入，直到 $a + py$ 是一个平方数，从而求出 $x^2 \equiv a (\mathrm{mod}\, p)$ 的解。这种方法称为高斯淘汰法。

例 6 解同余式 $x^2 \equiv 73 (\mathrm{mod}\, 137)$。

解 因为 $\left(\dfrac{73}{137} \right) = 1$，所以 $x^2 \equiv 73 (\mathrm{mod}\, 137)$ 有两个解。

由于 $p = 137$，故 $0 < y \leqslant 34$。

取 $q = 3$，则 2 为 3 的一个平方非剩余。

解同余式 $3 + 137y \equiv 2 (\mathrm{mod}\, 3)$，得到 $y \equiv 2 (\mathrm{mod}\, 3)$，从不大于 34 的正整数中淘汰形如 $y = 2 + 3t$ 的数，即留下 1,3,4,6,7,9,10,12,13,15,16,18,19,21,22,24,25,27,28,30,31,33,34。

再取 $q = 5$，知道 2,3 为素数 5 的平方非剩余，解同余式 $73 + 137y \equiv 2 (\mathrm{mod}\, 5)$ 和 $73 + 137y \equiv 3 (\mathrm{mod}\, 5)$，其解为 $y \equiv 2 (\mathrm{mod}\, 5)$，$y \equiv 0 (\mathrm{mod}\, 5)$，再从前面的数中淘汰形如 $y = 2 + 5t$ 和 $y = 5t$ 的数，留下 1,3,4,6,9,13,16,18,19,21,24,28,31,33,34。

又取 $q = 7$，则 3,5,6 为素数 7 的三个平方非剩余，解同余式 $73 + 137y \equiv 3,5,6 (\mathrm{mod}\, 7)$，得到 $y \equiv 0,4,6 (\mathrm{mod}\, 7)$，再淘汰形如 $y = 4 + 7t$，$y = 7t$，$y = 6 + 7t$ 的数，就只留下了 1,3,9,16,19,24,31,33。

将这些数代入有 $137y + 73 = x^2$，得到 $137 \times 3 + 73 = 484 = 22^2$，故 $x \equiv \pm 22 (\mathrm{mod}\, 137)$ 为原同余式的解。

例 7 设 p 是奇素数，$p \equiv 1 (\mathrm{mod}\, 4)$，则

$$\left(\pm \left(\frac{p-1}{2} \right)! \right)^2 \equiv -1 (\mathrm{mod}\, p)$$

解 由威尔逊定理，有

$$-1 \equiv (p-1)! = (-1)^{\frac{p-1}{2}}(p-1)!$$

$$= (-1)^{\frac{p-1}{2}} 1 \cdot 2 \cdot \cdots \cdot \frac{p-1}{2} \cdot \frac{p+1}{2} \cdot \cdots \cdot (p-1)$$

$$\equiv \left(\left(\frac{p-1}{2} \right)! \right)^2 (\bmod p)$$

由此可知，当素数 $p \equiv 1 (\bmod 4)$ 时，模 p 的所有二次剩余之积对模 p 同余于-1，实际上也得到了同余式 $x^2 \equiv -1 (\bmod p)$ 的解。

⊙ **定理 9** 设 p 是奇素数，$\left(\dfrac{a}{p} \right) = 1$，关于同余式 $x^2 \equiv a (\bmod p)$ 的解有以下结论：

（1）当 $p \equiv 3 (\bmod 4)$ 时，同余式的解为 $x = \pm a^{\frac{p+1}{4}} (\bmod p)$。

（2）当 $p = 8m+5$ 时，同余式的解的情况如下：

① 若 $a^{2m+1} \equiv 1 (\bmod p)$，则同余式的解为 $x \equiv \pm a^{m+1} (\bmod p)$。

② 若 $a^{2m+1} \equiv -1 (\bmod p)$，则同余式的解为 $x \equiv \pm 2^{2m+1} a^{m+1} (\bmod p)$。

③ 若 $a^{2m+1} \equiv -1 (\bmod p)$，则同余式的解也可写为 $x \equiv \pm a^{m+1} \left(\dfrac{p-1}{2} \right)! (\bmod p)$。

证 由于同余式 $x^2 \equiv a (\bmod p)$ 有解，故 $a^{\frac{p-1}{2}} \equiv 1 (\bmod p)$。

（1）$a \equiv a^{\frac{p-1}{2}} a \equiv a^{\frac{p+1}{2}} \equiv \left(\pm a^{\frac{p+1}{4}} \right)^2$，即证明了结论（1）。

（2）由 $p = 8m+5$ 知，$\dfrac{1}{2}(p-1) = 4m+2$，故 $a^{4m+2} - 1 \equiv 0 (\bmod p)$，则 $(a^{2m+1} - 1)(a^{2m+1} + 1) \equiv 0 (\bmod p)$，因此 $(a^{2m+1} - 1) \equiv 0 (\bmod p)$ 或 $(a^{2m+1} + 1) \equiv 0 (\bmod p)$。

① 若前式成立，那么 $a^{2m+1} \cdot a \equiv a (\bmod p)$，即 $(a^{m+1})^2 \equiv a (\bmod p)$，所以原同余式的解是 $x \equiv \pm a^{m+1} (\bmod p)$。

② 若 $a^{2m+1} \equiv -1 (\bmod p)$，则 $a^{2m+1} \cdot a \equiv -a (\bmod p)$。

又因为 2 是模 $p = 8m+5$ 的平方非剩余，即 $2^{\frac{1}{2}(p-1)} = 2^{4m+2} \equiv -1 (\bmod p)$，所以原同余式的解为

$$x \equiv \pm 2^{2m+1} a^{m+1} (\bmod p)$$

③ 若后式成立，则 $a^{2m+1} \cdot a \equiv -a (\bmod p)$。

由前面的例 7 有

$$\left(\pm \left(\frac{p-1}{2} \right)! \right)^2 \equiv -1 (\bmod p)$$

即有 $\left(\pm a^{m+1} \left(\dfrac{p-1}{2} \right)! \right)^2 \equiv a(\bmod p)$ 。

其实还可以考虑当 $p \equiv 1(\bmod 8)$ 时解的情况，比较复杂，下面给出定理。

⊙ **定理 10**　设 $p \equiv 1(\bmod 8)$ ， $\left(\dfrac{a}{p} \right) = 1$ ， $\left(\dfrac{b}{p} \right) = -1$ ，则同余式 $x^2 \equiv a(\bmod p)$ 有解，为

$\pm a^{\frac{s+1}{2}} \cdot b^{t_k}$ ，其中， s 满足 $p = 2^k s + 1$ ， 2 不能整除 s ， t_k 是某个待定整数。

证　由 $p \equiv 1(\bmod 8)$ ，可设 $p = 2^k s + 1$ ， $k \geq 3$ ， 2 不能整除 s ，由 $\left(\dfrac{a}{p} \right) = 1$ ， $\left(\dfrac{b}{p} \right) = -1$ 得

到 $a^{2^{k-1}s} \equiv 1(\bmod p)$ ， $b^{2^{k-1}s} \equiv -1(\bmod p)$ 。

于是由 $a^{2^{k-1}s} \equiv 1(\bmod p)$ ，下面两个同余式恰有一个成立：

$$a^{2^{k-2}s} \equiv 1(\bmod p)$$

$$a^{2^{k-2}s} \equiv -1(\bmod p)$$

故有非负整数 $t_2 = sf$ （当第一个式子成立时 $f = 0$ ，反之 $f = 1$ ）使下式成立：

$$a^{2^{k-2}s} \cdot b^{2^{k-1}t_2} \equiv 1(\bmod p)$$

对其继续分解，又有下面两个同余式中恰有一个成立：

$$a^{2^{k-3}s} \cdot b^{2^{k-2}t_2} \equiv 1(\bmod p)$$

$$a^{2^{k-2}s} \cdot b^{2^{k-2}t_2} \equiv -1(\bmod p)$$

同理有非负整数 $t_3 = sf$ （ $f = 0$ 或 1 ）使下式成立：

$$a^{2^{k-3}s} \cdot b^{2^{k-2}t_3} \equiv 1(\bmod p)$$

因为 k 是有限整数，所以必有一非负整数 t_k ，使得

$$a^s \cdot b^{2t_k} \equiv 1(\bmod p)$$

于是两边同乘 a 得到

$$a^{s+1} \cdot b^{2t_k} \equiv a(\bmod p)$$

即 $(a^s \cdot b^{2t_k})^2 \equiv a(\bmod p)$ ，所以原同余式的解为 $x \equiv \pm a^{\frac{s+1}{2}} \cdot b^{t_k} (\bmod p)$ 。

例 8　解下列同余式。

（1） $x^2 \equiv 3(\bmod 13)$ 。

（2） $x^2 \equiv 2(\bmod 17)$ 。

解　显然两个同余式都有解，且其模比较小，很容易得到解，现在我们应用定理来求解。

（1）因为 $13 \equiv 5(\bmod 8)$ ，且 $3^{\frac{13-1}{4}} = 3^3 \equiv 1(\bmod 13)$ ，所以由定理 9 知，解为

$x \equiv \pm 3^{\frac{13+3}{8}} \equiv \pm 9(\bmod 13)$ 。

（2）由定理 10 知 $17 \equiv 1(\mathrm{mod}\,8)$，先求得 3 是 17 的非平方剩余，即有 $3^{\frac{17-1}{2}} \equiv -1(\mathrm{mod}\,17)$，即 $3^{2^3} \equiv -1(\mathrm{mod}\,17)$，又因为 $2^{\frac{17-1}{2}} = 2^{2^3} \equiv 1(\mathrm{mod}\,17)$，而 $2^{2^2} \equiv -1(\mathrm{mod}\,17)$，所以有 $2^{2^2}3^{2^3} \equiv 1(\mathrm{mod}\,17)$，分解有 $(2^23^{2^2}+1)(2^23^{2^2}-1) \equiv 0(\mathrm{mod}\,17)$。进一步因为 $2^23^{2^2} \equiv 1(\mathrm{mod}\,17)$，有 $(2\times 3^2+1)(2\times 3^2-1) \equiv 0(\mathrm{mod}\,17)$，有 $2\times 3^2 \equiv 1(\mathrm{mod}\,17)$，所以原同余式的解为 $x \equiv \pm 6(\mathrm{mod}\,17)$。

下面介绍二次剩余理论和平方剩余的应用。

例 9　证明形如 $4m+1$ 的素数有无穷多个。

证　假设形如 $4m+1$ 的素数只有有限个，设为 $p_1 p_2 \cdots p_k$，显然 $(2p_1 p_2 \cdots p_k)^2 +1$ 的最小素因数 p 是奇数，且 p 与 $p_1 \cdots p_k$ 不同，设 p 为 $4m+3$ 型的素数，但 p 整除 $(2p_1 \cdots p_k)^2 +1$，表明 $(2p_1 p_2 \cdots p_k)^2 +1 \equiv 0(\mathrm{mod}\,p)$，即 $x^2 \equiv -1(\mathrm{mod}\,p)$ 有解，$\left(\dfrac{-1}{p}\right) = 1$；又因为 $\left(\dfrac{-1}{p}\right) \equiv (-1)^{\frac{p-1}{2}} \equiv (-1)^{2m+1} = -1(\mathrm{mod}\,p)$，矛盾，所以 p 为 $4m+1$ 型的素数，这与 $4m+1$ 型的素数只有 k 个矛盾。

例 10　设 $p = 4n+3$ 是素数，试证当 $q = 2p+1$ 也是素数时，梅森数 M_p 不是素数。

证　因为 $q = 8n+7$，$2^{4n+3} = 2^{\frac{q-1}{2}} \equiv \left(\dfrac{2}{q}\right) \equiv 1(\mathrm{mod}\,q)$，所以 $q \mid (2^{4n+3}-1)$，即 $q \mid M_p$，所以 M_p 不是素数。

例 11　证明不定方程 $x^2 + 23y = 17$ 无整数解。

证　只需要证明 $x^2 \equiv 17(\mathrm{mod}\,23)$ 无解即可。

$\because 17 \equiv 1(\mathrm{mod}\,4)$，$\therefore \left(\dfrac{17}{23}\right) = \left(\dfrac{23}{17}\right) = \left(\dfrac{6}{17}\right) = \left(\dfrac{2}{17}\right)\left(\dfrac{3}{17}\right) = \left(\dfrac{3}{17}\right) = \left(\dfrac{17}{3}\right) = \left(\dfrac{2}{3}\right) = -1$，

$\therefore x^2 \equiv 17(\mathrm{mod}\,23)$ 无解，即原方程无解。

例 12　设 x 为整数，证明形如 x^2+1 的整数的所有奇素因数都有 $4k+1$ 的形式（其中，k 为整数）。

证　设奇素因数 $q = 2n+1$ 是整数 x^2+1 的任意一个奇素因数，于是有 $x^2+1 \equiv 0(\mathrm{mod}\,2n+1)$，即 $x^2 \equiv -1(\mathrm{mod}\,2n+1)$，则 -1 是模 $2n+1$ 的平方剩余，$\left(\dfrac{-1}{2n+1}\right) = 1$，其中，$2n+1$ 是奇素数。由推论 1 知奇素数为 $4k+1$ 的形式，即有 $2n+1 \equiv 1(\mathrm{mod}\,4)$。

从而 $2n \equiv 0(\mathrm{mod}\,4)$，故 $n \equiv 0(\mathrm{mod}\,2)$，所以 n 是偶数，记 $n = 2k$，便有 $2n+1 = 4k+1$。这样就证明了整数 x^2+1 的所有奇素因数形式必为 $4k+1$ 型。

4.4.2　Jacobi 符号

对奇素数 p，利用计算 Legendre 符号的方法可判定下面同余式是否有解

$$x^2 \equiv a(\bmod\, p) \tag{4.64}$$

而对一般正整数 $m = p_1^{\alpha_1} p_2^{\alpha_2} \cdots p_k^{\alpha_k}$，同余式

$$x^2 \equiv a(\bmod\, m) \tag{4.65}$$

是否有解？理论上可化为 $x^2 \equiv a(\bmod\, p_i)$ 后进行综合判别，但这是不容易的，为此介绍一个更为实用的符号。

📖 **定义**　对正奇数 $m > 1$，$m = p_1 p_2 \cdots p_k$，其中，$p_i\ (1 \leqslant i \leqslant k)$ 是奇素数，对于任意的整数 a，称 $\left(\dfrac{a}{m}\right)$ 为 Jacobi 符号，其值为

$$\left(\frac{a}{m}\right) = \left(\frac{a}{p_1}\right)\left(\frac{a}{p_2}\right)\cdots\left(\frac{a}{p_k}\right)$$

其中，右端的 $\left(\dfrac{a}{p_i}\right)\ (1 \leqslant i \leqslant k)$ 是 Legendre 符号。

若 $m = 45 = 3 \times 3 \times 5$，则有

$$\left(\frac{2}{45}\right) = \left(\frac{2}{3}\right)\left(\frac{2}{3}\right)\left(\frac{2}{5}\right) = \left(\frac{2}{5}\right) = (-1)^{\frac{5^2-1}{8}} = -1$$

注 1　Jacobi 符号 $\left(\dfrac{a}{m}\right)$ 是 Legendre 符号 $\left(\dfrac{a}{p}\right)$ 的推广。

注 2　当 $\left(\dfrac{a}{m}\right) = 1$ 时，同余式（4.65）不一定有解。

如同余式 $x^2 \equiv 2(\bmod\, 9)$ 无解，但是 $\left(\dfrac{2}{9}\right) = \left(\dfrac{2}{3}\right)\left(\dfrac{2}{3}\right) = 1$。

注 3　当 $\left(\dfrac{a}{m}\right) = -1$ 时，同余式（4.65）一定无解。

若 $\left(\dfrac{a}{m}\right) = \left(\dfrac{a}{p_1}\right)\left(\dfrac{a}{p_2}\right)\cdots\left(\dfrac{a}{p_k}\right) = -1$，则至少有一个 $\left(\dfrac{a}{p_i}\right) = -1$，那么 $x^2 \equiv a(\bmod\, p_i)$ 无解，从而同余式（4.65）无解。

类比 Legendre 符号，我们来研究 Jacobi 符号的性质。

⊙ **定理 1**　若正奇数 $m > 1$，则有下面的性质：

（1）若 $a \equiv b(\bmod\, m)$，则

$$\left(\frac{a}{m}\right) = \left(\frac{b}{m}\right)$$

（2）$\left(\dfrac{1}{m}\right) = 1$。

（3）对于任意的整数 $a_1, a_2, \cdots, a_t$，有

$$\left(\frac{a_1 a_2 \cdots a_t}{m}\right) = \left(\frac{a_1}{m}\right)\left(\frac{a_2}{m}\right)\cdots\left(\frac{a_t}{m}\right)$$

证　（1）由 $a \equiv b(\bmod m)$，可知

$$a \equiv b(\bmod p_i)，\quad 1 \le i < k$$

因此

$$\left(\frac{a}{m}\right) = \left(\frac{a}{p_1}\right)\left(\frac{a}{p_2}\right)\cdots\left(\frac{a}{p_k}\right) \equiv \left(\frac{b}{p_1}\right)\left(\frac{b}{p_2}\right)\cdots\left(\frac{b}{p_k}\right) = \left(\frac{b}{m}\right)(\bmod m)$$

分为两种情况：

① $a \equiv b \equiv 0(\bmod m)$，得证。

② 当 $(a,m) = (b,m) = 1$ 时，等式两边取 1 或 –1，证得两边只能相等。

性质（2）（3）自己证明。

⊙ 定理 2　设 $m = p_1 p_2 \cdots p_k$ 是奇数，其中，p_i 是奇素数，则有以下结论：

（1）$\left(\dfrac{-1}{m}\right) = (-1)^{\frac{m-1}{2}}$。

（2）$\left(\dfrac{2}{m}\right) = (-1)^{\frac{m^2-1}{8}}$。

证　（1）为方便，记

$$m = p_1 p_2 \cdots p_k = \prod_{i=1}^{k}(1 + p_i - 1) = 1 + \sum_{i=1}^{k}(p_i - 1) + \sum_{i \ne j}(p_i - 1)(p_j - 1) + \cdots$$

因为和式从第二项起都是 4 的倍数，所以有

$$m \equiv 1 + \sum_{i=1}^{k}(p_i - 1)(\bmod 4)$$

$$\frac{m-1}{2} \equiv \sum_{i=1}^{k}\frac{1}{2}(p_i - 1)(\bmod 2)$$

由定义有

$$\left(\frac{-1}{m}\right) = \prod_{i=1}^{k}\left(\frac{-1}{p_i}\right) = (-1)^{\frac{p_1-1}{2}+\frac{p_2-1}{2}+\cdots+\frac{p_k-1}{2}} = (-1)^{\frac{m-1}{2}}$$

（2）为方便，记

$$m^2 = \prod_{i=1}^{k}(1 + p_i^2 - 1) = 1 + \sum_{i=1}^{k}(p_i^2 - 1) + \sum_{i \ne j}(p_i^2 - 1)(p_j^2 - 1) + \cdots$$

因为 p_i 是奇素数，$p_i^2 - 1 \equiv 0(\bmod 8)$，所以有

$$m^2 \equiv 1 + \sum_{i=1}^{k}(p_i^2 - 1)(\bmod 64)$$

$$\frac{1}{8}(m^2-1) \equiv \sum_{i=1}^{k}\frac{1}{8}(p_i^2-1)(\bmod 8)$$

由定义有

$$\left(\frac{2}{m}\right) = \prod_{i=1}^{k}\left(\frac{2}{p_i}\right) = (-1)^{\frac{p_1^2-1}{8}+\frac{p_2^2-1}{8}+\cdots+\frac{p_k^2-1}{8}} = (-1)^{\frac{m^2-1}{8}}$$

⊙ **定理 3**　设 m,n 是大于 1 的奇整数，则

$$\left(\frac{n}{m}\right) = (-1)^{\frac{m-1}{2}\cdot\frac{n-1}{2}}\left(\frac{m}{n}\right) \tag{4.66}$$

证　若 $(m,n)>1$，则由 Jacobi 符号的定义可知式（4.66）成立。

若 $(m,n)=1$，设

$$m = p_1p_2\cdots p_k, \quad n = q_1q_2\cdots p_l$$

其中，$p_i,q_j (1\le i\le k,\ 1\le j\le l)$ 都是奇素数，$(p_i,q_j)=1 (1\le i\le k,\ 1\le j\le l)$，则有

$$\begin{aligned}
\left(\frac{n}{m}\right) &= \prod_{i=1}^{k}\left(\frac{n}{p_i}\right) = \prod_{i=1}^{k}\prod_{j=1}^{l}\left(\frac{q_j}{p_i}\right) \\
&= \prod_{i=1}^{k}\prod_{j=1}^{l}(-1)^{\frac{p_i-1}{2}\cdot\frac{q_j-1}{2}}\left(\frac{p_i}{q_j}\right) \\
&= \prod_{i=1}^{k}\prod_{j=1}^{l}(-1)^{\frac{p_i-1}{2}\cdot\frac{q_j-1}{2}}\prod_{i=1}^{k}\prod_{j=1}^{l}\left(\frac{p_i}{q_j}\right) \\
&= (-1)^{\delta}\prod_{i=1}^{k}\left(\frac{p_i}{n}\right) = (-1)^{\delta}\left(\frac{m}{n}\right)
\end{aligned} \tag{4.67}$$

其中

$$\delta = \sum_{i=1}^{k}\sum_{j=1}^{l}\frac{p_i-1}{2}\cdot\frac{q_j-1}{2}$$

由定理 2，因为 $2\nmid n,\ 2\nmid m$，所以

$$\delta = \sum_{i=1}^{k}\frac{p_i-1}{2}\sum_{j=1}^{l}\frac{q_j-1}{2} \equiv \sum_{i=1}^{k}\frac{p_i-1}{2}\cdot\frac{n-1}{2} \equiv \frac{m-1}{2}\cdot\frac{n-1}{2}(\bmod 2)$$

将其代入式（4.67）即得到式（4.66）成立。

利用以上定理，我们可以很容易地计算 Jacobi 符号和 Legendre 符号的数值，但 Legendre 符号和 Jacobi 符号的作用是不一样的。

例　已知 563 是素数，判定同余式 $x^2 \equiv 429 \ (\bmod 563)$ 是否有解。

解　利用已有的定理，有

$$\left(\frac{429}{563}\right)=(-1)^{\frac{429-1}{2}\cdot\frac{563-1}{2}}\left(\frac{563}{429}\right)=\left(\frac{134}{429}\right)=\left(\frac{2}{429}\right)\left(\frac{67}{429}\right)$$

$$=-(-1)^{\frac{67-1}{2}\cdot\frac{429-1}{2}}=-\left(\frac{627}{67}\right)=-\left(\frac{3}{67}\right)=(-1)(-1)\left(\frac{1}{3}\right)=1$$

所以原同余式有解。

注 4 在上面的例题中，如果用计算 Legendre 符号的数值来判定比较麻烦，因为对 Legendre 符号使用二次互反律时要求高，但是现在是对 Jacobi 符号使用二次互反律，要求降低，会简单一些。

4.4.3 合数模两次同余式

下面讨论同余式 $x^2 \equiv a(\bmod m)$ 有解的条件和解的个数等问题，设 $m = 2^\alpha p_1^{\alpha_1} p_2^{\alpha_2} \cdots p_k^{\alpha_k}$，$p_i$ 为奇素数。

首先，上述同余式等价于同余式组

$$\begin{cases} x^2 \equiv a(\bmod 2^\alpha) \\ x^2 \equiv a(\bmod p_i^{\alpha_i}) \ (i=1,2,\cdots,k) \end{cases} \tag{4.68}$$

对模 p^α，由 4.3 节内容容易得到下面的定理。

⊙ 定理 1 设 p 是奇素数，$(a,p)=1$，则有以下结论：

（1）若 $\left(\dfrac{a}{p}\right)=-1$，则同余式 $x^2 \equiv a(\bmod p^\alpha)$ 无解。

（2）若 $\left(\dfrac{a}{p}\right)=1$，则同余式 $x^2 \equiv a(\bmod p^\alpha)$ 有两个解。

⊙ 定理 2 若 $(a,2)=1$，则有以下结论：

（1）当 $\alpha=1$ 时，$x^2 \equiv a(\bmod 2^\alpha)$ 有且仅有一解。

（2）当 $\alpha=2$ 时，$x^2 \equiv a(\bmod 2^\alpha)$ 有解的充要条件是 $a=4k+1$，且若其有解，则有两个解。

（3）当 $\alpha \geqslant 3$ 时，$x^2 \equiv a(\bmod 2^\alpha)$ 有解的充要条件是 $a=8k+1$，且若其有解，则有四个解。

证 若 $x^2 \equiv a(\bmod 2^\alpha)$ 有解，则 x 为奇数。

设 $x=1+2t$，代入原式得 $1+4t(t+1) \equiv a(\bmod 4)$。

当 $\alpha=2$ 时，则有 $a \equiv 1(\bmod 4)$；当 $\alpha \geqslant 3$ 时，则 $a=1+4\times(1+1) \equiv 1(\bmod 8)$；当 $\alpha=1$ 时，显然 $x \equiv 1(\bmod 2)$ 是同余式的解。

反之若上述条件成立，则有

当 $\alpha=1$ 时，$x^2 \equiv a(\bmod 2^\alpha)$ 有解 $x \equiv 1(\bmod 2)$；

当 $\alpha=2$ 时，$x^2 \equiv a(\bmod 2^\alpha)$ 有解 $x \equiv 1,3(\bmod 4)$；

当 $\alpha \geqslant 3$ 时，$a \equiv 1(\bmod 8)$；

① 当 $\alpha = 3$，$a \equiv 1(\mathrm{mod}\, 8)$ 时，$x^2 \equiv a(\mathrm{mod}\, 2^3)$ 有解 $x = 1, 3, 5, 7(\mathrm{mod}\, 8)$。

② 当 $\alpha > 3$ 时，考虑 $x^2 \equiv a(\mathrm{mod}\, 2^\alpha)$ 中的 x 可以写成 $x = \pm(1 + 4t_3)$ 的形式，代入 $x^2 \equiv a(\mathrm{mod}\, 2^4)$，有 $t_3 \equiv \dfrac{a-1}{8}(\mathrm{mod}\, 2)$，即 $t_3 = t_3' + 2t_4$，$t_3' = \dfrac{a-1}{8}$，即 $x = \pm(1 + 4t_3' + 8t_4) = \pm(x_4 + 8t_4)$ 是满足 $x^2 \equiv a(\mathrm{mod}\, 2^4)$ 的解。

同理，$x^2 \equiv a(\mathrm{mod}\, 2^5)$ 的解为 $x = \pm(x_5 + 16t_5)$。

根据同样的方法，对于一切 $\alpha > 3$，$x^2 \equiv a(\mathrm{mod}\, 2^\alpha)$ 的解为 $x = \pm(x_\alpha + 2^{\alpha-1}t_\alpha)$。

对模 2^α 来说是 4 个解，且解为 $x \equiv x_\alpha, x_\alpha + 2^{\alpha-1}, -x_\alpha, -x_\alpha - 2^{\alpha-1}(\mathrm{mod}\, 2^\alpha)$。

例 1　解同余式 $x^2 \equiv 57(\mathrm{mod}\, 2^6)$。

解　因为 $57 = 7 \times 8 + 1$，且 $\alpha = 6$，所以由定理 2 可知有 4 个解。

将 $x = \pm(1 + 4t_3)$ 代入 $x^2 \equiv 57(\mathrm{mod}\, 16)$，有 $t_3 \equiv \dfrac{57-1}{8} \equiv 1(\mathrm{mod}\, 2)$，所以 $x = \pm[1 + 4(1 + 2t_4)] = \pm(5 + 8t_4)$；代入 $x^2 \equiv 57(\mathrm{mod}\, 32)$，有 $t_4 \equiv \dfrac{57-1}{16} \equiv 0(\mathrm{mod}\, 2)$，有 $t_4 = 2t_5$，所以 $x = \pm[5 + 8(2t_5)] = \pm(5 + 16t_5)$；代入 $x^2 \equiv 57(\mathrm{mod}\, 64)$ 得 $t_5 \equiv \dfrac{57-25}{32} \equiv 1(\mathrm{mod}\, 2)$，即 $t_5 = 1 + 2t_6$，所以有 $x = \pm[5 + 16(1 + 2t_6)] = \pm(21 + 32t_6)$ 的解，即 $x \equiv \pm 21, \pm 53(\mathrm{mod}\, 64)$。

⊙ **定理 3**　设 $m = 2^\alpha p_1^{\alpha_1} p_2^{\alpha_1} \cdots p_k^{\alpha_k}$，则同余式 $x^2 \equiv a(\mathrm{mod}\, m)$，$(a, m) = 1$，有解的充要条件为当 $\alpha = 2$ 时，$a = 4k + 1$；当 $\alpha \geq 3$ 时，$a \equiv 1(\mathrm{mod}\, 8)$ 且 $\left(\dfrac{a}{p_i}\right) = 1$（$i = 1, 2, \cdots, k$）。

若上述条件成立，则同余式有解且当 $\alpha = 0, 1$ 时，有 2^k 个解；当 $\alpha = 2$ 时，有 2^{k+1} 个解；当 $\alpha \geq 3$ 时，有 2^{2+k} 个解。

证　由定理 1 和定理 2 可得。

因为 $f(x) = x^2 - a$，$f'(x) = 2x$，$(p, 2x) = 1$，所以低次模的解能导出高次模的解。

例 2　解同余式 $x^2 \equiv 41(\mathrm{mod}\, 8000)$。

解　因为 $8000 = 2^6 \times 5^3$，$\left(\dfrac{41}{5}\right) = 1$，又因为 $8 \mid (41 - 1)$，所以原同余式有解，且有 2^{1+2} 个解，原同余式等价于同余式组

$$\begin{cases} x^2 \equiv 41(\mathrm{mod}\, 2^6) \\ x^2 \equiv 41(\mathrm{mod}\, 5^3) \end{cases}$$

同余式组中的第 1 式的解为 $x \equiv \pm 13, \pm 19(\mathrm{mod}\, 64)$。

同余式组中的第 2 式的解为 $x \equiv \pm 54(\mathrm{mod}\, 125)$。

由孙子定理可知原同余式的解为 $x \equiv \pm 179, \pm 429, \pm 3571, \pm 3821(\mathrm{mod}\, 8000)$。

习题

1．判断下列同余式是否有解。

（1）$x^2 \equiv 429 (\bmod 563)$。

（2）$x^2 \equiv 680 (\bmod 769)$。

（3）$x^2 \equiv 503 (\bmod 1013)$。

2．求以 3 为平方非剩余的素数的一般表达式。

3．同余式 $x^2 \equiv 10 (\bmod 13)$ 有多少个解？

4．求出模 19 的所有的二次剩余和二次非剩余。

5．求所有的素数 p，使得 2 是二次剩余，3 是二次非剩余。

6．已知 769 是素数，判定同余式 $x^2 \equiv 1742 (\bmod 769)$ 是否有解。

7．证明：形如 $8k+7$（$k \in \mathbf{Z}$）的素数有无穷多个。

8．证明：形如 $8k+5$（$k \in \mathbf{Z}$）的素数有无穷多个。

9．解同余式：（1）$x^2 \equiv 59 (\bmod 125)$。（2）$x \equiv 41 (\bmod 64)$。

10．（1）证明同余式 $x^2 \equiv 1 (\bmod m)$ 与同余式 $(x+1)(x-1) \equiv 0 (\bmod m)$ 等价。

（2）应用（1）举出一个求同余式 $x^2 \equiv 1 (\bmod m)$ 的所有解的方法。

4.5　探究与拓展

本章前 4 节主要介绍了一次同余式（组），模为素数（幂）的高次同余式的一般理论及平方剩余理论，给出了孙子定理、威尔逊定理、二次互反律等一些重要的数论定理。同余方法在中学数学竞赛中的应用也是灵活多样、思路独特、妙趣横生的。本书精选了一些比较典型的国内外联赛试题和 IMO 试题，分享给读者。

真题荟萃

例 1（2020 东南赛）设多项式 $f(x) = x^{2020} + \sum_{i=0}^{2019} c_i x^i$，其中，$c_i \in \{-1, 0, 1\}$，记 N 为 $f(x) = 0$ 的正整数根的个数（含重根），若 $f(x) = 0$ 无负整数根，求 N 的最大值。

证　首先，由于 $c_i \in \{-1, 0, 1\}$，$f(x)$ 的根的绝对值不可能大于 2，故仅需考虑 $-1, 0, 1$ 三种整数根。考虑多项式

$$f(x) = (x-1)(x^3-1)(x^5-1)(x^{11}-1)(x^{21}-1)(x^{43}-1)(x^{85}-1)(x^{171}-1)(x^{341}-1)(x^{683}-1)x^{656}$$

满足条件。此时 $f(x)$ 的次数为 2020，其中，$x=1$ 的根的数目为 $N=10$，并且 -1 不为 $f(x)$ 的根。

记 $f_i = x^{q_i} - 1$，其中，$q_1 = 1$，$q_2 = 3$，$q_3 = 5$，$q_4 = 11$，$q_5 = 21$，$q_6 = 43$，$q_7 = 85$，$q_8 = 171$，$q_9 = 341$，$q_{10} = 683$。容易归纳证明，$\prod_{i=1}^{J} f_i$ 是一个所有系数 $\in \{-1,0,1\}$ 的多项式，其中，$J = 1, 2, \cdots, 10$。

然后，证明 $N = 10$ 即为最大值。

现设 $N \geq 11$，于是 $(x-1)^{11} \left\| \left(x^{2020} + \sum_{i=0}^{2019} c_i x^i \right) \right.$。令 $x = -1$，有 $2^{11} \mid f(-1)$。由于 $|f(-1)| \neq 0$，故 $|f(-1)| \geq 2^{11}$。同时，因为 $|f(-1)| \leq 1 + \sum_{i=0}^{2019} c_i \leq 2021 < 2^{11}$，矛盾，所以 N 的最大值为 10。

例 2（第 57 届 IMO）一个正整数构成的集合被称为"愉快的"，如果它至少有两个元素，并且每一个元素至少与它的其他不同元素有公共素因数。令 $P(n) = n^2 + n + 1$，求正整数 b 的最小值，使得存在非负整数 a，满足集合 $\{P(a+1), P(a+2), \cdots, P(a+b)\}$ 是愉快的。

解 下面证明 b 的最小值为 6，即证明 $b \geq 6$。由于

$$(P(n), P(n+1)) = (n^2+n+1, n^2+3n+3) = (n^2+n+1, 2n+2) = (n^2+n+1, n+1) = (n^2, n+1) = 1$$

类似地，可以得到

$$(P(n), P(n+2)) \big| 7, \quad (P(n), P(n+3)) \big| 3, \quad (P(n), P(n+4)) \big| 19$$

假设 $b \leq 5$，则 $P(a+1), P(a+2), \cdots, P(a+b)$ 与其他数的公共素因数只能为 $3, 7, 19$。

简单讨论即知矛盾。另外，取 a 使

$$a + 1 \equiv 7 \pmod{19}$$
$$a + 2 \equiv 0 \pmod{7}$$
$$a + 3 \equiv 1 \pmod{3}$$

解得 $a = 196 + 399n$（$n \in \mathbf{N}$）满足条件。

例 3（2011 全国联赛）证明：对任意整数 $n \geq 4$，存在一个 n 次多项式

$$f(x) = x^n + a_{n-1}x^{n-1} + \cdots + a_1 x + a_0$$

具有如下性质：

（1）$a_0, a_1, \cdots, a_{n-1}$ 均为正整数。

（2）对任意正整数 m，以及任意 k（$k \geq 2$）个互不相同的正整数 $r_1, r_2, \cdots, r_k$，均有

$$f(m) \neq f(r_1) f(r_2) \cdots f(r_k)$$

证 （1）令

$$f(x) = (x+1)(x+2)\cdots(x+n) + 2$$

将等式的右边展开即知 $f(x)$ 是一个首项系数为 1 的正整数系数的 n 次多项式。

（2）对任意整数 t，由于 $n \geq 4$，故在连续的 n 个整数 $t+1, t+2, \cdots, t+n$ 中必有一个为 4 的倍数，从而由性质（1）可知 $f(t) = 2(\mathrm{mod}\,4)$。

因此，对任意 k（$k \geq 2$）个正整数 $r_1, r_2, \cdots, r_k$，有

$$f(r_1)f(r_2)\cdots f(r_k) \equiv 2^k \equiv 0(\mathrm{mod}\,4)$$

但对任意正整数 m，有 $f(m) \equiv 2(\mathrm{mod}\,4)$，故

$$f(m) \not\equiv f(r_1)f(r_2)\cdots f(r_k)(\mathrm{mod}\,4)$$

从而 $f(m) \neq f(r_1)f(r_2)\cdots f(r_k)$，所以 $f(x)$ 符合题设要求。

例 4（2016 罗马尼亚）对于给定的素数 p，证明：存在无穷多个素数 q，使 $\displaystyle\sum_{k=1}^{\left[\frac{q}{p}\right]} k^{p-1}$ 不能被 q 整除。

证 首先，证明存在有理系数的 p 次多项式 $f(x) = x^p + a_{p-1}x^{p-1} + \cdots + a_1 x$，且 p 不是 a_k 分母的约数，使得对于任意的 $k \in \mathbf{Z}^+$，均有

$$f(k) = p(1^{p-1} + 2^{p-1} + \cdots + k^{p-1})$$

事实上，由于 $f(0) = 0$，可知原式等价于对于任意的 $k \in \mathbf{Z}^+$，均有 $f(k) - f(k-1) = pk^{p-1}$。

在比较系数后形成一个 $(p-1) \times (p-1)$ 的三角型线性方程。对于 a_k，对应的方程为 $k a_k + \varphi_k(a_{k+1}, \cdots, a_{p-1}) = 0$（$k = 1, 2, \cdots, p-1$，$\varphi_k$ 为整系数多项式，φ_{p-1} 为常值）。

因此，a_k 为有理数且分母不被 p 整除。

其次，考虑 $r \in \{1, 2, \cdots, p-1\}$。

由于 $f\left(-\dfrac{r}{p}\right) = \left(-\dfrac{r}{p}\right)^p + a$（$a$ 为有理数，分母不被 p^p 整除）。于是，$f\left(-\dfrac{r}{p}\right) \neq 0$，故在 $\mathbf{Q}[x]$ 中，f 与 $px + r$ 互素，从而，存在正整数 N 与整系数多项式 φ 和 h，使得 $f_\varphi + (px + r)h = N$。若 $q = mp + r$，$q \mid f(m)$，则 $q \mid f(m)\varphi(m) + (pm + r)h(m) = N$。因此，$q$ 不可能有无穷多个。

例 5（2017 中国台湾）定义 $f_k(n)$ 为正整数 n 的所有正因数的 k 次方之和，即 $f_k(n) = \displaystyle\sum_{\substack{m \mid n \\ m > 0}} m^k$，试求所有的正整数对 (a, b)，使得对于所有的正整数 n，均有 $f_a(n) \mid f_b(n)$。

解 令 $n = 2$，得 $(1 + 2^a) \mid (1 + 2^b)$。设 $b = aq + r$（$0 \leq r < a$），则 $1 + 2^b = 1 + 2^{aq+r} \equiv 1 + (-1)^q \times 2^r (\mathrm{mod}\,1 + 2^a)$。

因为 $|1 + (-1)^q \times 2^r| < 1 + 2^a$，所以，只能有 $1 + (-1)^q \times 2^r = 0$，故 q 为奇数且 $r = 0$，即 b 为

a 的奇数倍。设 p 为 q 的奇素因数，令 $q = lp$，则 $b = lpa$。取 $n = 2^{p-1}$，由于

$$\frac{2^\mu - 1}{2^a - 1} = \sum_{i=0}^{b-1} 2^{ia} = f_a(n), \quad f_b(n) = \sum_{i=0}^{p-1} 2^{ib}, \quad 故 \sum_{i=0}^{b-1} 2^b \equiv \sum_{i=0}^{b-1} 1 \equiv p(\bmod 2^m - 1), \quad 而 0 < p < \sum_{i=0}^{p-1} 2^{ia}, \quad 则$$

$f_a(n) \nmid f_b(n)$，矛盾。从而得 q 不能有奇素因数，即 q 只能为 1。因此，题中所求为 (a, a)（$a \in \mathbf{Z}^+$）。

例 6（2015 越南）对于正整数 k, m，若对任意正整数 a，均存在一个正整数 n，使得 $1^k + 2^k + \cdots + n^k \equiv a(\bmod m)$，则称正整数 k 具有性质 $T(m)$，求：

（1）所有具有性质 $T(20)$ 的正整数 k。

（2）具有性质 $T(20^{15})$ 的最小的正整数 k。

解 令 $S_k(n) = 1^k + 2^k + \cdots + n^k$，性质 $T(m)$ 等价于当 n 取遍所有正整数时，$S_k(n)$ 覆盖模 m 的完全剩余系。

（1）对于所有的 $n, k > 1$，$20 \mid (n^{k+4} - n^k)$，于是，若 $k > 1$ 具有性质 $T(20)$，则 $k + 4$ 也同样具有。从而，只需要对 $k = 1, 2, 3, 4, 5$ 检验性质 $T(20)$ 即可。直接计算得 $k = 4$ 具有性质 $T(20)$，而 $k = 1, 2, 3, 5$ 不具有。

因此，当且仅当 $4 \mid k$ 时，正整数 k 具有性质 $T(20)$。

（2）由（1）知，$k = 1, 2, 3$ 不具备性质 $T(20^{15})$。

下面只需证明 $k = 4$ 具备性质 $T(20^{15})$，即证明 $S_4(n)$ 覆盖模 20^{15} 的完全剩余系。

令 $S(n) = 30 S_4(n)$，则只需证明对于任意整数 a，存在一个整数 n，使得 $S_4(n) \equiv a(\bmod 20^{15})$，即 $S(n) \equiv 30a(\bmod 30 \times 20^{15})$。

由于 $S(n)$ 是关于 n 的整系数多项式，若 $S(n) \equiv a(\bmod m)$，则对于所有整数 k，均有 $S(n + km) \equiv a(\bmod m)$。

由孙子定理，只需证明对于任意 a，以下每个方程均有解：

$$S(n) \equiv 30a(\bmod 3) \tag{4.69}$$

$$S(n) \equiv 30a(\bmod 2^{31}) \tag{4.70}$$

$$S(n) \equiv 30a(\bmod 5^{16}) \tag{4.71}$$

对式（4.69），显然，$S(0) \equiv 30a(\bmod 3)$。

接下来，通过归纳法证明，对于任意正整数 r，方程 $S(n) \equiv 30a(\bmod 2^r)$ 均有解。

当 $r = 1$ 时，令 $k = 0$。

假设对于 r 命题成立，即存在 n_0，使得 $S(n_0) \equiv 30a(\bmod 2^r)$，则对于 $r + 1$，考虑以下情况：

① $S(n_0) \equiv 30a(\bmod 2^{r+1})$，此时，取 $n = n_0$ 即可满足方程。

② $S(n_0) \equiv 30a + 2^r(\bmod 2^{r+1})$，此时，取 $n = n_0 + 2^r$，则

$$S(n) \equiv S(n_0) + 2^r \pmod{2^{r+1}} \equiv 30a \pmod{2^{r+1}}$$

综上，命题对 $r+1$ 也成立。

于是，式（4.70）总有解，式（4.71）的可解性也能通过类似方法证得。

因此，具备性质 $T(20^{15})$ 的最小值 k 为 4。

例 7（2021 东南赛）给定奇素数 p 和整数数列 u_n（$n \geq 0$），定义数列 $v_n = \sum_{i=0}^{n} C_n^i p^i u_i$（$n \geq 1$），证明若有无穷多个 n 满足 $v_n = 0$，则对所有的正整数 n，$v_n = 0$。

证 定义有理系数多项式 $R_n(m)$，其中，对 $m \leq n$ 有 $R_n(m) = v_m$。假设有一列非负整数 m_j，$j = 1, 2, \cdots$，使得 $v_{m_j} = 0$，证明对任意非负整数 r，$v_r = 0$，即证对任意整数 l 都有 $p^l \mid v_r$。

对于任意的非零有理数 s，用 $v_p(s)$ 表示 s 中 p 的幂次，则要证明 $v_p(v_l) \geq l$，取 k 充分大，使得 $k \cdot \dfrac{p-2}{p-1} \geq 1$，$N \geq r$，$N \geq m_i$，则 $v_r = R_N(r)H$，$R_N(m_r) = 0$。$i = 1, 2, \cdots, k$。所以存在 $h(x) \in \mathbf{Q}[x]$，便得

$$R_N(x) = (x - m_1) \cdots (x - m_2) h(x) \tag{4.72}$$

从而 $v_p(v_r) = v_p(R_v(r)) \geq v_p(h(r))$。

对 $h(x) \in \mathbf{Q}[x]$，设 $f(x) = \sum_{i=0}^{n} a_i x^i$，记 $v_p^{(0)}(f) = \min_{j \geq i} v_p(a_j)$。

□ 引理 1 $f(x), g(x)$ 为有理系数多项式，对某个整数 m，$g(x) = (x - m) f(x)$ 成立，则对任意 $i \leq \deg f$，$v_p^{(i)}(f) \geq v_p^{(i+1)}(g)$。

证 设 $f(x) = \sum_{i=0}^{n} a_i x^i$，$g(x) = \sum_{i=0}^{n+1} b_i x^i$，则 $\forall j$（$1 \leq j \leq n$），有

$$a_j = b_{j+1} + m b_{j+2} + \cdots + m^{n-j} b_{n+1}$$

所以对任意 $j \geq i$，$v_p(a_j) \geq \min_{j \geq i+1} v_p(b_j) = v_p^{(i+1)}(g)$，即 $v_p^{(j)}(f) \geq v_p^{(i+1)}(g)$。

回到例 7，从而有

$$v_p(v_r) = v_p(R_N(r)) \geq v_p(h(r)) \geq v_p^{(0)}(h(x)) \tag{4.73}$$

由式（4.72）和引理得 $v_p^{(0)}(h(x)) \geq v_p^{(k)}(R_N(x))$。因为 $R_N(x) = \sum_{i=0}^{N} \dfrac{p^i}{i!} u_i x(x-1) \cdots (x-i+1)$，

而 $v_p\left(\dfrac{p^i}{i!}\right) \geq i \dfrac{p-2}{p-1}$，所以 $v_p^{(k)}(R_N(x)) \geq k \dfrac{p-2}{p-1} \geq l$，从而由式（4.73）得 $v_p(b_r) \geq l$，得证。

例 8（2012 全国联赛）试证明：集合 $A = \{2, 2^2, \cdots, 2^n, \cdots\}$ 满足

（1）对每个 $a \in A$ 及 $b \in \mathbf{N}^*$，若 $b < 2a - 1$，则 $b(b+1)$ 一定不是 $2a$ 的倍数。

（2）对每个 $a \in \overline{A}$（A 在 $\mathbf{N}$ 中的补集），且 $a \neq 1$，必存在 $b \in \mathbf{N}^*$，$b < 2a - 1$，使 $b(b+1)$

是 $2a$ 的倍数。

证 （1）对任意的 $a \in A$，设 $a = 2^k$（$k \in \mathbf{N}^*$），则 $2a = 2^{k+1}$，如果 b 是任意一个小于 $2a-1$ 的正整数，则 $b+1 \le 2a-1$。

由于 b 与 $b+1$ 中，一个为奇数，它不含素因数 2，另一个是偶数，它含素因数 2 的幂的次数最多为 k，因此 $b(b+1)$ 一定不是 $2a$ 的倍数。

（2）若 $a \in \bar{A}$，且 $a \ne 1$，设 $a = 2^k \cdot m$，其中，k 为非负整数，m 为大于 1 的奇数，则 $2a = 2^{k+1} \cdot m$。

下面给出 3 种证明方法。

方法 1 令 $b = mx$，$b+1 = 2^{k+1}y$，消去 b 得 $2^{k+1}y - mx = 1$。由于 $(2^{k+1}, m) = 1$，则方程必有整数解 $\begin{cases} x = x_0 + 2^{k+1}t \\ y = y_0 + mt \end{cases}$，其中，$t \in \mathbf{Z}$，$(x_0, y_0)$ 为方程的特解。把最小的正整数解记为 (x^*, y^*)，则 $x^* < 2^{k+1}$，故 $b = mx^* < 2a-1$，使 $b(b+1)$ 是 $2a$ 的倍数。

方法 2 由于 $(2^{k+1}, m) = 1$，由孙子定理知，同余方程组 $\begin{cases} x \equiv 0 (\mathrm{mod} 2^{k+1}) \\ x \equiv m-1 (\mathrm{mod} m) \end{cases}$ 在区间 $(0, 2^{k+1}m)$ 上有解 $x = b$，即存在 $b < 2a-1$，使 $b(b+1)$ 是 $2a$ 的倍数。

方法 3 由于 $(2, m) = 1$，总存在 r（$r \in \mathbf{N}^*$，$r \le m-1$），使 $2^r \equiv 1 (\mathrm{mod} m)$，取 $t \in \mathbf{N}^*$，使 $tr > k+1$，则 $2^{tr} \equiv 1 (\mathrm{mod} m)$。存在 $b = (2^{tr} - 1) - q(2^{k+1}m) > 0$（$q \in \mathbf{N}$），使 $0 < b < 2a-1$，此时 $m | b$，$2^{k+1} | (m+1)$，因而 $b(b+1)$ 是 $2a$ 的倍数。

例 9（2017 瑞士）设 $a, b, c \in \mathbf{Z}^+$，证明：存在无穷多个正整数 x，使得 $a^x + x \equiv b (\mathrm{mod} c)$。

证 对 c 进行归纳。

当 $c = 1$ 时，显然成立。

若 $c > 1$，设 $c = p_1^{\alpha_1} p_2^{\alpha_2} \cdots p_n^{\alpha_n}$（$p_1 < p_2 < \cdots < p_n$ 且其均为素数，$\alpha_j \in \mathbf{N}$（$j = 1, 2, \cdots, n$）），由归纳假设，对任意给定的正整数 a, b，以及 $c_0 = p_1^{\alpha_1} p_2^{\alpha_2} \cdots p_n^{\alpha_n - 1}$，存在无穷多个 x，使得 $a^x + x \equiv b (\mathrm{mod} c_0)$。这表明，若固定 a，则存在 $x_1, x_2, \cdots, x_{c_0} > \max\{\alpha_1, \alpha_2, \cdots, \alpha_n\}$，使得 $a^{x_j} + x_j$（$1 \le j \le c_0$）遍历模 c_0 的一组完全剩余系。

令 $d = \varphi(c) p_1 p_2 \cdots p_{n-1}$，则 $c_0 | d$，$\varphi(c) | d$。

考虑 c 的个数：$a^{x_j + kd} + x_j + kd$（$1 \le j \le c_0$，k 取遍模 p_n 的任意一组完全剩余系）。

由于 $x_j > \max\{\alpha_1, \alpha_2, \cdots, \alpha_n\}$，于是，对任意的 j, k，均有 $a^{x_j + kd} \equiv a^{x_j} (\mathrm{mod} c)$，则 $a^{x_j + kd} + x_j + kd \equiv a^{x_j} + x_j + kd (\mathrm{mod} c)$。

下面证明 $a^{x_j} + x_j + kd$（$1 \le j \le c_0$，k 取遍模 p_n 的任意一组完全剩余系）恰取遍模 c 的完全剩余系。

事实上，若 $a^{x_{j_1}} + x_{j_1} + k_1 d \equiv a^{x_{j_2}} + x_{j_2} + k_2 d \pmod{c}$，则由 $c_0 \mid d$ 可以知道 $a^{x_{j_1}} + x_{j_1} \equiv a^{x_{j_2}} + x_{j_2} \pmod{c_0}$。

由 $x_1, x_2, \cdots, x_{c_0}$ 的取法，知 $j_1 = j_2$，$x_{j_1} = x_{j_2}$。

从而，$k_1 d \equiv k_2 d \pmod{c}$，即 $p_n^{\alpha_n} \mid (k_1 - k_2)d$。

由于 d 的素因数分解中仅含 $\alpha_n - 1$ 个 p_n，故必有 $p_n \mid (k_1 - k_2)$，再由 k 的取法可知 $k_1 = k_2$，这就证明了当 $j = 1, 2, \cdots, c_0$ 且 k 取遍模 p_n 的任意一组完全剩余系时，$a^{x_j} + x_j + kd$ 恰取遍模 c 的完全剩余系，即 $a^{x_j + kd} + x_j + kd$ 取遍模 c 的完全剩余系。

对任意给定的 b，选取适当的 j, k，即可使 $x = x_j + kd$ 满足要求。

由于模 p_n 的完全剩余系可以任意选取，故对给定的 a, b, c 满足要求的 x 必有无穷多个。

例 10（2015 伊朗）记 $b_1 < b_2 < \cdots < b_n \cdots$ 是由所有能写成两个自然数平方和的自然数组成的自然数序列，证明：存在无穷多个正整数，满足 $b_{n+1} - b_n = 2015$。

证 证明更一般的结论：对于任意正奇数 m，存在无穷多个正整数 n，满足 $b_{n+1} - b_n = m$。先证明两个引理。

❑ **引理 2** 记正整数 a 不为完全平方数，则存在无穷多个素数 $p \equiv 3 \pmod 4$ 满足 a 不为模 p 意义下的平方剩余。

证 记 $p_1 p_2 \cdots p_s$ 为 a 的无平方因数部分。

若 p_i 中没有 2，则取模 p_1 的非平方剩余 r_1，且分别取模 $p_2, p_3, \cdots, p_s$ 的平方剩余 $r_2, r_3, \cdots, r_s$，故由孙子定理及狄利克雷定理可知，取到素数 p 满足

$$p \equiv -r_i \pmod{p_i} \ (i = 1, 2, \cdots, s)，且 \ p \equiv 3 \pmod 4$$

于是，由二次互反律可得

$$\left(\frac{a}{p}\right) = \prod_{i=1}^{s} \left(\frac{p_i}{p}\right) = \prod_{i=1}^{s} \left(\frac{p}{p_i}\right)(-1)^{\frac{p_i - 1}{2}} = \prod_{i=1}^{s} \left(\frac{-r_i}{p_i}\right)(-1)^{\frac{p_i - 1}{2}} = -1$$

若 p_i 中存在 2，不妨设 $p_1 = 2$，则只需省略上面同余式中的第一个同余式，且 $p \equiv 3 \pmod 8$ 即可。

❑ **引理 3** 记 r 是模 p（p 为奇素数）的一个平方剩余，且 $(r, p) = 1$，则存在整数 x 满足 $0 < x < 2p$，$x^2 \equiv r \pmod p$，且 $x^2 \not\equiv r \pmod{p^2}$。

证 因为注意到 $(x + p)^2 - x^2 = p^2 + 2xp \not\equiv 0 \pmod{p^2}$，故选择 x 或 $x + p$ 即符合题意。引理 2 和引理 3 得证。

记 $m = 2M + 1$。考虑序列 $k^2 + M^2, k^2 + M^2 + 1, \cdots, k^2 + M^2 + 2M + 1$，在该序列中第一项和最后一项均可以表示成两个自然数的平方和。下面证明存在无穷多个正整数 k，使得在该序列中只有这两项可以表示成两个自然数的平方和。

事实上，由引理 2 可知，存在素数 $p_j \equiv 3 \pmod 4$，使得 $M^2 + j$ $(j = 1, 2, \cdots, 2M)$ 为模 p_j 意义下的非平方剩余，故 $-(M^2 + j)$ 是模 p_j 意义下的平方剩余。

由引理 3 知，存在正整数 $n_1, n_2, \cdots, n_{2M}$ 满足 $0 < n_j < 2p_j$，且 $n_j^2 \equiv -(M^2 + j) \pmod{p_j}$，$n_j^2 \equiv -(M^2 + j) \pmod{p_j^2}$。

接下来，只要对任意的 j $(1 \leqslant j \leqslant 2M)$ 取 $k \equiv n_j \pmod{p_j^2}$，则 $k^2 + M^2 + j$ 能被 p_j 整除，但不能被 p_j^2 整除。

又因为 $p_j \equiv 3 \pmod 4$，所以 $k^2 + M^2 + j$ 不能写成两个自然数的平方和。

综上，要证的结论成立，从而完成了证明。

习题

1.（2014 印度）求所有的整系数多项式 $f(x)$，使得对于任意自然数 n，$f(n)$ 与 $f(2^n)$ 互素。

2.（2016 新加坡）已知 n 为素数，证明：存在 $1, 2, \cdots, n$ 的一个排列 $a_1, a_2, \cdots, a_n$，使得 a_1，$a_1 a_2, \cdots, a_1 a_2 \cdots a_n$ 这 n 个数除以 n 的余数两两不同。

3.（2011 东南赛）设数列 $\{a_n\}$ 满足：$a_1 = a_2 = 1$，$a_n = 7a_{n-1} - a_{n-2}$，$n \geqslant 3$。证明：对于每个 $n \in \mathbf{N}^*$，$a_n + a_{n+1} + 2$ 皆为完全平方数。

4.（2015 东南赛）求所有素数 p，使得存在整系数多项式 $f(x) = x^{p-1} + a_{p-2}x^{p-2} + \cdots + a_1 x + a_0$ 满足 $f(x)$ 有 $p-1$ 个连续的正整数根，且 $p^2 \mid f(\mathrm{i})f(-\mathrm{i})$（i 为虚数单位）。

5.（2017 罗马尼亚）给定正奇数 n，证明：存在无穷多个素数 p，使得 $\dfrac{2}{p-1}\sum\limits_{k=1}^{\frac{p-1}{2}}\left\{\dfrac{k^{2n}}{p}\right\}$ 的值相同。

6.（第 57 届 IMO 预选）对于任意正整数 k，$S(k)$ 为 k 在十进制表示下的各数之和，求所有整系数多项式 $P(x)$，使得对于任意正整数 $n \geqslant 2016$，$P(n)$ 为正整数，且 $S(P(n)) = P(S(n))$。

拓展阅读材料

随堂试卷

试卷答案

第 5 章　原根、指标与数论函数

本章首先通过引入原根和指标的概念，讨论简化剩余系的构造和同余式 $x^n \equiv a(\bmod m)$ 的解的存在性。同时，引入特征函数的概念，讨论简化剩余系的表示。然后，对数论函数做初步的介绍，重点聚焦积性函数和 Möbius 变换。最后，探究阶数、原根等概念的初等而有趣的应用。

5.1　原根及其存在性

5.1.1　阶数与原根的概念及基本性质

定义　设 $m > 1$，$(x, m) = 1$，令 $\delta_m(x) = \min\{n \in \mathbf{Z}^+ \mid x^n \equiv 1(\bmod m)\}$，则称其为 x 对模 m 的阶数（或指数），方便起见，也简记为 δ。此时，称 x 为模 m 的 δ 阶元。若 x 对模 m 的阶数 $\delta_m(x) = \varphi(m)$，则称 x 是模 m 的一个原根。

当模 m 给定时，阶数 $\delta_m(x)$ 显然由 x 唯一确定。因此，$\delta_m(x)$ 可看作是 x 的函数，它是一个用来刻画 x 关于模 m 的性质的重要量，显然当 $y \equiv x(\bmod m)$ 且 $(x, m) = 1$ 时，$\delta_m(y) = \delta_m(x)$，所以计算模 m 的原根，只需在模 m 的简化剩余系中进行计算。

例　考虑模 $m = 7, 8, 9, 10$，则 $\varphi(7) = 6$，$\varphi(8) = 4$，$\varphi(9) = 6$，$\varphi(10) = 4$。分别取模 $m = 7, 8, 9, 10$ 的最小非负简化剩余系 $\{1, 2, 3, 4, 5, 6\}$，$\{1, 3, 5, 7\}$，$\{1, 2, 4, 5, 7, 8\}$ 和 $\{1, 3, 7, 9\}$，直接计算并列表 5.1，可见模 7 的原根为 3 和 5，模 9 的原根为 2 和 5，模 10 的原根为 3 和 7，而模 8 不存在原根。

表 5.1　计算结果

x	1	2	3	4	5	6	7	8	9
$\delta_7(x)$	1	3	6	3	6	2			
$\delta_8(x)$	1		2		2		2		
$\delta_9(x)$	1	6		3	6		3	2	
$\delta_{10}(x)$	1		4				4		2

由欧拉定理，若 $m > 1$，$(x, m) = 1$，则 $x^{\varphi(m)} \equiv 1(\bmod m)$，可见，$x$ 对模 m 的阶数必存在。

而从例题中看出，有的模 m，其原根存在，有的不存在，那么对什么样的模 m，其原根存在呢？若原根存在，又有多少个？这些问题留到后面讨论，本节先来讨论阶数的性质。

⊙ **定理 1**　设 δ 是 x 对模 m 的阶数，则

（1）$1, x, \cdots, x^{\delta-1}$ 关于模 m 两两不同余。

（2）$x^n \equiv 1 (\bmod m) \Leftrightarrow \delta \mid n$。进而，$x^n \equiv x^k (\bmod m) \Leftrightarrow n \equiv k (\bmod \delta)$。

（3）$\delta \mid \varphi(m)$。

（4）若 $xy \equiv 1 (\bmod m)$，则 $\delta_m(x) = \delta_m(y)$。

（5）若 $m_1 \mid m$，则 $\delta_{m_1}(x) \mid \delta_m(x)$。

证　（1）假设存在 $1 \leqslant i < j \leqslant \delta-1$，使得 $x^i \equiv x^j (\bmod m)$，而 $(x, m) = 1$，故 $x^{i-j} \equiv 1 (\bmod m)$，其中，$0 < j - i < \delta$。这与 δ 的最小性矛盾。

（2）显然 $n \geqslant \delta$。可设 $n = t\delta + s$，其中，$0 \leqslant s < \delta$。于是，由 δ 的最小性，有

$$x^n \equiv 1 (\bmod m) \Leftrightarrow x^{t\delta+s} \equiv 1 (\bmod m) \Leftrightarrow x^s \equiv 1 (\bmod m) \Leftrightarrow s = 0 \Leftrightarrow \delta \mid n$$

又因为 $(x, m) = 1$，故

$$x^n \equiv x^k (\bmod m) \Leftrightarrow x^{n-k} \equiv 1 (\bmod m) \Leftrightarrow \delta \mid (n-k) \Leftrightarrow n \equiv k (\bmod \delta)$$

（3）由欧拉定理，$x^{\varphi(m)} \equiv 1 (\bmod m)$。从而，由（2）即得 $\delta \mid \varphi(m)$。

（4）由 $xy \equiv 1 (\bmod m)$，得 $x^n \equiv 1 (\bmod m) \Leftrightarrow y^n \equiv 1 (\bmod m)$，故 $\delta_m(x) = \delta_m(y)$。

（5）因为 $x^{\delta_m(x)} \equiv 1 (\bmod m)$ 且 $m_1 \mid m$，故 $x^{\delta_m(x)} \equiv 1 (\bmod m_1)$，从而，$\delta_{m_1}(x) \mid \delta_m(x)$。

⊙ **定理 2**　设 $\delta_m(x) = \alpha\beta$（$\alpha > 0$，$\beta > 0$），则 $\delta_m(x^\alpha) = \beta$。

证　首先，$(x, m) = 1$，故 $(x^\alpha, m) = 1$。于是有 $x^{\alpha\delta_m(x^\alpha)} \equiv (x^\alpha)^{\delta_m(x^\alpha)} \equiv 1 (\bmod m)$，从而有 $\alpha\beta \mid \alpha\delta_m(x^\alpha)$，即 $\beta \mid \delta_m(x^\alpha)$。

其次，$(x^\alpha)^\beta \equiv x^{\alpha\beta} \equiv 1 (\bmod m)$，故 $\delta_m(x^\alpha) \mid \beta$。因此，$\delta_m(x^\alpha) = \beta$。

⊙ **定理 3**　$\delta_m(xy) = \delta_m(x) \cdot \delta_m(y) \Leftrightarrow (\delta_m(x), \delta_m(y)) = 1$。

证　必要性 "$\Rightarrow$"：一方面，$(xy)^{[\delta_m(x), \delta_m(y)]} \equiv 1 (\bmod m)$，故

$$\delta_m(x) \cdot \delta_m(y) = \delta_m(xy) \mid [\delta_m(x), \delta_m(y)]$$

另一方面，因为 $[\delta_m(x), \delta_m(y)] \mid \delta_m(x) \cdot \delta_m(y)$，所以 $[\delta_m(x), \delta_m(y)] = \delta_m(x) \cdot \delta_m(y)$。

因此，$(\delta_m(x), \delta_m(y)) = 1$。

充分性 "$\Leftarrow$"：一方面，$(xy)^{\delta_m(x) \cdot \delta_m(y)} \equiv (x^{\delta_m(x)})^{\delta_m(y)} (y^{\delta_m(y)})^{\delta_m(x)} \equiv 1 (\bmod m)$，故 $\delta_m(xy) \mid \delta_m(x) \cdot \delta_m(y)$。

另一方面，由 $(x, m) = (y, m) = 1$ 可知，$(xy, m) = 1$。于是

$$1 \equiv (xy)^{\delta_m(x) \cdot \delta_m(xy)} \equiv x^{\delta_m(x) \cdot \delta_m(xy)} y^{\delta_m(x) \cdot \delta_m(xy)} \equiv y^{\delta_m(x) \cdot \delta_m(xy)} (\bmod m)$$

可见，$\delta_m(y) \mid \delta_m(x) \cdot \delta_m(xy)$，而 $(\delta_m(x), \delta_m(y)) = 1$，故 $\delta_m(y) \mid \delta_m(xy)$。同理，$\delta_m(x) \mid \delta_m(xy)$。

从而，$\delta_m(x) \cdot \delta_m(y) \mid \delta_m(xy)$。因此，$\delta_m(xy) = \delta_m(x) \cdot \delta_m(y)$。

⊙ **定理 4**　设 x 对模 m 的阶数为 δ，且 $(\alpha, \delta) = d$，则 x^α 对模 m 的阶数为 $\dfrac{\delta}{d}$。当 $(\alpha, \delta) = 1$ 时，x^α 对模 m 的阶数仍为 δ。

证　设 x^α 对模 m 的阶数为 μ。由条件可设 $\alpha = \alpha_1 d$，则 $(\alpha_1, \delta) = 1$。于是，一方面

$$x^{\alpha\mu} \equiv (x^\alpha)^\mu \equiv 1 \pmod{m}$$

从而，$\delta \mid \alpha\mu = \alpha_1 \mu d$，则有 $\delta \mid \mu d$。另一方面

$$(x^\alpha)^{\frac{\delta}{d}} \equiv x^{\alpha_1 \delta} \equiv 1 \pmod{m}$$

故 $\mu = \dfrac{\delta}{d}$，即 $\mu d \mid \delta$。因此，$\mu d = \delta$，即 $\mu = \dfrac{\delta}{d}$。

⊙ **定理 5**　设 $(x, m) = 1$，δ 是 x 对模 m 的阶数，则在模 m 的简化剩余系中模 m 的 δ 阶元至少有 $\varphi(\delta)$ 个。当 $m = p$ 为奇素数时，模 p 的 δ 阶元恰有 $\varphi(\delta)$ 个。

证　在 $1, 2, \cdots, \delta$ 中恰有 $\varphi(\delta)$ 个与 δ 互素的数，记为 $\alpha_1 = 1, \alpha_2, \cdots, \alpha_{\varphi(\delta)}$。由定理 1（1）和定理 4 知，以下 $\varphi(\delta)$ 个与 m 都互素的数都是模 m 的 δ 阶元，且关于模 m 两两不同余。

$$x^{\alpha_1}, x^{\alpha_2}, \cdots, x^{\alpha_{\varphi(\delta)}} \tag{5.1}$$

可见，在模 m 的简化剩余系中模 m 的 δ 阶元至少有式（5.1）中这 $\varphi(\delta)$ 个数。

当模 $m = p$ 为奇素数时，还需要证明对模 p 的任意 δ 阶元 n 与式（5.1）中的某数关于模 p 同余。事实上，考虑同余式 $y^\delta \equiv 1 \pmod{p}$，显然，$y \equiv n \pmod{p}$ 是其解。而 $y \equiv x, x^2, \cdots, x^\delta \pmod{p}$ 是其全部 δ 个关于模 p 的互不同余解，故 $\exists 1 \leqslant j \leqslant \delta$，使得 $n \equiv x^j \pmod{p}$。接下来只需要证明 $(j, \delta) = 1$。进而可知 x^j 是式（5.1）中的某数。事实上，若不然，设 $(j, \delta) = r > 1$，则 $n^{\frac{\delta}{r}} \equiv (x^j)^{\frac{\delta}{r}} \equiv (x^\delta)^{\frac{j}{r}} \equiv 1 \pmod{p}$。这与 n 对模 p 的阶数为 δ 相矛盾。

⊙ **定理 6**　设 $m_1, \cdots, m_k$ 两两互素，令 $m = m_1 \cdots m_k$，则

（1）$\delta_m(x) = [\delta_{m_1}(x), \cdots, \delta_{m_k}(x)]$。进而，$\delta_m(x) \mid [\varphi(m_1), \cdots, \varphi(m_k)]$。

（2）对任意的 $x_1, \cdots, x_k \in \mathbf{Z}$，$(x_i, m_i) = 1$，存在 $x_0 \in \mathbf{Z}$，$(x_0, m) = 1$，使得

$$\delta_m(x_0) = [\delta_{m_1}(x_1), \cdots, \delta_{m_k}(x_k)]$$

证　（1）记 $\eta = [\delta_{m_1}(x), \cdots, \delta_{m_k}(x)]$，一方面，由 $m_i \mid m$ 得 $\delta_{m_i}(x) \mid \delta_m(x)$（$1 \leqslant i \leqslant k$），故 $\eta \mid \delta_m(x)$。另一方面，$m_1, \cdots, m_k$ 两两互素，且 $x^\eta \equiv 1 \pmod{m_i}$，故 $x^\eta \equiv 1 \pmod{m}$，所以 $\delta_m(x) \mid \eta$。因此，$\delta_m(x) = \eta$。

（2）由孙子定理知，同余式组 $x \equiv x_i \pmod{m_i}$（$1 \leqslant i \leqslant k$）存在唯一解 $x_0 \pmod{m}$，故 $x_0 \equiv x_i \pmod{m_i}$。而 $(x_i, m_i) = 1$，故 $(x_0, m_i) = 1$，从而 $(x_0, m) = 1$。于是，$\delta_{m_i}(x_0) = \delta_{m_i}(x_i)$。进而，由（1）即得 $\delta m(x_0) = [\delta_{m_1}(x_0), \delta_{m_2}(x_0), \cdots, \delta_{m_k}(x_0)] = [\delta_{m_1}(x_1), \delta_{m_2}(x_1), \cdots, \delta_{m_k}(x_k)]$。

定理 6 指出了合数模 m 的阶数与其各因数（两两互素）的阶数之间的内在相关性，该

相关性给出了计算合数模 m 的阶数的一个方法。

⊙ **定理 7** 设 $a \in \mathbf{Z}$，$2 \nmid a$，则当 $n \geq 3$ 时，$a^{\frac{\varphi(2^n)}{2}} = a^{2^{n-2}} \equiv 1 \,(\mathrm{mod}\, 2^n)$。从而，模 2^n（$n \geq 3$）不存在原根。

证 用数学归纳法。当 $n = 3$ 时，$a = 2k+1$，则 $a^2 = (2k+1)^2 = 4k(k+1)+1 \equiv 1 \,(\mathrm{mod}\, 2^3)$。设 $a^{2^{n-2}} = 1 + 2^n t$，则当 $n = n+1$ 时有

$$a^{2^{n-1}} = (1 + 2^n t)^2 = 2^{n+1}(t + 2^{n-1}t^2) + 1 \equiv 1 \,(\mathrm{mod}\, 2^{n+1})$$

习题

1．求模 m（$11 \leq m \leq 15$）在其最小非负简化剩余系中的所有原根。

2．求 $\delta_{41}(10)$ 和 $\delta_{43}(7)$。

3．设 $m, n > 1$ 且 $(n, \varphi(m)) = 1$，证明：若 x 通过模 m 的简化剩余系，则 x^n 也通过模 m 的简化剩余系。

4．证明：若 p 是奇素数，则 $\delta_p(x) = 2 \Leftrightarrow x \equiv -1 \,(\mathrm{mod}\, p)$。

5．证明：若 $\delta_m(x) = m - 1$，则 m 是素数。

6．证明：设 p 是费马数 $F_k = 2^{2^k} + 1$ 的素因数，则 $\delta_p(2) = 2^{k+1}$。

7．设 $0 < a < b$，$(a, b) = 1$，$b = 2^\alpha \cdot 5^\beta \cdot b_1$，$(b_1, 10) = 1$，$b_1 > 1$。证明：

（1）当 $\alpha = \beta = 0$，即 $(b, 10) = 1$ 时，有理数 $\dfrac{a}{b}$ 可化成循环节长度为 $\delta_b(10)$ 的纯循环小数。

（2）当 $\lambda = \max\{\alpha, \beta\} \geq 1$ 时，$\dfrac{a}{b}$ 可化成循环节长度为 $\delta_{b_1}(10)$ 的混循环小数，其中，不循环的数字恰有 λ 个。

5.1.2 原根存在的条件

一般地，任给模 m，则 m 的原根未必存在，我们先来讨论原根存在的必要条件。

设 $m > 1$，$(g, m) = 1$，且模 m 存在一个原根 g，即 g 对模 m 的阶数 $\delta_m(g) = \varphi(m)$。对 m 进行标准分解

$$m = 2^n p_1^{\alpha_1} p_2^{\alpha_2} \cdots p_k^{\alpha_k}, \quad 2 < p_1 < p_2 < \cdots < p_k, \quad \alpha_i \geq 1 \, (1 \leq i \leq k)$$

则由 5.1.1 节定理 6，有

$$\varphi(m) = \delta_m(g) \mid [\varphi(2^n), \varphi(p_1^{\alpha_1}), \cdots, \varphi(p_k^{\alpha_k})] = h(m)$$

可见，$h(m) \geq \varphi(m)$。但当 $n \geq 2$ 时，$\varphi(2^n)$ 是偶数，且 $\varphi(p_i^{\alpha_i})$（$1 \leq i \leq k$）也都是偶数，所以当 $k = 1$ 且 $n \geq 2$，或者当 $k > 1$ 时，必有

$$h(m) < \varphi(2^n)\varphi(p_1^{\alpha_1})\cdots\varphi(p_k^{\alpha_k}) = \varphi(m)$$

从而，m 一定形如 2^n，p^α 或 $2p^\alpha$，但由 5.1.1 节定理 7，模 2^n（$n \geq 3$）不存在原根，故 $n = 1$ 或 2，因此，$m = 2, 4, p^\alpha$ 或 $2p^\alpha$。

综上讨论，即有如下定理。

⊙ **定理 1（原根存在的必要条件）** 若模 m 存在原根，则 $m = 2, 4, p^\alpha$ 或 $2p^\alpha$，其中，p 为奇素数，$\alpha \geq 1$。

下面讨论原根存在的充分性。根据必要条件，$\varphi(2) = 1$，$\varphi(4) = 2$，故模 $m = 2, 4$ 必存在原根，即

$$g \equiv 1 \pmod 2, \quad g \equiv 3 \pmod 4$$

那么，对模 $m = p^\alpha$ 或 $2p^\alpha$（其中，p 为奇素数，$\alpha \geq 1$），是否也一定存在原根呢？答案是肯定的。下面分别来讨论。

先看奇素数 p（$\alpha = 1$）的情形，我们有如下定理。

⊙ **定理 2** 设 p 为奇素数，则 p 必存在原根。

证 1 由费马小定理，当 $(x, p) = 1$（特别地，$x = 1, 2, \cdots, p-1$）时

$$x^{p-1} \equiv 1 \pmod p$$

可见，在模 p 的简化剩余系 $1, 2, \cdots, p-1$ 中的每一个数 x，对模 p 均有各自确定的阶数 δ，且 $\delta \mid (p-1)$。由 5.1.1 节定理 5，在模 p 的简化剩余系 $1, 2, \cdots, p-1$ 中对模 p 阶数为 δ 的数恰有 $\varphi(\delta)$ 个。因此，$\sum_\delta \varphi(\delta) = p-1$。假如模 p 不存在原根，则上述 $\delta < p-1$。于是，

$$\sum_\delta \varphi(\delta) = \sum_{\substack{\delta \mid (p-1) \\ 1 \leq \delta < p-1}} \varphi(\delta) < \sum_{\delta \mid (p-1)} \varphi(\delta) = p-1，矛盾。$$

证 2 由费马小定理，在模 p 的简化剩余系 $1, 2, \cdots, p-1$ 中的每一个数 x，对模 p 均有各自确定的阶数 δ，且 $\delta \mid (p-1)$。记其中全部不同的阶数为 $\delta_1 < \delta_2 < \cdots < \delta_r$。并记

$$\tau = [\delta_1, \delta_2, \cdots, \delta_r]$$

则 $\tau \mid (p-1)$，从而，$\tau \leq (p-1)$。又可知同余式 $x^\tau \equiv 1 \pmod p$ 至少有 $p-1$ 个解

$$x \equiv 1, 2, \cdots, p-1 \pmod p$$

故 $p-1 \leq \tau$。因此，$\tau = p-1 = \varphi(p)$。

设标准分解 $\tau = q_1^{\alpha_1} q_2^{\alpha_2} \cdots q_k^{\alpha_k}$，则对每一个 $q_i^{\alpha_i}$（$1 \leq i \leq k$）存在 δ_j，使得 $q_i^{\alpha_i} \mid \delta_j$。设 $\delta_j = n_i q_i^{\alpha_i}$。而对 δ_j，又存在 x_i，使得 δ_j 是 x_i 关于模 p 的阶数。于是，由 5.1.1 节定理 2，$x_i^{n_i}$ 关于模 p 的阶数为 $q_i^{\alpha_i}$。令 $g = x_1^{n_1} x_2^{n_2} \cdots x_k^{n_k}$，则由 5.1.1 节定理 3，$g$ 关于模 p 的阶数为 $\tau = \varphi(p)$，即 g 是模 p 的一个原根。

由 5.1.1 节定理 5 和上述定理 2 即得如下推论。

⊃ 推论　设 p 是奇素数，则模 p 恰有 $\varphi(p-1)$ 个原根。若 $\delta \in \mathbf{Z}^+$，且 $\delta \mid (p-1)$，则模 p 的 δ 阶元恰有 $\varphi(\delta)$ 个，且 $\sum_{\delta \mid (p-1)} \varphi(\delta) = \varphi(p)$。

再看 p^α（$\alpha \geqslant 2$）的情形，基本的想法是由 p 的原根构造 p^α 的原根。

由定理 2，可设 g 为模 p 的一个原根，则 $g^{p-1} \equiv 1 \pmod{p}$，即有 $g^p \equiv g \pmod{p}$。若 g 也是模 p^2 的一个原根，则 g 关于模 p^2 的阶数为 $\varphi(p^2) = p(p-1) > p-1$。从而

$$g^{p-1} \not\equiv 1 \pmod{p^2} \tag{5.2}$$

可见，式（5.2）是 g 仍为模 p^2 的原根的必要条件。

反之，设式（5.2）成立，而 g 为模 p 的原根，故 $g^{p-1} \equiv 1 \pmod{p}$。从而，可设 $g^{p-1} - 1 = np$，且 $p \nmid n$。于是

$$g^{\varphi(p)} = g^{p-1} \equiv 1 + np \pmod{p^2} \not\equiv 1 \pmod{p^2} \tag{5.3}$$

现设 g 关于模 p^2 的阶数为 δ，则 $\delta \mid \varphi(p^2) = (p-1)p$，且 $g^\delta \equiv 1 \pmod{p^2}$。可见，$g^\delta \equiv 1 \pmod{p}$。而 g 是模 p 的原根，故 $(p-1) \mid \delta$。于是，$\delta = p-1$ 或 $(p-1)p$。而由式（5.3）可知

$$\delta = (p-1)p = \varphi(p^2)$$

即 g 是模 p^α 的原根。

综上所述，我们实际得到了如下结论：

设 g 为模 p 的一个原根，则 g 是模 p^2 的原根 $\Leftrightarrow$ 式（5.2）成立。

那么当式（5.2）不成立，即 $g^{p-1} \equiv 1 \pmod{p^2}$ 时，如何构造模 p^2 的原根呢？

事实上，可以考虑 $g+p$（在模 p 下，即原根 g），即

$$(g+p)^{p-1} \equiv g^{p-1} + (p-1)g^{p-2}p \equiv 1 - g^{p-2}p \not\equiv 1 \pmod{p^2} \tag{5.4}$$

从而，由上述结论可知，$g+p$ 为模 p^2 的一个原根。可见，p^2 的原根也必存在。

以上从 p 的原根构造 p^2 原根的思想可以推广应用于讨论 p^α 原根的存在性，即有如下定理。

⊙ 定理 3　设 p 为奇素数，$\alpha \geqslant 2$，则 p^α 必存在原根。具体地，设 g 为模 p 的一个原根，则

（1）若 $g^{p-1} \not\equiv 1 \pmod{p^2}$，则 g 也是模 p^α 的一个原根。

（2）若 $g^{p-1} \equiv 1 \pmod{p^2}$，则 $g+p$ 是模 p^α 的一个原根。

证　（1）因为 g 为模 p 的原根，所以 $g^{p-1} \equiv 1 \pmod{p}$，而 $g^{p-1} \not\equiv 1 \pmod{p^2}$，故可设 $g^{p-1} - 1 = np$，且 $p \nmid n$。于是

$$g^{\varphi(p^{\alpha-1})} = g^{(p-1)p^{\alpha-2}} = (1+np)^{p^{\alpha-2}} \equiv 1 + np^{\alpha-1} \pmod{p^\alpha} \not\equiv 1 \pmod{p^\alpha} \tag{5.5}$$

现设 g 关于模 p^α 的阶数为 δ，则 $\delta\mid\varphi(p^\alpha)=(p-1)p^{\alpha-1}$，且 $g^\delta\equiv1\,(\mathrm{mod}\,p^\alpha)$。可见，$g^\delta\equiv1\,(\mathrm{mod}\,p)$，而 g 是模 p 的原根，故 $(p-1)\mid\delta$。于是，存在 $1\leq s\leq\alpha-1$，使得 $\delta=(p-1)p^s$，故

$$g^{(p-1)p^s}\equiv1\,(\mathrm{mod}\,p^\alpha)$$

从而，由式（5.5）可知，$s=\alpha-1$。因此，$\delta=(p-1)p^{\alpha-1}=\varphi(p^\alpha)$，即 g 是模 p^α 的原根。

（2）因为 $g+p\equiv g(\mathrm{mod}\,p)$，故 $g+p$ 仍是模 p 的原根。而由式（5.4）可知，$(g+p)^{p-1}\not\equiv1\,(\mathrm{mod}\,p^2)$。从而，由（1）即知，$g+p$ 是模 p^α 的原根。

最后看 $2p^\alpha$（$\alpha\geq1$）的情形。试想能否由 p^α 的原根构造？

设 g 为模 p^α 的原根，则 $g^{\varphi(p^\alpha)}\equiv1\,(\mathrm{mod}\,p^\alpha)$，且 $\forall s$（$1\leq s<\varphi(p^\alpha)=\varphi(2p^\alpha)$），$g^s\not\equiv1\,(\mathrm{mod}\,p^\alpha)$。而 g 可能是奇数，也可能是偶数。

若 $2\nmid g$，则 $g^s\not\equiv1\,(\mathrm{mod}\,2p^\alpha)$，其中，$1\leq s<\varphi(2p^\alpha)$。而由欧拉定理可知

$$g^{\varphi(2p^\alpha)}\equiv1\,(\mathrm{mod}\,2p^\alpha)$$

因此，g 关于模 $2p^\alpha$ 的阶数为 $\varphi(2p^\alpha)$，即 g 为模 $2p^\alpha$ 的一个原根。

又若 $2\mid g$，则 $2\nmid(g+p^\alpha)$，而 $g+p^\alpha\equiv g(\mathrm{mod}\,p^\alpha)$，故 $g+p^\alpha$ 也是模 p^α 的原根。因此，由上讨论即知 $g+p^\alpha$ 为模 $2p^\alpha$ 的一个原根。

综上所述，可得如下定理。

⊙ **定理 4** 设 p 为奇素数，$\alpha\geq1$，则 $2p^\alpha$ 必存在原根。具体地，设 g 为模 p^α 的一个原根。

（1）若 $2\nmid g$，则 g 也是模 $2p^\alpha$ 的一个原根。

（2）若 $2\mid g$，则 $g+p^\alpha$ 是模 $2p^\alpha$ 的一个原根。

定理 1～定理 4 回答了任意模 m 的原根存在性问题，即

模 m 存在原根 $\Leftrightarrow m=2,4,p^\alpha$ 或 $2p^\alpha$，其中，p 为奇素数，$\alpha\geq1$。

而且从 p 的原根可以构造 p^α 的原根，进而构造 $2p^\alpha$ 的原根，那么，当 m 存在原根时，m 有几个原根呢？5.1.1 节定理 5 已给出了部分答案，至少有 $\varphi(\varphi(m))$ 个。而下面的定理 6 证实恰有 $\varphi(\varphi(m))$ 个。

⊙ **定理 5** 设 g 是模 m 的一个原根，则 $g^0,g^1,\cdots,g^{\varphi(m)-1}$ 恰好构成 m 的一个简化剩余系，且当 $m\geq3$ 时，其中偶次幂的数恰为 m 的全部平方剩余，而奇次幂的数恰为 m 的全部平方非剩余。

证 （1）由 $(g,m)=1$，故 $(g^i,m)=1$（$0\leq i\leq\varphi(m)-1$）。下面只需要证明在模 m 下，$g^0,g^1,\cdots,g^{\varphi(m)-1}$ 两两不同余。事实上，假设存在 $0\leq i<k\leq\varphi(m)-1$，使得 $g^i\equiv g^k(\mathrm{mod}\,m)$，则 $g^{k-i}\equiv1(\mathrm{mod}\,m)$，从而，$\varphi(m)\mid(k-i)$。而 $k-i<\varphi(m)-1$，这与 g 是原根矛盾。

（2）因为 m 的平方剩余和平方非剩余在其简化剩余系 $g^0,g^1,\cdots,g^{\varphi(m)-1}$ 中各占一半，所

以它们各有 $\dfrac{\varphi(m)}{2}$ 个。而其中偶次幂的 $\dfrac{\varphi(m)}{2}$ 个数恰为 m 的全部平方剩余，故其余 $\dfrac{\varphi(m)}{2}$ 个奇次幂的数就是 m 的全部平方非剩余。

⊙ **定理 6**　设 g 是模 m 的原根，则模 m 恰有 $r = \varphi(\varphi(m))$ 个关于模 m 两两不同余的原根。这 r 个原根为

$$g^{\alpha_1}, g^{\alpha_2}, \cdots, g^{\alpha_r} \tag{5.6}$$

其中，$\alpha_1 = 1, \alpha_2, \cdots, \alpha_r$ 表示数 $1, 2, \cdots, \varphi(m)$ 中恰与 $\varphi(m)$ 互素的 r 个数。

证　只需要证明①式（5.6）中每个数都是模 m 的原根。②模 m 的任意一个原根 h 与式（5.6）中某个数关于模 m 同余。事实上，

① 假如存在式（5.6）中某数 $g^{\alpha_{i_0}}$ 不是模 m 的原根，则

$$k_0 = \delta_m(g^{\alpha_{i_0}} \alpha_{i_0}) < \varphi(m)$$

于是，由 $(g^{\alpha_{i_0}})^{k_0} \equiv 1 \pmod{m}$ 及 g 是模 m 的原根可知，$\varphi(m) \mid \alpha_{i_0} k_0$，而 $(\alpha_{i_0}, \varphi(m)) = 1$，故 $\varphi(m) \mid k_0$。矛盾。

② 设 h 是模 m 的任意一个与 g 关于模 m 不同余的原根，则由定理 5，$h^0, h^1, \cdots, h^{\varphi(m)-1}$ 恰好也构成 m 的一个简化剩余系，从而，存在 $0 \leqslant j_0 \leqslant \varphi(m) - 1$，使得 $h \equiv g^{j_0} \pmod{m}$。设 $(j_0, \varphi(m)) = d$，则 $h^{\frac{\varphi(m)}{d}} \equiv g^{\varphi(m) \cdot \frac{j_0}{d}} \equiv 1 \pmod{m}$。

而 h 是模 m 的原根，故 $d = 1$，即 $(j_0, \varphi(m)) = 1$。因此，g^{j_0} 是式（5.6）中的某数。

定理 5 说明，若 g 是模 m 的原根，则当 x 通过模 $\varphi(m)$ 的最小非负完全剩余系 $0, 1, \cdots, \varphi(m) - 1$ 时，g^x 就通过模 m 的一个简化剩余系。这也正是原根概念的重要之处。而定理 6 指出，只要求出模 m 的一个原根（比如最小正原根），就可得到 m 的全部原根，即当 x 通过模 $\varphi(m)$ 的最小正简化剩余系时，g^x 恰好就通过模 m 的全部原根。下面，再介绍一个求模 $m = p^\alpha, 2p^\alpha$ 的原根的方法。

⊙ **定理 7**　设 $m > 1$，$(g, m) = 1$，且 $\varphi(m)$ 的全部不同素因数为 q_i（$1 \leqslant i \leqslant k$），则 g 是模 m 的原根 $\Leftrightarrow g^{\frac{\varphi(m)}{q_i}} \not\equiv 1 \pmod{m}$（$1 \leqslant i \leqslant k$）。

证　必要性 "$\Rightarrow$"：设 g 是模 m 的原根，则 g 关于模 m 的阶数为 $\varphi(m)$，而 $1 \leqslant \dfrac{\varphi(m)}{q_i} < \varphi(m)$，故

$$g^{\frac{\varphi(m)}{q_i}} \not\equiv 1 \pmod{m}$$

充分性 "$\Leftarrow$"：设 g 关于模 m 的阶数为 δ，则 $\delta \mid \varphi(m)$。假如 $\delta < \varphi(m)$，则存在 q_i，使得 $q_i \left| \dfrac{\varphi(m)}{\delta} \right.$。记 $\dfrac{\varphi(m)}{\delta} = \lambda q_i$，则 $g^{\frac{\varphi(m)}{q_i}} = (g^\delta)^\lambda \equiv 1 \pmod{m}$。这与条件矛盾。因此，$\delta = \varphi(m)$，即 g 是模 m 的原根。

由定理 7 求出 $\varphi(m)$ 的所有不同的素因数 q_i $(1 \leq i \leq k)$，满足 $g^{\frac{\varphi(m)}{q_i}} \not\equiv 1 \ (\text{mod}\,m)$ 且与 m 互素的数 g 即是 m 的原根。但因为 $\varphi(m)$ 的素因数分解及同余关系 $g^{\frac{\varphi(m)}{q_i}} \not\equiv 1 \ (\text{mod}\,m)$ 的验算都不是很容易，所以该方法也有一定的局限。

例 1 求模 7 的全部原根。

解 1 直接根据定义计算模 7 的各阶数，如表 5.1 所示可知，模 7 的全部原根为 3,5。

解 2 因为 $\varphi(\varphi(7)) = 2$，所以模 7 只有两个原根。而 $\varphi(7) = 6$ 的素因数为 2,3，直接验算可得

$$1^2 \equiv 2^3 \equiv 4^3 \equiv 6^2 \equiv 1 \ (\text{mod}\,7)$$

故 $x = 1,2,4,6$ 不是模 7 的原根。因此，只有 3,5 是模 7 的原根。

例 2 求模 13 的全部原根和各阶元。

解 因为阶数 $\delta \mid \varphi(13) = 12$，而 12 的因数为 1,2,3,4,6,12，故由 5.1.1 节定理 5 可知，模 13 的各阶元的个数如表 5.2 所示。

表 5.2　模 13 的各阶元的个数

阶数 δ	1	2	3	4	6	12
δ 阶元个数 $\varphi(\delta)$	1	1	2	2	2	4
δ 阶元	1	12	3,9	5,8	4,10	2,6,7,11

（1） $2^{\frac{12}{k}} \not\equiv 1 \ (\text{mod}\,13)$ （$k = 2,3$ 为 $\varphi(13)$ 的素因数），故由定理 7 可知 2 是模 13 的原根，而 1 到 12 中与 12 互素的数为 1,5,7,11，故由定理 6，模 13 的全部原根（12 阶元）为

$$2^1, 2^5 \equiv 6, 2^7 \equiv 11, 2^{11} \equiv 7 \ (\text{mod}\,13)$$

（2）显然 1 是 1 阶元，-1（12）是 2 阶元。

（3） 3 阶元：因为 $3^2 \not\equiv 1 \ (\text{mod}\,13)$，但 $3^3 \equiv 1 \ (\text{mod}\,13)$，所以 3 是 3 阶元。又因为 $(2,3) = 1$，故由 5.1.1 节定理 4，$3^2 = 9$ 也是 3 阶元。

（4）还剩下 4,5,8,10，其中，4 阶元和 6 阶元各有 2 个。因为 $5^4 \equiv 1 \ (\text{mod}\,13)$，所以 5 是 4 阶元。而 $(3,4) = 1$，故由 5.1.1 节定理 4 可知，$5^3 \equiv 8 \ (\text{mod}\,13)$ 也是 4 阶元。因此，5,8 是 4 阶元，而 4,10 是 6 阶元。

例 3 求模 13^2 的一个原根。

解 由例 2 可知，2 是模 13 的原根，而 $2^{12} \equiv 40 \not\equiv 1 \ (\text{mod}\,13^2)$，故由定理 3 可知，2 也是模 13^2 的原根。

例 4 求模 41 的最小原根，并求模 41^α （$\alpha \geq 2$）和 $2 \times 41^\alpha$ （$\alpha \geq 1$）的一个原根。

解 $\varphi(41) = 40$ 的素因数为 2,5，直接验算可得

$$1^{\frac{\varphi(41)}{5}} \equiv 2^{\frac{\varphi(41)}{2}} \equiv 3^{\frac{\varphi(41)}{5}} \equiv 4^{\frac{\varphi(41)}{2}} \equiv 5^{\frac{\varphi(41)}{2}} \equiv 1 \ (\text{mod}\,41)$$

但因为 $6^{\frac{\varphi(41)}{2}} \equiv 40 \not\equiv 1 \pmod{41}$，$6^{\frac{\varphi(41)}{5}} \equiv 40 \not\equiv 1 \pmod{41}$，所以由定理 7 可知，6 是模 41 的最小原根。又因为 $6^{41-1} \equiv 124 \not\equiv 1 \pmod{41^2}$，故由定理 3 可知，6 是模 41^{α} 的原根。进而，由定理 4 可知，$6+41^{\alpha}$ 是模 $2 \times 41^{\alpha}$ 的原根。

习题

1. 证明：设 g 是奇素数 p 的原根，则当 $p = 4k+1$ 时，$-g$ 也是 p 的原根，而当 $p = 4k+3$ 时，阶数 $\delta_p(-g) = \dfrac{p-1}{2}$。

2. 证明：设 $p = 2^n + 1$（$n > 1$）是素数，则 3 是 p 的原根。

3. 证明：设 $p = 2^k q + 1$ 是素数且 q 是奇素数，若 a 是 p 的平方非剩余且 $a^{2^k} \not\equiv 1 \pmod{p}$，则 a 是 p 的原根。

4. 证明：设 $m > 2$，$(x, m) = 1$，若 m 存在原根，则 a 是 m 的平方剩余 $\Leftrightarrow a^{\frac{\varphi(m)}{2}} \equiv 1 \pmod{m}$。

5. 证明：设 p 是奇素数，$k > 1$，令 $S_k(p) = \displaystyle\sum_{i=1}^{p-1} i^k$，则 $S_k(p) \equiv \begin{cases} 0 \pmod{p}, & (p-1) \nmid k \\ -1 \pmod{p}, & (p-1) \mid k \end{cases}$。

6. 证明：设 $p > 3$ 是素数，记 $g_1, g_2, \cdots, g_r$ 是模 p 的所有原根，其中，$r = \varphi(\varphi(p))$，则

$$\prod_{i=1}^{r} g_i \equiv 1 \pmod{p}$$

7. 求模 43^{α} 和 $2 \times 43^{\alpha}$（$\alpha \geq 1$）的原根。

8. 求在模 41 的简化剩余系中，模 41 的 10 阶元。

5.2　指标与指标组

5.2.1　指标与 n 次剩余

根据上一节关于模 m 的原根存在性的讨论，当 $m = p^{\alpha}$ 或 $2p^{\alpha}$（p 为奇素数）时，模 m 的原根存在，而且若 g 是模 m 的原根，则 $g^0, g^1, \cdots, g^{\varphi(m)-1}$ 恰好构成 m 的一个简化剩余系。

因此，对任意的整数 $a \in \mathbf{Z}$，若 $(a, m) = 1$，则存在唯一的 λ_a（$0 \leq \lambda_a \leq \varphi(m)-1$），使得 $a \equiv g^{\lambda_a} \pmod{m}$。可见，通过原根 g，将模 m 的简化剩余系一一对应地表示为 $\varphi(m)$ 的完全剩余系，将任意整数的 a 表示为 $\varphi(m)$ 的最小非负简化剩余系中相对应的数 λ_a。在此种表示下，可以将对模 m 的乘法运算转化为对模 $\varphi(m)$ 的加法运算。

因而可应用于研究同余式 $x^n \equiv a \pmod{m}$ 解的存在性及其解的个数问题。事实上，

$$x^n \equiv a \pmod{m} \Leftrightarrow (g^{\lambda_x})^n \equiv g^{\lambda_a} \pmod{m} \Leftrightarrow n\lambda_x \equiv \lambda_a \pmod{\varphi(m)}$$

可见，若记 $y = \lambda_x$，则通过模 m 的原根 g，同余式 $x^n \equiv a \pmod{m}$ 就可转化为一次同余式

$$ny \equiv \lambda_a \pmod{\varphi(m)}$$

其中的关键就是，通过原根 g 实现如上所说的表示。为讨论这种表示的性质，引出指标的定义。

📖 **定义 1** 设 $m = p^\alpha$ 或 $2p^\alpha$，其中，p 为奇素数，g 为模 m 的一个原根。设 $a \in \mathbf{Z}$，若有非负整数 μ，使得

$$a \equiv g^\mu \pmod{m}$$

则称 μ 是 a 关于模 m 的以 g 为底的指标。若 μ 还满足 $0 \leqslant \mu \leqslant \varphi(m) - 1$，则记指标 $\mu = \mathrm{ind}_g a$ 或 $\mathrm{ind}\, a$ 或 $\gamma_{m,g}(a)$。

关于指标，我们需要注意以下几点。

（1）当 $(a, m) = 1$ 时，a 关于模 m 的以 g 为底的指标存在且有无穷多个，但 $\mathrm{ind}_g a$ 是唯一的。当 $(a, m) \neq 1$ 时，由于对任意的非负整数 λ，$(g^\lambda, m) = 1$，故 $a \not\equiv g^\lambda \pmod{m}$。因此，$a$ 关于模 m 的以 g 为底的指标是不存在的。

（2）a 关于模 m 的以 g 为底的指标不仅与模 m 有关，而且与模 m 的原根 g 也有关。例如

$$2^4 \equiv 3^4 \equiv 1 \pmod 5$$

故 $2, 3$ 都是模 5 的原根。这时，$3 \equiv 3^1 \pmod 5$，$3 \equiv 2^3 \pmod 5$，故关于模 5，$\mathrm{ind}_3 3 = 1$，但 $\mathrm{ind}_2 3 = 3$。

（3）设 g 是 m 的原根，$(a, m) = (b, m) = 1$，则

$$a \equiv b \pmod{m} \Leftrightarrow g^{\mathrm{ind}_g a} \equiv g^{\mathrm{ind}_g b} \pmod{m} \Leftrightarrow g^{\mathrm{ind}_g a - \mathrm{ind}_g b} \equiv 1 \pmod{m} \Leftrightarrow \mathrm{ind}_g a \equiv \mathrm{ind}_g b \pmod{\varphi(m)}$$

由此可见，当 x 通过模 m 的简化剩余系时，$\mathrm{ind}_g x$ 通过模 $\varphi(m)$ 的完全剩余系。

例 1 试求模 9 的所有原根，并计算相应的指标 $\mathrm{ind}_g 5$ 和 $\mathrm{ind}_g 8$。

解 $\varphi(9) = \varphi(3^2) = 3^2 - 3 = 6$，且 $2^6 \equiv 1 \pmod 9$，但 $2^k \not\equiv 1 \pmod 9$（$1 \leqslant k \leqslant 5$），故可知 2 是模 9 的原根，而 $1 \sim 6$ 中与 $\varphi(9) = 6$ 互素的数为 1 和 5，故由 5.1.2 节中的定理 6 可知，模 9 的所有原根为 2 和 $2^5 = 32 \equiv 5 \pmod 9$。

易见，$5 \equiv 2^5 \pmod 9$ 且 $8 \equiv 2^3 \pmod 9$，故 $\mathrm{ind}_2 5 = 5$，$\mathrm{ind}_2 8 = 3$。

又因为 $5 \equiv 5^1 \pmod 9$ 且 $8 \equiv 5^3 \pmod 9$，故 $\mathrm{ind}_5 5 = 1$，$\mathrm{ind}_5 8 = 3$。

⊙ **定理 1** 设 g 为模 m 的一个原根，$a \in \mathbf{Z}$，则

（1）μ 是 a 关于模 m 的以 g 为底的指标 $\Leftrightarrow \mu \equiv \mathrm{ind}_g a \pmod{\varphi(m)}$。

（2）设 μ 是 a 关于模 m 的以 g 为底的指标，则关于模 m 以 g 为底的具有指标 μ 的一切整数 $\{b \in \mathbf{Z} \mid b \equiv g^\mu \pmod{m}\}$ 是模 m 的一个与 m 互素的剩余类。

证 （1）μ 是 a 关于模 m 的以 g 为底的指标 $\Leftrightarrow g^\mu \equiv a \equiv g^{\mathrm{ind}_g a} \pmod{m} \Leftrightarrow \mu \equiv$

$\mathrm{ind}_g a(\mathrm{mod}\, \varphi(m))$。

（2）显然，$\{b \in \mathbf{Z} \mid b \equiv g^{\mu}(\mathrm{mod}\, m)\}$ 就是 g^{μ} 所在的模 m 的剩余类，且 $(g^{\mu}, m) = 1$。

⊙ **定理 2** 设 g 为模 m 的一个原根，$(a, m) = (b, m) = 1$，则有如下性质：

（1）$\mathrm{ind}_g 1 = 0$，$\mathrm{ind}_g g = 1$。

（2）若 $m \geq 3$，则 $\mathrm{ind}_g(-1) = \dfrac{\varphi(m)}{2}$。

（3）$\mathrm{ind}_g(ab) \equiv \mathrm{ind}_g a + \mathrm{ind}_g b\ (\mathrm{mod}\, \varphi(m))$；特别地，$\mathrm{ind}_g a^n \equiv n \cdot \mathrm{ind}_g a(\mathrm{mod}\, \varphi(m))$。

（4）换底公式：设 h 为模 m 的另一个原根，则 $\mathrm{ind}_g a \equiv \mathrm{ind}_g h \cdot \mathrm{ind}_h a(\mathrm{mod}\, \varphi(m))$。

证 （1）因为 $1 \equiv g^0(\mathrm{mod}\, m)$，$g \equiv g^1(\mathrm{mod}\, m)$，故 $\mathrm{ind}_g 1 = 0$，$\mathrm{ind}_g g = 1$。

（2）因为 $m \geq 3$ 且存在原根，故 $m = 4, p^{\alpha}$ 或 $2p^{\alpha}$，其中，p 为奇素数，$\alpha \geq 1$。

① 当 $m = 4$ 时，m 只有一个原根 $g \equiv 3\ (\mathrm{mod}\, 4)$，故 $\mathrm{ind}_3(-1) = 1 = \dfrac{\varphi(4)}{2}$。

② 当 $m = p$ 时，由费马小定理可知，$g^{\varphi(p)} \equiv 1\ (\mathrm{mod}\, p)$，即

$$(g^{\frac{\varphi(p)}{2}} - 1)(g^{\frac{\varphi(p)}{2}} + 1) \equiv 0(\mathrm{mod}\, p)$$

而 g 是原根，故 $g^{\frac{\varphi(p)}{2}} - 1 \not\equiv 0\ (\mathrm{mod}\, p)$。从而，$g^{\frac{\varphi(p)}{2}} + 1 \equiv 0(\mathrm{mod}\, p)$，即

$$-1 \equiv g^{\frac{\varphi(p)}{2}}(\mathrm{mod}\, p)$$

故 $\mathrm{ind}_g(-1) = \dfrac{\varphi(p)}{2}$。

③ 当 $m = p^{\alpha}$（$\alpha \geq 2$）时，由欧拉定理可知，$g^{\varphi(m)} \equiv 1(\mathrm{mod}\, p^{\alpha})$，即

$$(g^{\frac{\varphi(m)}{2}} - 1)(g^{\frac{\varphi(m)}{2}} + 1) \equiv 0(\mathrm{mod}\, p^{\alpha})$$

而 g 是原根，故 $g^{\frac{\varphi(p)}{2}} - 1 \not\equiv 0\ (\mathrm{mod}\, p^{\alpha})$。可证：$\forall 1 \leq k \leq \alpha - 1$，有 $g^{\frac{\varphi(p)}{2}} - 1 \not\equiv 0\ (\mathrm{mod}\, p^k)$。

事实上，若不然，则存在 k（$1 \leq k \leq \alpha - 1$），使得 $g^{\frac{\varphi(m)}{2}} - 1 \equiv 0(\mathrm{mod}\, p^k)$，则

$$g^{\frac{\varphi(m)}{2}} + 1 \equiv 0(\mathrm{mod}\, p^{\alpha - k})$$

从而，$g^{\frac{\varphi(m)}{2}} - 1 \equiv g^{\frac{\varphi(m)}{2}} + 1(\mathrm{mod}\, p)$，即 $-1 \equiv 1\ (\mathrm{mod}\, p)$，矛盾。

因而可知 $g^{\frac{\varphi(m)}{2}} + 1 \equiv 0\ (\mathrm{mod}\, p^{\alpha})$，即 $-1 \equiv g^{\frac{\varphi(m)}{2}}(\mathrm{mod}\, p^{\alpha})$，故 $\mathrm{ind}_g(-1) = \dfrac{\varphi(m)}{2}$。

④ 当 $m = 2p^{\alpha}$（$\alpha \geq 1$）时，因为 g 为模 m 的原根，故 $(g, m) = 1$，且 $g^{\varphi(2p^{\alpha})} \equiv g^{\varphi(p^{\alpha})} \equiv 1(\mathrm{mod}\, 2p^{\alpha})$。从而，$(g, 2) = 1$，且 $g^{\varphi(p^{\alpha})} \equiv 1(\mathrm{mod}\, p^{\alpha})$，即 g 也是模 p^{α} 的原根。于是，由③可知

$$g^{\frac{\varphi(2p^{\alpha})}{2}} \equiv g^{\frac{\varphi(p^{\alpha})}{2}} \equiv -1(\mathrm{mod}\, p^{\alpha})$$

显然，$g^{\frac{\varphi(2p^{\alpha})}{2}} \equiv -1(\mathrm{mod}\, 2)$，故 $g^{\frac{\varphi(2p^{\alpha})}{2}} \equiv -1(\mathrm{mod}\, 2p^{\alpha})$，即 $-1 \equiv g^{\frac{\varphi(m)}{2}}(\mathrm{mod}\, 2p^{\alpha})$，故

$\text{ind}_g(-1) = \dfrac{\varphi(m)}{2}$。

（3）由指标的定义可知，$a \equiv g^{\text{ind}_g a}(\bmod m)$，$b \equiv g^{\text{ind}_g b}(\bmod m)$，故

$$g^{\text{ind}_g(ab)} \equiv ab \equiv g^{\text{ind}_g a + \text{ind}_g b}(\bmod m)$$

从而，$\text{ind}_g(ab) \equiv \text{ind}_g a + \text{ind}_g b(\bmod \varphi(m))$。

（4）由指标的定义可知，$h \equiv g^{\text{ind}_g h}(\bmod m)$，于是

$$g^{\text{ind}_g a} \equiv a \equiv h^{\text{ind}_h a} \equiv (g^{\text{ind}_g h})^{\text{ind}_h a} \equiv g^{\text{ind}_g h \cdot \text{ind}_h a}(\bmod m)$$

从而，$\text{ind}_g a \equiv \text{ind}_g h \cdot \text{ind}_h a(\bmod \varphi(m))$。

形式上，可将指标 $\text{ind}_g a$ 与对数 $\log_g a$ 进行比较，两者非常类似。但性质（3）和性质（4）也只是同余性质，而不是等式，且指标中的 a 是整数，可以是负数。另外，$\text{ind}_g a$ 也可以看作是定义在整数集 $\mathbf{Z}$ 上，取值在模 $\varphi(m)$ 的最小非负完全剩余系中的函数。为了应用查询方便，类似于对数表，也可以制作指标的表格。

下面我们应用指标来讨论同余式 $x^n \equiv a(\bmod m)$，$(a,m)=1$ 的解的存在性。为方便起见，给出如下定义。

📖 **定义 2**　设 $m \in \mathbf{Z}^+$，若同余式 $x^n \equiv a(\bmod m)$，$(a,m)=1$ 有解，则称 a 是关于模 m 的一个 n 次剩余，否则称 a 是关于模 m 的一个 n 次非剩余。

⊙ **定理 3**　设 g 为模 m 的一个原根，$(n,\varphi(m))=d$，$(a,m)=1$，则有以下结论：

（1）$x^n \equiv a(\bmod m) \Leftrightarrow n \cdot \text{ind}_g x \equiv \text{ind}_g a(\bmod \varphi(m))$。

（2）同余式 $x^n \equiv a(\bmod m)$ 有解 $\Leftrightarrow d \mid \text{ind}_g a$；并且在有解时，解的个数为 d。

（3）在模 m 的一个简化剩余系中，n 次剩余的个数为 $\dfrac{\varphi(m)}{d}$。

（4）a 是关于模 m 的 n 次剩余 $\Leftrightarrow a^{\frac{\varphi(m)}{d}} \equiv 1(\bmod m)$。

证　（1）易见，$(x,m)=1$，故 $x^n \equiv a(\bmod m) \Leftrightarrow n \cdot \text{ind}_g x \equiv \text{ind}_g x^n \equiv \text{ind}_g a(\bmod \varphi(m))$。

（2）对任意 $y_0 \in \mathbf{Z}$，同余式 $y_0 \equiv \text{ind}_g x(\bmod \varphi(m))$ 总存在解 $x \equiv g^{y_0}(\bmod m)$。记

$$x^n \equiv a(\bmod m) \tag{5.7}$$

$$n \cdot y \equiv \text{ind}_g a(\bmod \varphi(m)) \tag{5.8}$$

于是，由一次同余式解的存在性可知，同余式（5.7）有解 $x \equiv x_0(\bmod m) \Leftrightarrow n \cdot \text{ind}_g x \equiv \text{ind}_g a(\bmod \varphi(m))$ 有解 $x \equiv x_0(\bmod m) \Leftrightarrow$ 一次同余式（5.8）有解 $y \equiv y_0(\bmod \varphi(m)) \Leftrightarrow d \mid \text{ind}_g a$。

可见，同余式（5.7）的解 x 与一次同余式（5.8）的解 y 是相对应的，即 $y \equiv \text{ind}_g x(\bmod \varphi(m))$ 或 $x \equiv g^y(\bmod m)$，且式（5.8）的任意两个解 y_1 和 y_2 关于模 $\varphi(m)$ 不同余，当且仅当式（5.7）的两个相对应的解 x_1 和 x_2 关于模 m 不同余时。而式（5.8）的解有 d 个，故式（5.7）的解也有 d 个。

（3）由结论（2）可知，因为 a 为模 m 的 n 次剩余 $\Leftrightarrow (n, \varphi(m)) = d \mid \mathrm{ind}_g a$。而 $0 \le \mathrm{ind}_g a \le \varphi(m) - 1$，所以模 m 的 n 次剩余的个数就是 $0, 1, \cdots, \varphi(m) - 1$ 中被 d 整除的数的个数，即 $\dfrac{\varphi(m)}{d}$。

（4）因为 $d \mid \varphi(m)$，故由结论（2）可知

$$a \text{ 为模 } m \text{ 的 } n \text{ 次剩余} \Leftrightarrow \mathrm{ind}_g a \equiv 0 (\mathrm{mod}\, d) \Leftrightarrow \frac{\varphi(m)}{d} \cdot \mathrm{ind}_g a \equiv 0 (\mathrm{mod}\, \varphi(m))$$

$$\Leftrightarrow a^{\frac{\varphi(m)}{d}} \equiv g^{\frac{\varphi(m)}{d} \cdot \mathrm{ind}_g a} \equiv g^0 \equiv 1 (\mathrm{mod}\, m)$$

⊙ **定理 4**　设 g 为模 m 的一个原根，$(a, m) = 1$，则 a 对模 m 的阶数 $\delta = \dfrac{\varphi(m)}{\rho}$，其中，$\rho = (\mathrm{ind}_g a, \varphi(m))$。

特别地，a 是模 m 的原根 $\Leftrightarrow (\mathrm{ind}_g a, \varphi(m)) = 1$。

证　因为 δ 是 a 对模 m 的阶数，所以 $a^\delta \equiv 1 (\mathrm{mod}\, m)$，从而

$$\delta \cdot \mathrm{ind}_g a \equiv \mathrm{ind}_g 1 \equiv 0 (\mathrm{mod}\, \varphi(m))$$

而由 5.1.1 节的定理 1，有 $\delta \mid \varphi(m)$，故 $\mathrm{ind}_g a \equiv 0 \left(\mathrm{mod}\, \dfrac{\varphi(m)}{\delta} \right)$，即 $\dfrac{\varphi(m)}{\delta} \Big| \mathrm{ind}_g a$。可见，$\dfrac{\varphi(m)}{\delta}$ 是 $\mathrm{ind}_g a$ 与 $\varphi(m)$ 的公因数，则 $\dfrac{\varphi(m)}{\delta} \le \rho$，即 $\delta \ge \dfrac{\varphi(m)}{\rho}$。又因为 g 是模 m 的原根，故

$$a^{\frac{\varphi(m)}{\rho}} \equiv (g^{\mathrm{ind}_g a})^{\frac{\varphi(m)}{\rho}} \equiv (g^{\varphi(m)})^{\frac{\mathrm{ind}_g a}{\rho}} \equiv 1 (\mathrm{mod}\, m)$$

因而，$\delta \le \dfrac{\varphi(m)}{\rho}$。可见，$\delta = \dfrac{\varphi(m)}{\rho}$。

设模 m 存在原根，考虑在模 m 的简化剩余系中，模 m 的 δ 阶元的个数为 N。由定理 4 可知，N 就是模 m 的简化剩余系中满足 $(\mathrm{ind}_g a, \varphi(m)) = \dfrac{\varphi(m)}{\delta}$ 的 a 的个数，即模 $\varphi(m)$ 的完全剩余系中满足 $(y, \varphi(m)) = \dfrac{\varphi(m)}{\delta}$ 的 y 的个数，也是满足 $(z, \delta) = 1$，$0 \le z < \delta$ 的 z 的个数。因此，$N = \varphi(\delta)$。这就是 5.1.1 节定理 5 的进一步结论。进而可知，在模 m 的简化剩余系中，模 m 的原根个数为 $\varphi(\varphi(m))$，这就是 5.1.2 节的定理 6。

下面简单介绍利用指标求解一些特殊同余式的基本方法。设模 m 存在原根，且

$$(a, m) = (b, m) = 1$$

（1）求解一次同余式 $ax \equiv b (\mathrm{mod}\, m)$。显然，该同余式的解 x 满足 $(x, m) = 1$。于是

$$ax \equiv b (\mathrm{mod}\, m) \Leftrightarrow \mathrm{ind}_g a + \mathrm{ind}_g x \equiv \mathrm{ind}_g b (\mathrm{mod}\, \varphi(m))$$

可见，先取定模 m 的一个原根 g，通过查指标表得到 $\mathrm{ind}_g a$ 和 $\mathrm{ind}_g b$，从而解得 $\mathrm{ind}_g x$，进而通过查指标表解出 x。

（2）求解同余式 $x^n \equiv a \pmod{m}$ 。显然，该同余式的解 x 满足 $(x,m)=1$ 。于是有

$$x^n \equiv a \pmod{m} \Leftrightarrow n \cdot \mathrm{ind}_g x \equiv \mathrm{ind}_g a \pmod{\varphi(m)}$$

可见，先取定模 m 的一个原根 g ，通过查指标表得到 $\mathrm{ind}_g a$ ，从而解得 $\mathrm{ind}_g x$ 。进而查指标表解出 x 。

（3）求解同余式 $a^x \equiv b \pmod{m}$ 。先取定模 m 的一个原根 g ，则

$$a^x \equiv b \pmod{m} \Leftrightarrow x \cdot \mathrm{ind}_g a \equiv \mathrm{ind}_g b \pmod{\varphi(m)}$$

然后通过查指标表得到 $\mathrm{ind}_g a$ 和 $\mathrm{ind}_g b$ ，从而解得 x 。

例2 求解同余式 $x^6 \equiv 11 \pmod{19}$ 。

解 查表 5.3 可知 $g=2$ 是模 19 的原根，且 $\mathrm{ind}_2 11 = 12$ ，$\varphi(19)=18$ ，故原同余式等价于同余式 $6 \cdot \mathrm{ind}_2 x \equiv \mathrm{ind}_2 11 \equiv 12 \pmod{\varphi(19)}$ ，即 $\mathrm{ind}_2 x \equiv 2 \pmod 3$ ，即 $\mathrm{ind}_2 x = 2+3k$ 。可见在模 $\varphi(19)=18$ 下， $\mathrm{ind}_2 x = 2,5,8,11,14,17$ ，再查表 5.3 得原同余式的解为 $x \equiv 4,13,9,15,6,10 \pmod{19}$ 。

表 5.3　模 19 的最小原根 $g=2$ 及指标表

a	1	2	3	4	5	6	7	8	9	10	11	12	13	14	15	16	17	18
$\mathrm{ind}_g a$	0	1	13	2	16	14	6	3	8	17	12	15	5	7	11	4	10	9

例3 求解同余式 $25^x \equiv 17 \pmod{47}$ 。

解 查表 5.4 可知 $g=5$ 是模 47 的原根，且 $\mathrm{ind}_5 25 = 2$ ， $\mathrm{ind}_5 17 = 16$ ，$\varphi(47)=46$ ，故原同余式等价于同余式 $x \cdot \mathrm{ind}_5 25 \equiv \mathrm{ind}_5 17 \pmod{\varphi(47)}$ ，即 $x \equiv 8 \pmod{23}$ ，$x = 8+23k$ 。因此，原同余式的解为 $x \equiv 8,31 \pmod{46}$ 。

表 5.4　模 47 的最小原根 $g=5$ 及指标表

a	1	2	3	4	5	6	7	8	9	10	11	12	13	14	15	16
$\mathrm{ind}_g a$	0	18	20	36	1	38	32	8	40	19	7	10	11	4	21	26
a	17	18	19	20	21	22	23	24	25	26	27	28	29	30	31	32
$\mathrm{ind}_g a$	16	12	45	37	6	25	5	28	2	29	14	22	35	39	3	44
a	33	34	35	36	37	38	39	40	41	42	43	44	45	46		
$\mathrm{ind}_g a$	27	34	33	30	42	17	31	9	15	24	13	43	41	23		

1．判断以下同余式是否有解，并求解：（1） $x^8 \equiv 23 \pmod{41}$ ；（2） $x^{12} \equiv 37 \pmod{41}$ 。

2．求解同余式：（1） $9x \equiv 13 \pmod{43}$ ；（2） $x^8 \equiv 41 \pmod{23}$ ；（3） $13^x \equiv 5 \pmod{23}$ 。

3．证明：（1）10 是模 17 和模 257 的原根。（2）将 $\dfrac{1}{17}$ 和 $\dfrac{1}{257}$ 化成循环小数后，其循环节的长度分别为 16 和 256。

4．证明：设 g 和 h 是模 m 的两个原根，则 $\mathrm{ind}_g h \cdot \mathrm{ind}_h g \equiv 1 \ (\mathrm{mod}\, \varphi(m))$。

5．证明：设 g 是奇素数 $p = a + b$ 的原根，则 $\mathrm{ind}_g a - \mathrm{ind}_g b \equiv \dfrac{p-1}{2}\ (\mathrm{mod}\, p-1)$。

5.2.2 模 2^n 及合数模的指标组

指标的概念是在模 m 的原根存在的情况下（当 $m = 2, 4, p^\alpha$ 或 $2p^\alpha$ 时）引入的，那么在其他模的情形下如何处理呢？本节将引入指标组的概念。

首先，看模 2^n（$n \geqslant 3$）的情形。由 5.1.1 节定理 7 可知，若 $2 \nmid a$，即 $(a, 2^n) = 1$，则

$$a^{\frac{\varphi(2^n)}{2}} = a^{2^{n-2}} \equiv 1 \,(\mathrm{mod}\, 2^n) \tag{5.9}$$

是否存在 a，使得 a 关于模 2^n 的阶数为 2^{n-2}？事实上，有如下定理。

⊙ **定理 1** 设 $n \geqslant 3$，则有以下结论：

（1）5 关于模 2^n 的阶数为 2^{n-2}，且模 2^n 的一个简化剩余系为

$$\pm 1, \pm 5^1, \pm 5^2, \cdots, \pm 5^{2^{n-2}-1} \tag{5.10}$$

（2）对任意奇数 a，存在 $\lambda \geqslant 0$，使得 $a \equiv (-1)^{\frac{a-1}{2}} 5^\lambda \,(\mathrm{mod}\, 2^n)$。

证 （1）由式（5.9），$5^{2^{n-2}} \equiv 1 \,(\mathrm{mod}\, 2^n)$。设 5 关于模 2^n 的阶数为 δ，则 $\delta \mid 2^{n-2}$，故存在 j（$1 \leqslant j \leqslant n-2$），使得 $\delta = 2^j$。同时，用数学归纳法可证

$$5^{2^{n-3}} \equiv 1 + 2^{n-1} \,(\mathrm{mod}\, 2^n) \not\equiv 1 \,(\mathrm{mod}\, 2^n)$$

事实上，当 $n = 3$ 时上式显然成立。假设上式成立，则当 $n = n + 1$ 时，$5^{2^{n-2}} = (5^{2^{n-3}})^2 = (1 + 2^{n-1} + k \cdot 2^n)^2 \equiv 1 + 2^n \,(\mathrm{mod}\, 2^{n+1})$。

因此，$j = n - 2$，即 $\delta = 2^{n-2}$。因为 5 关于模 2^n 的阶数为 2^{n-2}，所以由 5.1.1 节的定理 1 有

$$1, 5^1, 5^2, \cdots, 5^{2^{n-2}-1} \tag{5.11}$$

这 2^{n-2} 个数关于模 2^n 两两不同余。进而

$$-1, -5^1, -5^2, \cdots, -5^{2^{n-2}-1} \tag{5.12}$$

这 2^{n-2} 个数也关于模 2^n 两两不同余。又因为 $5^i \equiv 1 \,(\mathrm{mod}\, 4)$，且 $-5^j \equiv -1 \,(\mathrm{mod}\, 4)$，故 $5^i \not\equiv -5^j \,(\mathrm{mod}\, 2^n)$，即式（5.11）中任意一个数与式（5.12）中任意一个数关于模 2^n 不同余。又因为式（5.11）和式（5.12）中共有 $2^{n-1} = \varphi(2^n)$ 个数，且每一个数都与 2^n 互素。因此，式（5.10）是模 2^n 的一个简化剩余系。

（2）因为 a 为奇数，故 $a \equiv 1 \,(\mathrm{mod}\, 4)$ 或 $-a \equiv 1 \,(\mathrm{mod}\, 4)$，而式（5.10）中各数关于模 2^n 两

两不同余，且 $5^\lambda \equiv 1 \pmod 4$。因此，必存在 λ，使得 $a \equiv 5^\lambda \pmod{2^n}$ 或 $-a \equiv 5^\lambda \pmod{2^n}$，即

$$a \equiv (-1)^{\frac{a-1}{2}} 5^\lambda \pmod{2^n}$$

易见，当 $n=1$ 时，模 2^1 的简化剩余系为 1；当 $n=2$ 时，模 2^2 的简化剩余系为 $1,-1$；当 $n \geqslant 3$ 时，模 2^n 的简化剩余系为 $\pm 5^s$（$0 \leqslant s \leqslant 2^{n-2}-1$），可将三者统一地表示成

$$(-1)^\gamma 5^{\gamma_0} = \begin{cases} 1 = (-1)^0 5^0, & n=1 \\ 1 = (-1)^0 5^0, \quad -1 = (-1)^1 5^0, & n=2 \\ 5^s = (-1)^0 5^s, \quad -5^s = (-1)^1 5^s, & n \geqslant 3 \end{cases}$$

其中，$\gamma = \begin{cases} 0, & n=1 \\ 0,1, & n \geqslant 2 \end{cases}$，$\gamma_0 = \begin{cases} 0, & n=1 \\ 0,1,\cdots,2^{n-2}-1, & n \geqslant 2 \end{cases}$，若令

$$c = \begin{cases} 1, & n=1 \\ 2, & n \geqslant 2 \end{cases}, \quad c_0 = \begin{cases} 1, & n=1 \\ 2^{n-2}, & n \geqslant 2 \end{cases} \tag{5.13}$$

则 $\gamma = 0,1,\cdots,c-1$ 和 $\gamma_0 = 0,1,\cdots,c_0-1$ 分别通过 c 和 c_0 的最小非负完全剩余系。于是，得到如下推论。

⊃ 推论 采用以上统一记号，则 $(-1)^\gamma 5^{\gamma_0}$ 通过模 2^n（$n \geqslant 1$）的一个简化剩余系，且 -1 和 5 关于模 2^n 的阶数分别为 c 和 c_0。

⊙ 定理 2 同余式 $(-1)^\xi 5^{\xi_0} \equiv (-1)^\eta 5^{\eta_0} \pmod{2^n} \Leftrightarrow \xi \equiv \eta \pmod c$，且 $\xi_0 \equiv \eta_0 \pmod{c_0}$。

证 设 $\xi \equiv \xi' \pmod c$，$\eta \equiv \eta' \pmod c$，$\xi_0 \equiv \xi_0' \pmod{c_0}$，$\eta_0 \equiv \eta_0' \pmod{c_0}$，其中，$0 \leqslant \xi'$，$\eta' < c$，$0 \leqslant \xi_0'$，$\eta_0' < c_0$，则由 5.1.1 节定理 1（2），以及上述推论可知

$$(-1)^\xi 5^{\xi_0} \equiv (-1)^\eta 5^{\eta_0} \pmod{2^n} \Leftrightarrow (-1)^{\xi'} 5^{\xi_0'} \equiv (-1)^{\eta'} 5^{\eta_0'} \pmod{2^n}$$

$$\Leftrightarrow \xi' = \eta' \text{ 且 } \xi_0' = \eta_0'$$

$$\Leftrightarrow \xi \equiv \eta \pmod c \text{ 且 } \xi_0 \equiv \eta_0 \pmod{c_0}$$

当 $n \geqslant 3$ 时，模 2^n 没有原根，定理 1 或推论给出了模 2^n 的简化剩余系的表示，即通过 -1 和 5（其地位相当于原根），将之一一对应于数组 (γ, γ_0)，其中，γ 和 γ_0 分别通过模 $c=2$ 和模 $c_0 = 2^{n-2}$ 的最小非负完全剩余系。从定理 2 可看出，在模 2^n 的简化剩余系 $\{(-1)^\gamma 5^{\gamma_0}\}$ 中，数组 (γ, γ_0) 的重要性。为此，引入如下定义。

▣ 定义 1 设 $a \in \mathbf{Z}$，若 $a \equiv (-1)^\gamma 5^{\gamma_0} \pmod{2^n}$，则称 (γ, γ_0) 为 a 关于模 2^n 的以 -1 和 5 为底的指标组。

关于指标组，首先注意以下几点：①由推论知，若 a 与 2^n 互素，则 a 关于模 2^n 存在指标组 (ζ, ζ_0)，满足 $0 \leqslant \zeta < c$，$0 \leqslant \zeta_0 < c_0$，且由定理 2，对 a 关于模 2^n 的任意指标组 (γ, γ_0)，必有 $\gamma \equiv \zeta \pmod c$ 且 $\gamma_0 \equiv \zeta_0 \pmod{c_0}$。②关于模 2^n，2^n 的一个指标组决定了模 2^n 的一个与 2^n 互素的剩余类。③指标组也具有类似指标的性质。

⊙ **定理 3**　设 a_i $(1 \leqslant i \leqslant k)$ 是 k 个与 2^n 互素的整数，(γ_i, γ_{0i}) 是 a_i 关于模 2^n 的指标组，记

$$\gamma = \sum_{i=1}^{k} \gamma_i, \qquad \gamma_0 = \sum_{i=1}^{k} \gamma_{0i}$$

则 (γ, γ_0) 是 $\prod_{i=1}^{k} a_i$ 关于模 2^n 的一个指标组。

证　因为 $a_i \equiv (-1)^{\gamma_i} 5^{\gamma_{0i}} \pmod{2^n}$ $(1 \leqslant i \leqslant k)$，所以 $\prod_{i=1}^{k} a_i \equiv \prod_{i=1}^{k} (-1)^{\gamma_i} 5^{\gamma_{0i}} \equiv (-1)^{\gamma} 5^{\gamma_0} \pmod{2^n}$。

接下来，看一般模 m 的情形。设 $m = 2^n p_1^{\alpha_1} p_2^{\alpha_2} \cdots p_k^{\alpha_k}$ 是模 m 的标准分解，g_i 是 $p_i^{\alpha_i}$ $(1 \leqslant i \leqslant k)$ 的最小正原根，并记 $c_i = \varphi(p_i^{\alpha_i})$ $(1 \leqslant i \leqslant k)$。$c$ 和 c_0 由式（5.13）定义。

📖 **定义 2**　设 $a \in \mathbf{Z}$，若 $a \equiv (-1)^{\gamma} 5^{\gamma_0} \pmod{2^n}$ 且 $a \equiv g_i^{\gamma_i} \pmod{p_i^{\alpha_i}}$ $(1 \leqslant i \leqslant k)$，则称 $(\gamma, \gamma_0, \gamma_1, \cdots, \gamma_k)$ 为 a 关于模 m 的以 $-1, 5$ 和 γ_i $(1 \leqslant i \leqslant k)$ 为底的指标组。

⊙ **定理 4**　若 $(a, m) = 1$，则 a 关于模 m 存在指标组 $(\zeta, \zeta_0, \zeta_1, \cdots, \zeta_k)$，满足

$$0 \leqslant \zeta < c, \quad 0 \leqslant \zeta_i < c_i \quad (0 \leqslant i \leqslant k)$$

且对 a 关于模 m 的任意指标组 $(\gamma, \gamma_0, \gamma_1, \cdots, \gamma_k)$，必有

$$\gamma \equiv \zeta \pmod{c} \text{ 且 } \gamma_i \equiv \zeta_i \pmod{c_i} \quad (0 \leqslant i \leqslant k)$$

证　由 5.1.1 节的定理 1（2），以及本节推论和定理 2 即得。

⊙ **定理 5**　任给一个数组 $(\gamma, \gamma_0, \gamma_1, \cdots, \gamma_k)$，则 $(\gamma, \gamma_0, \gamma_1, \cdots, \gamma_k)$ 决定了一个与模 m 互素的剩余类，即所有以 $(\gamma, \gamma_0, \gamma_1, \cdots, \gamma_k)$ 为指标组（关于模 m）的数。

证　由孙子定理可知，同余式组

$$\begin{cases} x \equiv (-1)^{\gamma} 5^{\gamma_0} \pmod{2^n} \\ x \equiv g_i^{\gamma_i} \pmod{p_i^{\alpha_i}} \quad (1 \leqslant i \leqslant k) \end{cases}$$

存在唯一解 $x \equiv a \pmod{m}$，且 $(a, 2^n) = (a, p_i^{\alpha_i}) = 1$。可见，$(a, m) = 1$，且 a 关于模 m 的指标组为 $(\gamma, \gamma_0, \gamma_1, \cdots, \gamma_k)$。因此，$(\gamma, \gamma_0, \gamma_1, \cdots, \gamma_k)$ 决定的与 m 互素的模 m 的剩余类即是 a 所在的剩余类。

⊙ **定理 6**　设 a_i $(1 \leqslant i \leqslant s)$ 是 s 个与 m 互素的整数，$(\gamma_i, \gamma_{0i}, \gamma_{1i}, \cdots, \gamma_{ki})$ 是 a_i 关于模 m 的指标组，记

$$\xi = \sum_{i=1}^{s} \gamma_i, \quad \xi_j = \sum_{i=1}^{s} \gamma_{ji} \quad (0 \leqslant j \leqslant k)$$

则 $(\xi, \xi_0, \xi_1, \cdots, \xi_k)$ 是 $\prod_{i=1}^{s} a_i$ 关于模 m 的一个指标组。

证　因为 $a_i \equiv (-1)^{\gamma_i} 5^{\gamma_{0i}} \pmod{2^n}$ 且 $a_i \equiv g_j^{\gamma_{ji}} \pmod{p_j^{\alpha_j}}$ $(1 \leqslant j \leqslant k, 1 \leqslant i \leqslant s)$，所以

$$\prod_{i=1}^{s} a_i \equiv \prod_{i=1}^{s} (-1)^{\gamma_i} 5^{\gamma_{0i}} \equiv (-1)^{\xi} 5^{\xi_0} \pmod{2^n} \text{ 且 } \prod_{i=1}^{s} a_i \equiv \prod_{i=1}^{s} g_j^{\gamma_{ji}} \equiv g_j^{\xi_j} \pmod{p_j^{\alpha_j}}, \quad 1 \leqslant j \leqslant k。$$

习题

1. 列表构造模 2^4 的指标组。

2. 证明：设 $n \geq 3$，$\delta \geq 1$ 且 $\delta \mid 2^{n-2}$，在模 2^n 的简化剩余系中，模 2^n 的 δ 阶元个数记为 $N(\delta)$，则

$$N(\delta) = \begin{cases} 1, & \delta = 1 \\ 3, & \delta = 2 \\ 2\varphi(\delta), & \delta > 2 \end{cases}$$

3. 证明：设 $n \geq 3$，g_0 为奇数（当 $n = 3$ 时，$g_0 \neq 8k - 1$）。若 $\delta_{2^n}(g_0) = 2^{n-2}$，则 $(-1)^\gamma g_0^{\gamma_0}$ 通过模 2^n 的简化剩余系，其中，γ 和 γ_0 分别通过模 2 和模 2^{n-2} 的最小非负完全剩余系。若 $a \equiv (-1)^\gamma g_0^{\gamma_0} \pmod{2^n}$，则数组 (γ, γ_0) 也称为 a 关于模 2^n 的以 -1 和 g_0 为底的指标组。

4. 利用定义 2 给出的指标组的概念，构造无原根和模 m 的简化剩余系。

5.3 数论函数

5.3.1 数论函数的概念及应用

在前面的章节中，我们已给出了一些在数论中重要而常用的函数，如欧拉函数 $\varphi(n)$、Legendre 符号与 Jacobi 符号等。这些函数都是定义在整数集（或其子集）上而取值为实（复）数的函数，我们称为数论函数。本节对数论函数进行一般性的初步讨论。

定义 设 $D \subset \mathbf{Z}$，称从 D 到复数域 $\mathbf{C}$ 的映射 $f : D \to \mathbf{C}$ 为定义在 D 上的一个数论函数。

任意一个数列 $\{x_n\}_{n \geq 1}$ 都可以看作是一个定义在正整数集 $\mathbf{Z}^+$ 上的数论函数。记 $S(D)$ 为整数子集 D 上的全体数论函数。

例 1 设 $a \in \mathbf{N}$，用 $\sum\limits_{d \mid a}$ 表示对 a 的一切正因数 d 求相应各项的和，令

$$\tau(a) = \sum_{d \mid a} 1, \quad \sigma(a) = \sum_{d \mid a} d, \quad \sigma_\beta(a) = \sum_{d \mid a} d^\beta$$

则 $\tau(a)$ 表示 a 的所有正因数（除数）的个数，称为除数函数，而 $\sigma(a)$ 表示 a 的所有正因数之和，称为除数和函数。

易见，$\sigma_0(a) = \tau(a)$，$\sigma_1(a) = \sigma(a)$。又设 $a = p_1^{\alpha_1} p_2^{\alpha_2} \cdots p_k^{\alpha_k}$，$\alpha_i > 0$ $(1 \leq i \leq k)$ 为 a 的标准分解式，则

$$\tau(1) = 1, \quad \tau(a) = (\alpha_1 + 1)(\alpha_2 + 1) \cdots (\alpha_k + 1) = \tau(p_1^{\alpha_1}) \tau(p_2^{\alpha_2}) \cdots \tau(p_k^{\alpha_k}) \tag{5.14}$$

$$\sigma(a) = \frac{p_1^{\alpha_1 + 1} - 1}{p_1 - 1} \cdot \frac{p_2^{\alpha_2 + 1} - 1}{p_2 - 1} \cdot \cdots \cdot \frac{p_k^{\alpha_k + 1} - 1}{p_k - 1} = \sigma(p_1^{\alpha_1}) \sigma(p_2^{\alpha_2}) \cdots \sigma(p_k^{\alpha_k}) \tag{5.15}$$

又有当 $(a,b)=1$ 时，$\sigma_\beta(ab)=\sigma_\beta(a)\cdot\sigma_\beta(b)$。

例 2　Möbius（默比乌斯）函数

$$\mu(a)=\begin{cases}1, & a=1\\ (-1)^r, & a\text{为}r\text{个不同素数的乘积}\\ 0, & \text{其他}\end{cases}$$

易见，$\mu(p)=-1$，$\mu(p^2)=0$，$\mu(pq)=1$（p,q 为素数且 $p\neq q$）。又设 $a\in\mathbf{N}$，则

$$\sum_{d\mid a}\mu(d)=\delta_{a1}, \quad \text{其中，} \quad \delta_{ij}=\begin{cases}1, & i=j\\ 0, & i\neq j\end{cases}$$

事实上，$a=1$ 显然成立。再设 $a=p_1^{\alpha_1}p_2^{\alpha_2}\cdots p_k^{\alpha_k}$，$\alpha_i>0$（$1\leqslant i\leqslant k$）为 a 的标准分解式，则

$$\sum_{d\mid a}\mu(d)=\sum_{d\mid p_1p_2\cdots p_k}\mu(d)=1-\mathrm{C}_k^1+\mathrm{C}_k^2-\cdots+(-1)^k\mathrm{C}_k^k=(1-1)^k=0=\delta_{a1}\quad（a>1）$$

又设 x 通过模 m 的简化剩余系，则 $\sum_x\mathrm{e}^{2\pi i\frac{x}{m}}=\mu(m)$。当 $(a,b)=1$ 时，$\mu(ab)=\mu(a)\cdot\mu(b)$。

例 3　Mangoldt（曼戈尔特）函数（它在素数的解析理论中非常重要）

$$\Lambda(a)=\begin{cases}\ln p, & a=p^r,\ \text{其中，}p\text{是素数，}r\geqslant 1\\ 0, & \text{其他}\end{cases}$$

设 $a\geqslant 1$，则 $\sum_{d\mid a}\Lambda(d)=\ln a$。事实上，$a=1$ 显然成立。若 $a>1$，设 a 的标准分解式为

$$a=p_1^{\alpha_1}p_2^{\alpha_2}\cdots p_k^{\alpha_k},\quad \alpha_i>0\ (1\leqslant i\leqslant k)$$

则有

$$\sum_{d\mid a}\Lambda(d)=\sum_{d\mid p_1^{\alpha_1}}\Lambda(d)+\sum_{d\mid p_2^{\alpha_2}}\Lambda(d)+\cdots+\sum_{d\mid p_k^{\alpha_k}}\Lambda(d)=\alpha_1\ln p_1+\alpha_2\ln p_2+\cdots+\alpha_k\ln p_k=\ln a$$

例 4　Liouville（刘维尔）函数

$$\lambda(a)=(-1)^{\Omega(a)},\quad \text{其中，}\quad \Omega(a)=\begin{cases}0, & a=1\\ \alpha_1+\alpha_2+\cdots+\alpha_k, & a=p_1^{\alpha_1}p_2^{\alpha_2}\cdots p_k^{\alpha_k}>1\end{cases}$$

$$\nu(a)=(-1)^{\omega(a)},\quad \text{其中，}\quad \omega(a)=\begin{cases}0, & a=1\\ k, & a=p_1^{\alpha_1}p_2^{\alpha_2}\cdots p_k^{\alpha_k}>1\end{cases}$$

其中，$\Omega(a)$ 和 $\omega(a)$ 分别表示 a 的全部素因数的个数和 a 的不同素因数的个数。易见，$\forall a,b\in\mathbf{Z}^+$，$\Omega(ab)=\Omega(a)+\Omega(b)$，从而，$\lambda(ab)=\lambda(a)\cdot\lambda(b)$。而当 $(a,b)=1$ 时，$\omega(ab)=\omega(a)+\omega(b)$，从而，$\nu(ab)=\nu(a)\cdot\nu(b)$。

习题

1. 证明：设 $(a,b)=1$，则（1）$\sigma_\beta(ab)=\sigma_\beta(a)\cdot\sigma_\beta(b)$。（2）$\mu(ab)=\mu(a)\cdot\mu(b)$。
（3）$\nu(ab)=\nu(a)\nu(b)$。

2. 证明：（1）$\lambda(ab)=\lambda(a)\cdot\lambda(b)$。（2）$\tau(ab)\leqslant\tau(a)\cdot\tau(b)$。

3. 证明：设 x 通过模 m 的简化剩余系，则 $\displaystyle\sum_x \mathrm{e}^{2\pi i\frac{x}{m}}=\mu(m)$。

4. 证明：设 f 是一个数论函数，则 $\displaystyle\sum_{d\mid n}f(d)\varphi\left(\frac{n}{d}\right)=\sum_{d=1}^{n}f((d,n))$。

5. 证明：（1）$\displaystyle\sum_{d\mid n}\mu(d)\sigma(d)=\prod_{p\mid n}(-p)$。（2）$\displaystyle\sum_{d\leqslant n}\mu(d)\left[\frac{n}{d}\right]=1$。

6. 证明：记 $\omega(n)$ 为 n 的不同素因数的个数，则 $\displaystyle\sum_{d\mid n}\mu(d)\tau(d)=(-1)^{\omega(n)}$。

7. 令 $\displaystyle\psi(x)=\sum_{n\leqslant x}\Lambda(n)$，证明：$\displaystyle\sum_{n\leqslant x}\psi\left(\frac{x}{n}\right)=\ln([x]!)$（$x\geqslant 1$）。

8. 证明：若 n 为偶数，则 $\displaystyle\sum_{d\mid n}\mu(d)\varphi(d)=0$。

5.3.2 积性函数

📖 **定义 1** 设 $D\subset\mathbf{Z}$，若 $\forall a,b\in D$，有 $ab\in D$，则称 D 关于乘法封闭。现设 D 是关于乘法封闭的整数子集，f 是定义在 D 上的不恒为零的数论函数。

（1）若 $\forall a,b\in D$，$(a,b)=1$，有 $f(ab)=f(a)\cdot f(b)$，则称 f 是一个积性函数或可乘函数。

（2）若 $\forall a,b\in D$，有 $f(ab)=f(a)\cdot f(b)$，则称 f 是一个完全积性函数或完全可乘函数。

易见，除数和函数 $\sigma_\beta(a)$、欧拉函数 $\varphi(a)$、Möbius 函数 $\mu(a)$、Liouville 函数 $\nu(a)$ 等都是积性函数，而非完全积性函数，而 δ_{a1}、$E_\beta(a)=a^\beta$、Liouville 函数 $\lambda(a)$ 等都是完全积性函数，Mangoldt 函数 $\Lambda(a)$ 不是积性函数。

任意两个（完全）积性函数之积、商（分母恒不为零）仍是（完全）积性函数。易见，设 a 的标准分解式为 $a=p_1^{\alpha_1}p_2^{\alpha_2}\cdots p_k^{\alpha_k}$，$\alpha_i>0$（$1\leqslant i\leqslant k$），若 f 是积性函数，则

$$f(a)=f(p_1^{\alpha_1})f(p_2^{\alpha_2})\cdots f(p_k^{\alpha_k})$$

即 f 完全由其各素数幂 p^α 的值决定。若 f 是完全积性函数，则

$$f(a)=[f(p_1)]^{\alpha_1}[f(p_2)]^{\alpha_2}\cdots[f(p_k)]^{\alpha_k}$$

即 f 完全由其各素数 p 的值所决定。因此，（完全）积性函数的结构相对简单。明确起见，给出如下定理。

⊙ **定理 1** 设 $f\in S(\mathbf{Z}^+)$，且在 $\mathbf{Z}^+$ 上不恒为零，$a=p_1^{\alpha_1}p_2^{\alpha_2}\cdots p_k^{\alpha_k}$，$\alpha_i>0$（$1\leqslant i\leqslant k$）为

a 的标准分解式，则有以下结论：

（1）$f(a)$ 是积性函数，则 $f(a) = \begin{cases} 1, & a=1 \\ f(p_1^{\alpha_1}) f(p_2^{\alpha_2}) \cdots f(p_k^{\alpha_k}), & a>1 \end{cases}$。

（2）$f(a)$ 是完全积性函数，则 $f(a) = \begin{cases} 1, & a=1 \\ [f(p_1)]^{\alpha_1} [f(p_2)]^{\alpha_2} \cdots [f(p_k)]^{\alpha_k}, & a>1 \end{cases}$。

证 必要性 "$\Rightarrow$"：设 $f(a_0) \neq 0$，因为 $f(1) \cdot f(a_0) = f(1 \cdot a_0) = f(a_0)$，所以 $f(1)=1$。当 $a>1$ 时，结论显然。

充分性 "$\Leftarrow$"：易见 $f(1 \cdot a) = f(a) = f(1) \cdot f(a)$。现设 $a>1$，$b = q_1^{\beta_1} q_2^{\beta_2} \cdots q_t^{\beta_t} > 1$。

（1）若 $(a,b)=1$，则 $ab = p_1^{\alpha_1} p_2^{\alpha_2} \cdots p_k^{\alpha_k} \cdot q_1^{\beta_1} q_2^{\beta_2} \cdots q_t^{\beta_t}$，故

$$f(ab) = f(p_1^{\alpha_1}) f(p_2^{\alpha_2}) \cdots f(p_k^{\alpha_k}) \cdot f(q_1^{\beta_1}) f(q_2^{\beta_2}) \cdots f(q_t^{\beta_t}) = f(a)f(b)$$

可见，$f(a)$ 是积性函数。

（2）可设 $p_i = q_i$ $(1 \leqslant i \leqslant s)$，而当 $i>s$ 时，$p_i = q_j$ $(1 \leqslant j \leqslant t)$ 且 $q_i = p_j$ $(1 \leqslant j \leqslant k)$，则

$$ab = p_1^{\alpha_1+\beta_1} p_2^{\alpha_2+\beta_2} \cdots p_s^{\alpha_s+\beta_s} p_{s+1}^{\alpha_{s+1}} \cdots p_k^{\alpha_k} q_{s+1}^{\beta_{s+1}} \cdots q_t^{\beta_t}$$

从而

$$\begin{aligned} f(ab) &= [f(p_1)]^{\alpha_1+\beta_1} [f(p_2)]^{\alpha_2+\beta_2} \cdots [f(p_s)]^{\alpha_s+\beta_s} [f(p_{s+1})]^{\alpha_{s+1}} \cdots [f(p_k)]^{\alpha_k} [f(q_{s+1})]^{\beta_{s+1}} \cdots [f(q_t)]^{\beta_t} \\ &= [f(p_1)]^{\alpha_1} [f(p_2)]^{\alpha_2} \cdots [f(p_k)]^{\alpha_k} [f(q_1)]^{\beta_1} [f(q_2)]^{\beta_2} \cdots [f(q_t)]^{\beta_t} = f(a)f(b) \end{aligned}$$

可见，$f(a)$ 是完全积性函数。

若 $f(a)$ 是积性函数，则 $f(1)=1$。积性函数还具有一些基本性质，先给出如下定义。

📖 定义 2 设 f 和 g 为数论函数，令 $f*g(a) = \sum_{d \mid a} f(d)g\left(\dfrac{a}{d}\right) = \sum_{d \mid a} f\left(\dfrac{a}{d}\right)g(d)$，称其为数论函数 f 与 g 的 Dirichlet 卷积。

易见，$f*g(a) = \sum_{a=cd} f(c)g(d)$，其中，$\sum\limits_{a=cd}$ 表示对 a 的一切不同分解式所得的有序对 (c,d) 求和。又有 $E_0 * E_0 = \tau$，$\mu * E_0 = I$，$E_0 * E_1 = \sigma$，其中，$I(a) = \delta_{a1}$，$E_\beta(a) = a^\beta$，而 τ, μ, σ 分别是除数函数、Möbius 函数、除数和函数。

⊙ 定理 2 若 f 和 g 为积性函数，则 $f*g$ 仍是积性函数。

证 设 $(a,b)=1$，若 $d \mid ab$，记 $(a,d)=s$，$(b,d)=t$，则 $d=st$。从而

$$f*g(ab) = \sum_{d \mid ab} f(d)g\left(\frac{ab}{d}\right) = \sum_{s \mid a}\sum_{t \mid b} f(st)g\left(\frac{ab}{st}\right) = \sum_{s \mid a} f(s)g\left(\frac{a}{s}\right) \cdot \sum_{t \mid b} f(t)g\left(\frac{b}{t}\right) = f*g(a) \cdot f*g(b)$$

可见，$f*g$ 是积性函数。

⊙ 定理 3（Dirichlet 卷积的性质）设 $f,g,h \in S(\mathbf{Z}^+)$。

（1）交换律：$f*g = g*f$。

（2）结合律：$f*g = g*f \quad (f*g)*h = f*(g*h)$。

（3）分配律：$(f+g)*h = f*h+g*h$。

（4）单位元：$f*I = f$。

证 （1）$f*g(a) = \sum_{d|a} f(d)g\left(\dfrac{a}{d}\right) = \sum_{d|a} g(d)f\left(\dfrac{a}{d}\right) = g*f(a)$

（2）$(f*g)*h(a) = \sum_{d|a}(f*g)(d)h\left(\dfrac{a}{d}\right) = \sum_{d|a}\sum_{i|d} f(i)g\left(\dfrac{d}{i}\right)h\left(\dfrac{a}{d}\right)$

$$= \sum_{i|a} f(i)\sum_{j|\frac{a}{i}} g(j)h\left(\dfrac{\frac{a}{i}}{j}\right) = \sum_{i|a} f(i)\cdot g*h\left(\dfrac{a}{i}\right) = f*(g*h)(a)$$

（3）$(f+g)*h(a) = \sum_{d|a}(f+g)(d)h\left(\dfrac{a}{d}\right)$

$$= \sum_{d|a} f(d)h\left(\dfrac{a}{d}\right) + \sum_{d|a} g(d)h\left(\dfrac{a}{d}\right) = f*h(a)+g*h(a)$$

（4）$f*I(a) = \sum_{d|a} f(d)I\left(\dfrac{a}{d}\right) = \sum_{d|a} f(d)\delta_{\frac{a}{d}1} = f(a)$

⊙ **定理 4** 设 $f(a)$ 为积性函数，$a = p_1^{\alpha_1} p_2^{\alpha_2} \cdots p_k^{\alpha_k} > 1$ 为 a 的标准分解式，则有以下结论：

（1）$\sum_{d|a} f(d) = \prod_{i=1}^{k}\sum_{j=0}^{\alpha_i} f(p_i^j)$。

（2）$\sum_{d|a} \mu(d)f(d) = \prod_{i=1}^{k}[1-f(p_i)]$。

（3）$\sum_{d|a} \mu(d)\dfrac{a}{d} = a\prod_{i=1}^{k}\left(1-\dfrac{1}{p_i}\right) = \varphi(a)$。

证 （1）$\sum_{d|a} f(d) = \sum_{j_1=0}^{\alpha_1}\sum_{j_2=0}^{\alpha_2}\cdots\sum_{j_k=0}^{\alpha_k} f(p_1^{j_1}p_2^{j_2}\cdots p_k^{j_k}) = \sum_{j_1=0}^{\alpha_1}\sum_{j_2=0}^{\alpha_2}\cdots\sum_{j_k=0}^{\alpha_k} f(p_1^{j_1})f(p_2^{j_2})\cdots f(p_k^{j_k})$

$$= \sum_{j_1=0}^{\alpha_1} f(p_1^{j_1})\sum_{j_2=0}^{\alpha_2} f(p_2^{j_2})\cdots\sum_{j_k=0}^{\alpha_k} f(p_k^{j_k})$$

$$= \prod_{i=1}^{k}\sum_{j=0}^{\alpha_i} f(p_i^j)$$

（2）由于 Möbius 函数 $\mu(a)$ 是积性函数，故 $\mu(a)f(a)$ 是积性函数。由结论（1）可知

$$\sum_{d|a} \mu(d)f(d) = \prod_{i=1}^{k}\sum_{j=0}^{\alpha_i} \mu(p_i^j)f(p_i^j) = \prod_{i=1}^{k}[1-f(p_i)]$$

（3）令 $f(a) = \dfrac{1}{a}$，则 $f(a)$ 是积性函数，故由结论（2）即得 $\sum_{d|a}\dfrac{\mu(d)}{d} = \prod_{i=1}^{k}\left(1-\dfrac{1}{p_i}\right) = \dfrac{\varphi(a)}{a}$。

易见，当 $a>1$ 时，① $\sum\limits_{d|a}\mu^2(d)f(d)=\sum\limits_{d|a}|\mu(d)|f(d)=\prod\limits_{i=1}^{k}[1+f(p_i)]$；② $\sum\limits_{d|a}\mu^2(d)=\sum\limits_{d|a}|\mu(d)|=2^k$；③在结论（2）中令 $f(a)\equiv 1$，则 $\sum\limits_{d|a}\mu(d)=0$。又由结论（3）可知欧拉函数 $\varphi=\mu*E_1$，进而 $\varphi*\sigma=E_1*E_1$，$\varphi*\tau=\sigma$。

⊙ **定理 5** 设 $f(a)$ 为积性函数，则 $f((a,b))\cdot f([a,b])=f(a)\cdot f(b)$。

证 设 $a=p_1^{\alpha_1}p_2^{\alpha_2}\cdots p_k^{\alpha_k}$，$b=p_1^{\beta_1}p_2^{\beta_2}\cdots p_k^{\beta_k}$，其中，$\alpha_i,\beta_i\geq 0\ (1\leq i\leq k)$，则 $(a,b)=p_1^{\gamma_1}p_2^{\gamma_2}\cdots p_k^{\gamma_k}$，$[a,b]=p_1^{\delta_1}p_2^{\delta_2}\cdots p_k^{\delta_k}$，其中，$\gamma_i=\min\{\alpha_i,\beta_i\}$，$\delta_i=\max\{\alpha_i,\beta_i\}$。

于是，$f(p_i^{\gamma_i})\cdot f(p_i^{\delta_i})=f(p_i^{\alpha_i})\cdot f(p_i^{\beta_i})\ (1\leq i\leq k)$。从而

$$f((a,b))\cdot f([a,b])=f(p_1^{\gamma_1})\cdots f(p_k^{\gamma_k})\cdot f(p_1^{\delta_1})\cdots f(p_k^{\delta_k})$$
$$=f(p_1^{\alpha_1})\cdots f(p_k^{\alpha_k})\cdot f(p_1^{\beta_1})\cdots f(p_k^{\beta_k})=f(a)\cdot f(b)$$

例 设 $a=p_1^{\alpha_1}p_2^{\alpha_2}\cdots p_k^{\alpha_k}$ 为 a 的标准分解式，令 $f(1)=1$，

$$f(a)=\begin{cases}\prod\limits_{i=1}^{k}(1-p_i), & \alpha_i=1\ (1\leq i\leq k)\\ 0, & 存在\alpha_i>1\end{cases}$$

则 $f(a)$ 是积性函数，且 $f(a)=\mu(a)\cdot\varphi(a)$，其中，$\mu(a)$ 和 $\varphi(a)$ 分别为 Möbius 函数和欧拉函数。

证 首先，$\mu(1)\cdot\varphi(1)=1=f(1)$。其次，若 $\alpha_i=1(1\leq i\leq k)$，则

$$\mu(a)\cdot\varphi(a)=(-1)^k\prod\limits_{i=1}^{k}\varphi(p_i)=(-1)^k\prod\limits_{i=1}^{k}(p_i-1)=\prod\limits_{i=1}^{k}(1-p_i)=f(a)$$

最后，若存在 $\alpha_i>1$，则 $\mu(a)=0$，故 $\mu(a)\cdot\varphi(a)=0=f(a)$。综上，$f(a)=\mu(a)\cdot\varphi(a)$，而 $\mu(a)$ 和 $\varphi(a)$ 都是积性函数，故 $f(a)$ 也是积性函数。

习题

1. 证明：设 f 是积性函数，则 $|f|$ 和 $f(n^k)$（$k\in\mathbf{Z}^+$）也都是积性函数。

2. 证明：设 $n\in\mathbf{Z}$，令 $g(a)=f((a,n))$，$h(a)=\begin{cases}f(a), & (a,n)=1\\ 0, & (a,n)\neq 1\end{cases}$，若 f 是积性函数，则 g 和 h 也都是积性函数。

3. 证明：设 $k\in\mathbf{Z}^+$，记 $\tau_k(a)$ 是正整数 a 为 k 个正整数之积的不同表示方法的个数，则 $\tau_k(a)$ 是积性函数。

4. 证明：设 $P(x)$ 是整系数多项式，记 $T(m)$ 为同余式 $P(x)\equiv 0\ (\mathrm{mod}\,m)$ 的解数，则 $T(m)$ 是 m 的积性函数。

5. 证明：设 $P(x)$ 是整系数多项式，记 $S(a)$ 为满足 $(P(d),a)=1$ 且 $1\leq d\leq a$ 的整数 d 的

个数，则 $S(a)$ 是 a 的积性函数。

6. 证明：设 $h = f * g$，若 h，f 是积性函数，则 g 也是积性函数。

7. 证明：$\varphi * \sigma = E_1 * E_1$，$\varphi * \tau = \sigma = E_0 * E_1$，$\tau^2 * \mu = \mu^2 * \tau$。

5.3.3　Möbius 变换

📖 **定义**　设 f 是一个数论函数，令 $M(a) = \sum_{d|a} f(d) = \sum_{d|a} f\left(\dfrac{a}{d}\right)$，$a \geq 1$，则称 M 是 f 的 Möbius 变换，记为 M_f，称 f 是 M 的 Möbius 反变换，记为 $\widetilde{M}$。显然，$M_f = f * E_0$，且 $M_f(1) = f(1)$，再由 5.3.1 节中例 1～例 3 可知一些重要初等函数的 Möbius 变换，如表 5.5 所示。

表 5.5　一些重要初等函数的 Möbius 变换

$f(a)$	幂函数 a^k	Möbius 函数 $\mu(a)$	Mangoldt 函数 $\Lambda(a)$	欧拉函数 $\varphi(a)$	$\dfrac{\mu(a)}{a}$
$M_f(a)$	$\sigma_\beta(a)$	δ_{a1}	$\ln a$	a	$\dfrac{\varphi(a)}{a}$

由 5.3.2 节定理 2 和定理 4（1）可知，积性函数的 Möbius 变换仍是积性函数。积性函数 $f(a)$ 的 Möbius 变换为

$$M_f(a) = \sum_{d|a} f(d) = \prod_{i=1}^{k} \sum_{j=0}^{\alpha_i} f(p_i^j) \tag{5.16}$$

其中，$a = p_1^{\alpha_1} p_2^{\alpha_2} \cdots p_k^{\alpha_k}$ 为 a 的标准分解式。

一方面，当 $d|a$ 时，$d = p_1^{j_1} p_2^{j_2} \cdots p_k^{j_k}$（$0 \leq j_i \leq \alpha_i$，$1 \leq i \leq k$），若 $f(a)$ 不是积性函数，则 $f(a)$ 的 Möbius 变换为

$$M_f(a) = \sum_{d|a} f(d) = \sum_{j_1=0}^{\alpha_1} \sum_{j_2=0}^{\alpha_2} \cdots \sum_{j_k=0}^{\alpha_k} f(p_1^{j_1} p_2^{j_2} \cdots p_k^{j_k}) \tag{5.17}$$

另一方面，如果已知 f 的 Möbius 变换 M_f，那么反过来如何计算 f，即 Möbius 反变换呢？事实上，关于 Möbius 变换和 Möbius 反变换，有如下重要的 Möbius 反转公式。

⊙ **定理（Möbius 反转公式）**设 $f(a)$ 和 $M(a)$ 是两个数论函数，则

$$M(a) = \sum_{d|a} f(d) \Leftrightarrow f(a) = \sum_{d|a} \mu(d) M\left(\frac{a}{d}\right)$$

证　必要性"$\Rightarrow$"：

$$f(a) = \sum_{k|a} f\left(\frac{a}{k}\right) \delta_{k1} = \sum_{k|a} f\left(\frac{a}{k}\right) \sum_{d|k} \mu(d) = \sum_{d|a} \sum_{j|\frac{a}{d}} f\left(\frac{a}{dj}\right) \mu(d) = \sum_{d|a} \mu(d) \sum_{j|\frac{a}{d}} f\left(\frac{\frac{a}{d}}{j}\right) = \sum_{d|a} \mu(d) M\left(\frac{a}{d}\right)$$

充分性 "⇐":

$$\sum_{d|a} f(d) = \sum_{d|a}\sum_{k|d} \mu\!\left(\frac{d}{k}\right) M(k) = \sum_{k|a}\sum_{j\left|\frac{a}{k}\right.} \mu\!\left(\frac{kj}{k}\right) M(k) = \sum_{k|a} M(k) \sum_{j\left|\frac{a}{k}\right.} \mu(j) = \sum_{k|a} M(k)\delta_{\frac{a}{k}1} = M(a)$$

Möbius 反转公式给出了 Möbius 变换与 Möbius 反变换之间的相互唯一确定的等价关系，即给定 f，存在唯一的数论函数 M，使得 $f(a) = \sum_{d|a}\mu(d)M\!\left(\dfrac{a}{d}\right)$，其中，$M$ 即为 f 的 Möbius 变换 M_f；反过来，给定 M，存在唯一的数论函数 f，使得 $M(a) = \sum_{d|a} f(d)$，其中，f 就是 M 的 Möbius 反变换 $\widetilde{M}$，即为

$$f(a) = \widetilde{M}(a) = \sum_{d|a}\mu(d)M\!\left(\frac{a}{d}\right) = M * \mu(a) \tag{5.18}$$

式（5.18）也为 M 的 Möbius 反变换的计算公式。进而由 5.3.2 节定理 2 可知，若 f 的 Möbius 变换 M_f 是积性函数，则其 Möbius 反变换 f 也是积性函数，并由积性函数定义和反转公式（5.18）可知，在计算 Möbius 反变换 $f(a) = \widetilde{M}(a)$ 时，只要计算 $\widetilde{M}(p^{\alpha}) = M(p^{\alpha}) - M(p^{\alpha-1})$ 即可。

⊃ 推论　数论函数 f 是积性函数，当且仅当 f 的 Möbius 变换 M_f 是积性函数时。

Möbius 变换可以看作是数论函数空间 $S(\mathbf{Z}^+)$ 到自身的一个保持积性的双射 $\mathcal{M}$，即

$$\mathcal{M}: S(\mathbf{Z}^+) \to S(\mathbf{Z}^+), \quad (f) = M_f = f * E_0$$

而 Möbius 反变换可以看作是 $\mathcal{M}$ 的逆映射 $\mathcal{M}^{-1}$。由 Möbius 反转公式可知 $\mathcal{M}^{-1}(M) = M * \mu$。易见，$f = (f * E_0) * \mu$，而 $M = (M * \mu) * E_0$。

例 1　求下列数论函数的 Möbius 变换。

（1）Liouville 函数 $\lambda(a)$。（2）$\Omega(a)$。（3）$|\mu(a)|$。（4）$\dfrac{\mu^2(a)}{\varphi(a)}$。

解　（1）$\lambda(a) = (-1)^{\Omega(a)}$ 是积性函数，其中

$$\Omega(a) = \begin{cases} 0, & a = 1 \\ \alpha_1 + \alpha_2 + \cdots + \alpha_k, & a = p_1^{\alpha_1} p_2^{\alpha_2} \cdots p_k^{\alpha_k} > 1 \end{cases}$$

故由式（5.16）得

$$M_f(a) = \prod_{i=1}^{k}\sum_{j=0}^{\alpha_i}\lambda(p_i^j) = \prod_{i=1}^{k}\sum_{j=0}^{\alpha_i}(-1)^{\Omega(p_i^j)} = \prod_{i=1}^{k}\sum_{j=0}^{\alpha_i}(-1)^j$$

$$= \begin{cases} 1, 2 \mid \alpha_i \ (\forall 1 \leq i \leq k) \\ 0, 2 \nmid \alpha_i \ (\exists 1 \leq i \leq k) \end{cases} = \begin{cases} 1, & a\text{ 为完全平方数} \\ 0, & \text{其他} \end{cases}$$

（2）$\Omega(a)$ 不是积性函数，$M_\Omega(1) = 0$，当 $a > 1$ 时，由式（5.17）可知

$$M_\Omega(a) = \sum_{j_1=0}^{\alpha_1} \sum_{j_2=0}^{\alpha_2} \cdots \sum_{j_k=0}^{\alpha_k} \Omega(p_1^{j_1} p_2^{j_2} \cdots p_k^{j_k}) = \sum_{j_1=0}^{\alpha_1} \sum_{j_2=0}^{\alpha_2} \cdots \sum_{j_k=0}^{\alpha_k} \sum_{i=1}^{k} j_i$$

$$= \sum_{i=1}^{k} \sum_{j_1=0}^{\alpha_1} \cdots \sum_{j_k=0}^{\alpha_k} j_i = \sum_{i=1}^{k} \frac{\alpha_i}{2}(\alpha_1+1)(\alpha_2+1)\cdots(\alpha_k+1) = \frac{\Omega(a)\tau(a)}{2}$$

（3） $M_{|\mu|}(1)=1$ ，若 $a = p_1^{\alpha_1} p_2^{\alpha_2} \cdots p_k^{\alpha_k} > 1$（ $\alpha_i \geq 1$， $1 \leq i \leq k$ ），则

$$M_{|\mu|}(a) = \sum_{d|a} |\mu(d)| = \prod_{i=1}^{k} \sum_{j=0}^{\alpha_i} |\mu(p_i^j)| = 2^k = 2^{\omega(a)}$$

（4） $\dfrac{\mu^2(a)}{\varphi(a)}$ 是积性函数，故由式（5.16）可知

$$M_{\frac{\mu^2}{\varphi}}(a) = \prod_{i=1}^{k} \sum_{j=0}^{\alpha_i} \frac{\mu^2(p_i^j)}{\varphi(p_i^j)} = \prod_{i=1}^{k}\left(1 + \frac{1}{\varphi(p_i)}\right) = \prod_{i=1}^{k} \frac{1}{1-\dfrac{1}{p_i}} = \frac{a}{\varphi(a)}$$

例 2 证明数论函数 $f(a)$ 的 Möbius 变换 $M_f(a)$ 的 Möbius 变换 $M_{M_f}(a) = \sum_{d|a} f(d)\tau\left(\dfrac{a}{d}\right)$。

证 $M_{M_f}(a) = M_f * E_0(a) = (f * E_0) * E_0(a) = f * (E_0 * E_0)(a) = f * \tau(a) = \sum_{d|a} f(d)\tau\left(\dfrac{a}{d}\right)$

例 3 证明： $\sum_{d|a} f(d) M_g\left(\dfrac{a}{d}\right) = \sum_{d|a} g(d) M_f\left(\dfrac{a}{d}\right)$。

证 $\sum_{d|a} f(d) M_g\left(\dfrac{a}{d}\right) = f * M_g(a) = f * (g * E_0)(a)$

$$= g * (f * E_0)(a) = g * M_f(a) = \sum_{d|a} g(d) M_f\left(\frac{a}{d}\right)$$

例 4 求下列各数论函数的 Möbius 反变换。

（1） $E_\beta(a) = a^\beta$ 。（2） $\varphi(a)$ 。（3） $\Lambda(a)$ 。

解 （1）由式（5.18）及 5.3.2 节定理 4，有

$$\widetilde{E}_\beta(a) = E_\beta * \mu(a) = \sum_{d|a} \mu(d) E_\beta\left(\frac{a}{d}\right) = a^\beta \sum_{d|a} \mu(d) \frac{1}{d^\beta} = a^\beta \prod_{p|a}\left(1 - \frac{1}{p^\beta}\right)$$

（2） $\widetilde{\varphi}(a) = \prod_{p|a} \widetilde{\varphi}(p^\alpha) = \prod_{p|a} [\varphi(p^\alpha) - \varphi(p^{\alpha-1})]$

$$= \prod_{\substack{p|a \\ \alpha=1}} (p-2) \cdot \prod_{\substack{p|a \\ \alpha>1}} [\varphi(p^\alpha) - \varphi(p^{\alpha-1})] = \prod_{p|a} (p-2) \cdot \prod_{p^2|a} p^{\alpha-2}(p-1)^2$$

（3）因为 $M_\Lambda(a) = \ln a$ ，所以由 Möbius 反转公式有

$$\Lambda(a) = \mu * \ln(a) = \sum_{d|a} \mu(d) \ln\frac{a}{d} = \ln a \cdot \sum_{d|a} \mu(d) + \sum_{d|a} \mu(d) \ln\frac{1}{d} = \sum_{d|a} \mu(d) \ln\frac{1}{d}$$

可见， $\Lambda(a)$ 是 $\mu(a)\ln\dfrac{1}{a}$ 的 Möbius 变换。因此， $\widetilde{\Lambda}(a) = \mu(a)\ln\dfrac{1}{a}$ 。

1. 证明： 设 f,F,h 都是数论函数，其中，h 是完全积性函数，则

$$F(a) = \sum_{d|a} f(d)h\left(\frac{a}{d}\right) \Leftrightarrow f(a) = \sum_{d|a} \mu(d)h(d)F\left(\frac{a}{d}\right)$$

2. 证明： 设 $k \in \mathbf{Z}$，记 $\varphi_k(a)$ 为满足 $(d_1 d_2 \cdots d_k, a) = 1$ 且 $1 \leqslant d_i \leqslant a$ $(1 \leqslant i \leqslant k)$ 的数组 $\{d_1, d_2, \cdots, d_k\}$ 的个数，则 $\varphi_k(a)$ 的 Möbius 变换是 a^k。

3. 求 $|\mu|$ 的 Möbius 反变换。

4. 证明： 令 $f = \mu^2 * E_1$，则 $f(a) = \sum_{d^2|a} \mu(d)\sigma\left(\frac{a}{d^2}\right)$。

5. 设 f 是数论函数，若存在数论函数 ψ，使得 $f * \psi = I$，则称 ψ 为 f 的 Dirichlet 逆，记为 f^{-1}。证明：若 $f(1) \neq 0$，则 f 的 Dirichlet 逆 f^{-1} 存在且唯一。

6. 求下列各数论函数的 Dirichlet 逆。
（1）$\sigma_\beta(a)$。（2）$\mu(a)$。（3）$\tau(a)$。（4）$\varphi(a)$。（5）$\lambda(a)$。

7. 证明： （1）$(f^{-1})^{-1} = f$。（2）$(f * g)^{-1} = f^{-1} * g^{-1}$。（3）$f$ 是积性函数 $\Leftrightarrow f^{-1}$ 是积性函数。

8. 证明： 设 f 是积性函数，则 f 是完全积性函数 $\Leftrightarrow f^{-1} = \mu f$。

5.4 探究与拓展

本章前 3 节介绍的阶数、原根、指标（组）和数论函数都是数论中重要的概念，且应用非常广泛，但在中学的数学竞赛中相对较少。本节仅讨论它们的一些初等应用，先看一个关于完全数的问题：如果自然数 n 的因数之和是 n 的 2 倍，即 $\sigma(n) = 2n$，则称 n 是完全数，如 6、28、496、8128 等。关于完全数，有著名的难题：偶完全数是否有无穷多个？是否存在奇完全数？欧拉曾证明如下结论。

⊙ 定理 1 偶数 n 是完全数 $\Leftrightarrow n = 2^{p-1}(2^p - 1)$，其中，$p$ 和 $2^p - 1$ 都是素数。

证 必要性 "$\Rightarrow$"：设 n 是偶完全数，可设 $n = 2^k i$，其中，$k \geqslant 1$，i 是奇数，则一方面

$$\sigma(n) = 2n = 2^{k+1} i$$

另一方面，由除数和函数 $\sigma(n)$ 的积性可知，$\sigma(n) = \sigma(2^k) \cdot \sigma(i) = (2^{k+1} - 1) \cdot \sigma(i)$。于是有

$$\sigma(i) = \frac{2^{k+1} i}{2^{k+1} - 1} = i + \frac{i}{2^{k+1} - 1}$$

可见，$\dfrac{i}{2^{k+1} - 1}$ 是整数，且 i 只有 i 和 $\dfrac{i}{2^{k+1} - 1}$ 两个因数，从而，i 为素数且 $\dfrac{i}{2^{k+1} - 1} = 1$。因此，

$n = 2^k (2^{k+1} - 1)$。令 $p = k+1$，则 $2^p - 1 = i$ 为素数，故 p 为素数，且 $n = 2^{p-1}(2^p - 1)$。

充分性"$\Leftarrow$"：设 p 和 $2^p - 1$ 都是素数，则

$$\sigma(n) = \sigma(2^{p-1}) \cdot \sigma(2^p - 1) = (2^p - 1) \cdot (1 + 2^p - 1) = 2 \times 2^{p-1}(2^p - 1) = 2n$$

⊙ **定理 2** 设 p 是奇素数，q 是梅森数 $2^p - 1$ 的素因数，则 $q \equiv 1 (\bmod 2p)$。

证 因为 $q \mid (2^p - 1)$，即 $2^p \equiv 1 (\bmod q)$，故 $\delta q(2) \mid p$，而 p 是素数，所以 $\delta q(2) = p$。又由费马小定理可知，$2^{q-1} \equiv 1 (\bmod q)$。于是，$p = \delta q(2) \mid (q-1)$，而 p，q 都是奇素数，故 $2p \mid (q-1)$，即 $q \equiv 1 \ (\bmod 2p)$。

⊙ **定理 3** 设正整数 $a > 1$，q 是 $a^{2^n} + 1$ 的奇素因数，则 $q \equiv 1 (\bmod 2^{n+1})$。

证 由于 $a^{2^n} \equiv -1 (\bmod q)$，故 $a^{2^{n+1}} \equiv 1 (\bmod q)$。于是，$\delta q(a) \mid 2^{n+1}$，但 $\delta q(a) \nmid 2^n$。从而，$\delta q(a) = 2^{n+1}$。由费马小定理，$a^{q-1} \equiv 1 (\bmod q)$。于是，$2^{n+1} = \delta q(a) \mid (q-1)$，即 $q \equiv 1 (\bmod 2^{n+1})$。

由上述定理 3 可知，对于费马数 $2^{2^n} + 1$ 的素因数 q，必有 $q \equiv 1 (\bmod 2^{n+2})$（$n > 1$）。

例 1 证明：对任意的正整数 $n > 1$，$2^n \not\equiv 1 (\bmod n)$。

证 假设存在正整数 $n > 1$，使得 $2^n \equiv 1 (\bmod n)$。设 q 是 n 的最小素因数，则 $(n, q-1) = 1$ 且 $2^{q-1} \equiv 1 (\bmod q)$。从而，$\delta q(2) \mid n$。又由费马小定理可知，$2^{q-1} \equiv 1 (\bmod q)$，故 $\delta q(2) \mid (q-1)$。于是，$\delta q(2) \mid (n, q-1) = 1$。这样，$2^1 \equiv 1 (\bmod q)$。矛盾。

例 2 设 p 是奇素数，则 $\sum\limits_{x=1}^{p-1} x^k \equiv 0 \ (\bmod p)$（$1 \leqslant k \leqslant p - 2$）。

证 设 g 是 p 的原根，则 $(g, p) = 1$。于是，当 x 通过模 p 的完全剩余系时，gx 也通过模 p 的完全剩余系。从而，$\sum\limits_{x=1}^{p-1} x^k \equiv \sum\limits_{x=1}^{p-1} (gx)^k (\bmod p)$，即 $(g^k - 1) \cdot \sum\limits_{x=1}^{p-1} x^k \equiv 0 (\bmod p)$。而 g 是 p 的原根，故当 $1 \leqslant k \leqslant p - 2$ 时，$g^k \not\equiv 1 (\bmod p)$，即 $(p, g^k - 1) = 1$。因此，$\sum\limits_{x=1}^{p-1} x^k \equiv 0 (\bmod p)$。

再来看一个有趣的例题。

例 3 将分数 $\dfrac{i}{7}$（$1 \leqslant i \leqslant 6$）化成小数，并总结其中的规律。

解 因为 $(7, 10) = 1$ 且 $\delta_7(10) = 6$，故由 5.1.1 节的习题 7 可知，$\dfrac{i}{7}$ 可化成循环节为 6 的循环小数。直接计算可得

$$\frac{1}{7} = 0.\dot{1}4285\dot{7}, \quad \frac{2}{7} = 0.\dot{2}8571\dot{4}, \quad \frac{3}{7} = 0.\dot{4}2857\dot{1}$$

$$\frac{4}{7} = 0.\dot{5}7142\dot{8}, \quad \frac{5}{7} = 0.\dot{7}1428\dot{5}, \quad \frac{6}{7} = 0.\dot{8}5714\dot{2}$$

观察各小数的循环节，发现它们的循环节都由相同的 6 个数字构成，且各循环节之间只差这 6 个数字的一个循环排列。于是提出疑问：这一现象具有普遍性吗？或者说对什么

样的整数 $b > 1$，当分数 $\dfrac{i}{b}$（$1 \le i \le b-1$）化成纯循环小数后各循环节会具有以上规律呢？研究发现，此例中 7 是素数，且 $\delta_7(10) = 6 = \varphi(7)$，即 10 是模 7 的原根。这是否是使例题具有如上规律的关键点呢？正是。一般地，有如下定理。

⊙ **定理 4**　设 $b \in \mathbf{Z}^+$，且 $b \ge 3$，记 $(b,10) = 1$，则分数 $\dfrac{r_i}{b}$（$1 \le i \le \delta_0$）化成纯循环小数后，它们的循环节都由 r_i（$1 \le i \le \delta_0$）这 δ_0 个数字构成，且相互之间只差这 δ_0 个数字的一个循环排列，其中，$r_i \equiv 10^{i-1} \pmod{b}$，$1 \le r_i < b$（$1 \le i \le \delta_0$）。

证　由 5.1.1 节的习题 7，分数 $\dfrac{r_i}{b}$（$1 \le i \le \delta_0$）都可化成循环节长度为 δ_0 的纯循环小数。

记 $\dfrac{1}{b} = 0.\dot{x}_1 \cdots \dot{x}_{\delta_0}$。可见，对任意非负整数 n，$\left\{ \dfrac{10^n}{b} \right\} = \left\{ \dfrac{10^{n+\delta_0}}{b} \right\}$，且 $\left\{ \dfrac{10^n}{b} \right\}$ 都是循环节为 δ_0 的循环小数，其循环节是 $\dfrac{1}{b}$ 的循环节中数字的一个循环排列。而 $\delta_b(10) = \delta_0$，故

$$1, 10, 10^2, \cdots, 10^{\delta_0 - 1}$$

关于模 b 两两不同余。因此，数集 $\left\{ \dfrac{10^n}{b} \right\}$（$n \ge 0$）恰只有 $\left\{ \dfrac{10^n}{b} \right\}$（$0 \le n \le \delta_0 - 1$）这 δ_0 个互不相同的数。现设 $r_i \equiv 10^{i-1} \pmod{b}$ 且 $1 \le r_i < b$（$1 \le i \le \delta_0$），则数集

$$\left\{ \frac{r_i}{b} \Big| 1 \le i \le \delta_0 \right\} = \left\{ \left\{ \frac{10^n}{b} \right\} \Big| 0 \le n \le \delta_0 - 1 \right\}$$

因此，$\dfrac{r_i}{b}$（$1 \le i \le \delta_0$）都是循环节为 δ_0 的循环小数，其循环节是 $\dfrac{1}{b}$ 的循环节中数字的一个循环排列。

由定理 4 即得如下两个推论。

⊃ **推论 1**　设 $b \in \mathbf{Z}^+$，且 $b \ge 3$，$(b,10) = 1$，记 $\delta_b(10) = \delta_0$，则在分数 $\dfrac{i}{b}$（$1 \le i \le b-1$）中必存在 δ_0 个分数，使得在它们化成纯循环小数后，其循环节都由 δ_0 个相同数字构成，且相互之间只差这 δ_0 个数字的一个循环排列。

⊃ **推论 2**　设 b 是素数且 10 是 b 的原根，则分数 $\dfrac{i}{b}$（$1 \le i \le b-1$）化成纯循环小数后，它们的循环节都由 $b-1$ 个相同数字构成，且相互之间只差这 $b-1$ 个数字的一个循环排列。

例 4　找出以 77 为分母的若干真分数，它们的循环节恰好由相同的数字经循环排列而成。

解　因为 $\delta_7(10) = 6$ 且 $\delta_{11}(10) = 2$，故由 5.1.1 节定理 6，$\delta_{77}(10) = [\delta_7(10), \delta_{11}(10)] = 6$。

易见，满足 $r_i \equiv 10^{i-1} \pmod{77}$ 且 $1 \le r_i < 77$（$1 \le i \le 6$）的数为

$$r_1 = 1 , \quad r_2 = 10 , \quad r_3 = 23 , \quad r_4 = 76 , \quad r_5 = 67 , \quad r_6 = 54$$

因而，分数 $\dfrac{r_i}{77}$（$1 \leq i \leq 6$）即满足要求。

最后我们来介绍原根在斐波那契数列（Fibonacci sequence）研究中的一个应用。众所周知，斐波那契数列 $\{F_n\}$ 由如下递推公式定义：

$$F_{n+2} = F_{n+1} + F_n \ (n \geq 1) ，其中，F_1 = F_2 = 1$$

若记 $a = \dfrac{1+\sqrt{5}}{2}$，$b = \dfrac{1-\sqrt{5}}{2}$，则斐波那契数列的通项为

$$F_n = \frac{a^n - b^n}{\sqrt{5}} \ (n \geq 1) \tag{5.19}$$

我们来讨论如下问题：对任意的素数 p，在什么情况下，F_{p-1} 是数列 $\{F_n\}$ 中第一个满足 $p \mid F_{p-1}$ 的数？

直接验证可知，当 $p = 2,3,5$ 时，F_{p-1} 不是数列 $\{F_n\}$ 中第一个满足 $p \mid F_{p-1}$ 的数。设 $p \geq 7$，并设 F_{p-1} 是数列 $\{F_n\}$ 中第一个满足 $p \mid F_{p-1}$ 的数。由式（5.19）

$$0 \equiv 2^p F_{p-1} = \frac{2}{\sqrt{5}} \left[(1+\sqrt{5})^{p-1} - (1-\sqrt{5})^{p-1} \right]$$

$$= \frac{4}{\sqrt{5}} \sum_{i=1}^{\frac{p-1}{2}} C_{p-1}^{2i-1} (\sqrt{5})^{2i-1} = 4 \sum_{i=1}^{\frac{p-1}{2}} C_{p-1}^{2i-1} 5^{i-1} \equiv -4 \sum_{i=1}^{\frac{p-1}{2}} 5^{i-1} = \left(1 - 5^{\frac{p-1}{2}} \right) (\bmod p)$$

可见，$5^{\frac{p-1}{2}} \equiv 1 (\bmod p)$，故由欧拉判别条件，5 是模 p 的平方剩余。从而，存在 $x_0 \in \mathbf{Z}$，使得 $x_0^2 \equiv 5 (\bmod p)$，而 $x_0^2 \equiv (p - x_0)^2 (\bmod p)$，故可设 $x_0 = 2\lambda + 3$ 为奇数，则 $(2\lambda+3)^2 \equiv 5 (\bmod p)$，即 $\lambda^2 + 3\lambda + 1 \equiv 0 (\bmod p)$，也就是 $(\lambda+1)(\lambda+2) \equiv 1 (\bmod p)$。

记 $\delta_0 = \delta_p(\lambda)$，假设 $1 \leq \delta_0 < p - 1$。因为 $\lambda^2 + 3\lambda + 1 \equiv 0 (\bmod p)$，故 $\left(\lambda + \dfrac{3+\sqrt{5}}{2} \right) \left(\lambda + \dfrac{3-\sqrt{5}}{2} \right) \equiv 0 (\bmod p)$，即 $\left(\lambda - \dfrac{a}{b} \right) \left(\lambda - \dfrac{b}{a} \right) \equiv 0 (\bmod p)$。于是，$\left(\lambda^{\delta_0} - \left(\dfrac{a}{b} \right)^{\delta_0} \right) \left(\lambda^{\delta_0} - \left(\dfrac{b}{a} \right)^{\delta_0} \right) \equiv 0 (\bmod p)$，而由于 $ab = -1$，且 $\lambda^{\delta_0} \equiv 1 (\bmod p)$，故

$$(-1)^{\delta_0} \lambda^{2\delta_0} - (a^{2\delta_0} + b^{2\delta_0}) \lambda^{\delta_0} + (-1)^{\delta_0} \equiv a^{2\delta_0} + b^{2\delta_0} - 2(-1)^{\delta_0} = (a^{\delta_0} - b^{\delta_0})^2 = 5 F_{\delta_0}^2 \equiv 0 (\bmod p)$$

可见，$p \mid F_{\delta_0}$，而 F_{p-1} 是数列 $\{F_n\}$ 中第一个满足 $p \mid F_{p-1}$ 的数，故矛盾。因此，$\delta_0 = p - 1$，即 λ 是模 p 的原根。

反之，设 λ 是模 p 的原根，且 $(\lambda+1)(\lambda+2) \equiv 1 (\bmod p)$，则同理有

$$(a^{p-1} - b^{p-1})^2 = 5 F_{p-1}^2 \equiv 0 (\bmod p)$$

故 $p \mid F_{p-1}$。假设存在 $k < p - 1$，使得 $p \mid F_k$，则

$$(a^k - b^k)^2 = 5F_k^2 \equiv 0 \pmod{p}$$

而 $(\lambda+1)(\lambda+2) \equiv 1 \pmod{p}$ ，故 $\left(\lambda^k - \left(\dfrac{a}{b}\right)^k\right)\left(\lambda^k - \left(\dfrac{b}{a}\right)^k\right) \equiv 0 \pmod{p}$ 。于是

$$\begin{aligned}
0 &\equiv (-1)^k \lambda^{2k} - (a^{2k} + b^{2k})\lambda^k + (-1)^k \\
&= (-1)^k \lambda^{2k} - \left((a^k - b^k)^2 + 2(-1)^k\right)\lambda^k + (-1)^k \\
&\equiv (-1)^k (\lambda^{2k} - 2\lambda^k + 1) = (-1)^k (\lambda^k - 1)^2 \pmod{p}
\end{aligned}$$

可见， $p \mid (\lambda^k - 1)$ 。这与 λ 是模 p 的原根矛盾，因此， F_{p-1} 是数列 $\{F_n\}$ 中第一个满足 $p \mid F_{p-1}$ 的数。

综上讨论，得到如下定理。

⊙ **定理 5** 设 $\{F_n\}$ 是斐波那契数列， p 是任意素数，则 F_{p-1} 是数列 $\{F_n\}$ 中第一个满足 $p \mid F_{p-1}$ 的数，当且仅当存在模 p 的原根 λ ，使得 $(\lambda+1)(\lambda+2) \equiv 1 \pmod{p}$ 时。

习题

1. 证明：设正整数 n ， $a > 1$ ，则 $n \mid \varphi(a^n - 1)$ 。

2. 证明：设 p 为素数，则存在素数 q ，使得对任意的 $n \in \mathbf{Z}$ ， $q \nmid (n^p - p)$ 。

3. 证明：设 p 为素数， $n \in \mathbf{Z}^+$ 。证明：若 $\delta_p(n) = 3$ ，则 $\delta_p(n+1) = 6$ 。

4. 设 $n \in \mathbf{Z}^+$ ，证明：若 $(2^{n+1} + 1) \mid (3^{2^n} + 1)$ ，则 $2^{n+1} + 1$ 是素数。

5. 证明：设奇数 $n > 1$ ，则对任意的 $m \in \mathbf{Z}^+$ ， $n \nmid (m^{n-1} + 1)$ 。

拓展阅读材料

随堂试卷

试卷答案

参 考 文 献

[1] 陈景润. 初等数论（I）（II）（III）[M]. 哈尔滨: 哈尔滨工业大学出版社，2012.

[2] 华罗庚. 数论导引[M]. 北京: 科学出版社，1957.

[3] 柯召, 孙琦. 数论讲义[M]. 北京: 高等教育出版社，2001.

[4] 闵嗣鹤, 严士健. 初等数论[M]. 4 版. 北京: 高等教育出版社，2020.

[5] 潘承洞, 潘承彪. 初等数论[M]. 3 版. 北京: 北京大学出版社，2013.

[6] 单墫, 余红兵. 不定方程[M]. 2 版. 合肥: 中国科学技术大学出版社，2012.

[7] 叶景梅, 楼世拓等. 数论简明教程[M]. 银川: 宁夏人民出版社，1991.

[8] 于秀源, 瞿维建. 初等数论[M]. 济南: 山东教育出版社，2004.

[9] 张文鹏, 李海龙. 初等数论[M]. 西安: 陕西师范大学出版社，2013.

[10] 周春荔. 数论初步[M]. 北京: 北京师范大学出版社，2000.

[11] 阿尔伯特·H·贝勒. 数论妙趣[M]. 谈祥柏，译. 上海: 上海教育出版社，1998.

[12] G. H. Hardy, E. M. Wright. 哈代数论[M]. 6 版. D. R. Heath-Brown, J. H. Silverman, 修订. 张明尧, 张凡, 译. 北京: 人民邮电出版社，2009.